中国高等教育学会工程教育专业委员会新工科"十四五"规划教材

浙江省普通本科高校"十四五"重点教材

高等院校土木工程专业精品教材

U0182942

混凝土结构设计

Design of Concrete Structure

金伟良　◎主编

ZHEJIANG UNIVERSITY PRESS

浙江大学出版社

·杭州·

图书在版编目(CIP)数据

混凝土结构设计 / 金伟良主编. — 杭州：浙江大学出版社，2022.12

ISBN 978-7-308-23218-0

Ⅰ. ①混… Ⅱ. ①金… Ⅲ. ①混凝土结构－结构设计－高等学校－教材 Ⅳ. ①TU370.4

中国版本图书馆 CIP 数据核字(2022)第 205489 号

混凝土结构设计
HUNNINGTU JIEGOU SHEJI

金伟良　主编

策划编辑	黄娟琴	
责任编辑	王　波	
责任校对	吴昌雷	
封面设计	春天书装	
出版发行	浙江大学出版社	
	（杭州市天目山路 148 号　邮政编码 310007）	
	（网址:http://www.zjupress.com）	
排　　版	杭州朝曦图文设计有限公司	
印　　刷	杭州宏雅印刷有限公司	
开　　本	787mm×1092mm　1/16	
印　　张	17.75	
字　　数	399 千	
版 印 次	2022 年 12 月第 1 版　2022 年 12 月第 1 次印刷	
书　　号	ISBN 978-7-308-23218-0	
定　　价	54.00 元	

浙江大学出版社市场运营中心联系方式:0571—88925591;http://zjdxcbs.tmall.com

前 言

PREFACE

习近平同志指出"教育是国之大计、党之大计",并且"要从我国改革发展实践中提出新观点、构建新理论,努力构建具有中国特色、中国风格、中国气派的学科体系、学术体系、话语体系"①。习近平总书记关于教育的重要论述,对于落实立德树人的根本任务,坚持道路自信、理论自信、制度自信、文化自信,增强民族文化自信和价值观自信,建设中国特色社会主义教育理论体系,推进教育现代化,办好人民满意的教育,都具有长远的战略意义和重要的时代价值。

混凝土结构原理和设计是土木工程类的专业基础课程,它既需要反映混凝土结构的基本原理和设计方法,又应当反映混凝土结构在理论研究和工程实践方面的最新发展与趋势,是大学生的知识结构从普识教育体系到专业教育体系的重要过渡。浙江大学结合长期的混凝土结构原理和设计的课程教学活动,以及对混凝土结构的科学研究和工程实践的积累,着重对混凝土结构原理和设计教材进行了改进和创新,包括:(1)教材必须涵盖全国高等学校土木工程学科专业指导委员会审定的教学大纲要求,也要兼顾土木、水利和交通等不同专业的基本要求;(2)根据工程建设标准规范体系的改革,新增了混凝土结构耐久性的相关内容;(3)增加了土木工程全寿命周期管理的基本内容,新增了混凝土结构加固修复的内容;(4)从混凝土结构新材料、新技术方面,新增了纤维复合材料和现代预应力混凝土技术。通过上述一系列的改革,混凝土结构原理和设计的教材体系发生了重大变化,不仅适应于现行国家工程建设标准规范体系的改革,而且更加适应了新材料、新技术、全寿命和可持续性的时代要求。

本教材根据全国高等学校土木工程学科专业指导委员会审定的教学大纲要求编写,反映了混凝土结构全寿命设计的概念和各个过程的设计内容,主要包括:结构体系与概念设计,梁板结构设计,单层厂房混凝土结构设计,预应力混凝

---

① 新华网.习近平看望参加政协会议的医药卫生界教育界委员[EB/OL].(2021-03-06)[2022-03-06]. http://www.xinhuanet.com/politics/leaders/2021-03/06/c_1127177680.htm? id＝105188.

土结构设计,混凝土结构耐久性设计,混凝土结构修复与加固设计,混凝土结构设计示例,以及附录等。除了传统的教学内容,教材中还加入了土木工程行业的先进技术成果,例如与混凝土结构相结合的新材料、预应力混凝土结构设计等方面的知识内容。另外,高层混凝土结构设计及其抗震设计内容因涉及课时和课程安排未放入本教材之中。

本教材按照我国新颁布的《混凝土结构通用规范》(GB 55008—2021)、《混凝土结构设计规范》(GB 50010—2010(2015 版))、《建筑结构可靠性设计统一标准》(GB 50068—2018)、《工程结构可靠性设计统一标准》(GB 50153—2008)、《混凝土结构耐久性设计标准》(GB/T 50476—2019)等有关设计规范内容编写,注重混凝土结构的基本概念、基本理论和基本方法的传授,有助于学生在走上工作岗位以后能够适应实际工程的设计、施工和管理等工作。本教材的读者对象为土木、水利和交通等学科的高年级本科学生,亦可作为相关工程技术人员的参考资料。

本教材出于篇幅和简便的考虑,对经常使用的规范名称做了下列简称,如《混凝土结构通用规范》简称为《通用规范》,《混凝土结构设计规范》简称为《设计规范》,《建筑结构可靠性设计统一标准》简称为《统一标准》,《混凝土结构工程施工质量验收规范》简称为《施工规范》,《建筑结构荷载规范》简称为《荷载规范》,《建筑地基基础设计规范》简称为《地基规范》等。未做特殊说明的,仍采用原有表述。

参加本书编写的人员有:金伟良、弓扶元(第 1 章),张大伟(第 2、6 章,附录,第 7 章部分),赵羽习(第 3、4 章,第 7 章部分),夏晋(第 5 章,第 7 章部分),全书由金伟良教授和张大伟教授负责校对,金伟良教授负责主编。

感谢浙江大学和浙江大学出版社对本书出版予以的大力帮助;同时,对浙江大学出版社编辑王波认真周到的服务表示诚挚的谢意。

书中不妥与错误之处,恳请读者批评指正。

金伟良

2022 年 6 月于求是园

目 录

CONTENTS

第1章 结构体系与概念设计

本章知识点

知识点：混凝土结构的设计过程、混凝土结构的构成、混凝土结构体系的类型、结构体系的选择、混凝土结构全寿命设计以及结构防倒塌设计。

重　点：混凝土结构的设计程序和设计内容、混凝土结构的基本构成、混凝土结构与构件的破坏模式、全寿命设计与分析。

难　点：结构体系、结构设计方法、破坏模式、概念设计。

混凝土结构是指建筑物中以混凝土为主要材料，用来承受各种荷载及其作用的空间受力体系。混凝土结构能够形成人们活动所需的安全、舒适、耐久、美观、稳定的空间，它包括素混凝土结构、钢筋混凝土结构、预应力混凝土结构及配置各种纤维筋的混凝土结构等。

建筑工程设计是指在建筑物建造之前，设计者按照建设任务，应用设计工具，依据设计规范和标准，考虑限制条件，把施工过程和使用过程中所存在的或可能发生的问题，事先做好通盘的设想，拟定好解决这些问题的办法、方案，并用图纸表达出来的过程。混凝土结构设计是建筑工程设计中的一个重要内容，其基本任务是在结构的可靠与经济之间选择一种合理的平衡，力求以最低的代价，使所建造的结构在规定的外界条件和使用期限内，能满足预定的安全性、适用性和耐久性等功能要求。同时，混凝土结构设计也应当考虑结构全寿命周期的功能要求，以及经济、环境和社会影响的效应。

1.1　混凝土结构设计过程

1.1.1　一般程序

混凝土结构设计一般分为三个阶段，即初步设计阶段、技术设计阶段和施工图设计阶段（图1.1）。

对一般单项建筑工程项目而言，首先是由建筑专业提出较成熟的初步建筑设计方案，结构专业根据建筑方案进行结构选型和结构布置，并确定相关结构尺寸，同时也对建筑方案提出必要的修正；然后，建筑专业根据修改后的建筑方案进行建筑施工图设计，结构专业则根据修改后的建筑方案和结构方案进行荷载计算、内力分析、截面设计和构造设计,并绘制成结构施工图。

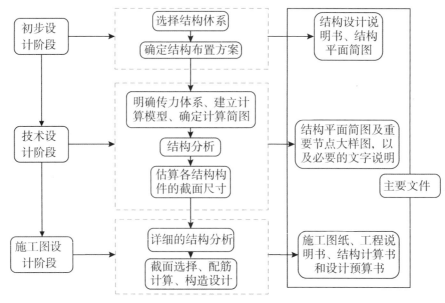

图 1.1 混凝土结构设计的一般程序流程

1. 初步设计阶段(preliminary design phase)

在初步设计阶段内,结构设计人员需要根据建筑设计方案提供结构方案,使结构体系和建筑方案相协调统一。该阶段的主要任务是确定结构总体系的布置方案,估算结构所受的荷载、地基承受的总荷载、结构的总承载力,验算总体结构的高宽比和倾覆问题,初步估算房屋的总体变形。通过初步设计阶段的设计,保证总体结构稳定可靠,结构形式和布局合理,总体变形控制在允许范围以内。

在初步设计阶段内,结构设计文件的主要内容是编制结构设计说明书和绘制结构平面简图等。其中,结构设计说明书应包括设计依据、结构设计要点和需要说明的其他问题等,同时提出具体的地基处理方案,选定主要结构材料和构件标准图等。设计依据应阐述建筑所在地域、有关自然条件、抗震设防烈度、工程地质概况等;结构设计要点应包括上部结构选型、基础选型、耐久性要求、人防结构及抗震设计初步方案等;需要说明的其他问题主要是指对工艺的特殊要求、与相邻建筑物的关系、基坑特征及防护等。结构平面简图应标出柱网、剪力墙、变形缝等。

2. 技术设计阶段(technical design phase)

技术设计是对初步设计方案的完善和深化。该阶段结构设计的主要内容是给出结构布置图,进行结构内力分析,初步估算各结构构件的截面尺寸,从而确定结构受力体系和主要技术参数。

在技术设计阶段内,结构工程师通过计算初步确定主要构件(梁、柱、墙、楼梯等)的截面和配筋,绘出结构平面简图及重要节点大样图,以及通过编写必要的文字说明提出对地质勘探、施工条件及主要材料等方面的特殊要求。

3. 施工图设计阶段(working drawing design phase)

施工图设计是项目施工前最重要的一个设计阶段。在该阶段,混凝土结构设计的主要任务是进行详细的结构分析、截面选择、配筋计算以及有关的构造设计,以保证结构构件满足承载力和刚度设计要求,同时考虑结构连接等细部设计以保证各结构构件间有可靠联系,使之组成可靠的结构体系,最后给出可供实际施工的图纸。

施工图设计阶段的设计文件包括建筑、结构、设备等工种的全部施工图纸、工程说明书、结构计算书和设计预算书等。

1.1.2　主要内容

混凝土结构设计的基本内容主要包括四个部分,依次是结构方案设计、结构分析、构件设计和施工图绘制。

1. 结构方案设计

结构方案设计主要是配合建筑设计的功能和造型要求,结合所选结构材料的特性,从结构受力、安全、经济以及地基基础和抗震设防要求等条件出发,综合确定合理的结构形式。结构方案应在满足适用性的条件下,符合受力合理、技术可行和尽可能经济的原则。无论是初步设计阶段,还是技术设计阶段,结构方案设计都是结构设计中最重要的一项工作,也是结构设计成败的关键。初步设计阶段和技术设计阶段的结构方案,所考虑的问题是相同的,不同的是随着设计阶段的深入结构方案越来越成熟。

结构方案设计包括结构选型、结构布置和主要构件的截面尺寸估算等内容。

(1)结构选型。在收集基本资料和数据(如地理位置、环境要求、功能要求、荷载状况、地基承载力等)的基础上,选择结构方案——主要包括确定结构类型、结构体系和施工方案。对于钢筋混凝土建筑而言,结构方案设计应包括确定上部主要承重结构、楼(屋)盖结构和基础的形式及其结构布置,并对结构主要构造措施和特殊部位进行处理。进行结构选型的原则是满足建筑特点、使用功能的要求,同时受力合理,技术可行,并尽可能达到经济技术指标先进。对于有抗震设防要求的工程,应充分体现抗震概念设计思想。

(2)结构布置。主要包括定位轴线、构件布置和变形缝的设置。定位轴线一般由横向定位轴线和纵向定位轴线组成,用来确定各构件的水平位置;构件布置就是要确定构件的平面位置和竖向位置,平面位置通过与定位轴线的相对关系确定,竖向位置由标高来确定。标高有建筑标高和结构标高两种。建筑标高是指建筑物建造完毕后应有的标高,结构标高是指结构构件表面的标高,指建筑标高扣除建筑面层厚度后的标高。变形缝包括伸缩缝、沉降缝和防震缝三种,不同的结构类型和结构体系以及建筑构造做法,变形缝的设置和要求均不同。完成结构布置也就等于确定了结构的计算简图,确定了各种荷载的传递路径。结构布置是否合理,将影响结构的性能。

(3)构件截面尺寸的估算。按规范要求选定合适等级的材料,并按各项使用要求初步确定构件尺寸。结构构件的尺寸可用估算法或凭工程经验定出,也可参考有关设计手册,但应满足规范要求。水平构件的截面尺寸一般根据刚度和稳定条件,利用经验公式确定;竖向构件的截面尺寸一般根据侧移(或侧移刚度)和轴压比的限值来计算。

2.结构分析

结构分析是指结构在各种作用下的内力和变形等作用效应的分析,其核心问题是确定结构计算模型,包括确定结构力学模型、计算简图和采用的计算方法。

计算简图是进行结构分析时用以代表实际结构经过简化的模型,是结构分析的基础。确定计算简图时应分清主次,抓住问题的本质和主流,使计算简图既能反映结构的实际工作性能,又便于计算。计算简图确定后,应采取适当的构造措施使实际结构尽量符合计算简图的特点。一般来说,结构越重要,选取的计算简图就应越精确;施工图设计阶段的计算简图应比初步设计阶段来得更为精确;静力计算可选择较复杂的计算简图,动力和稳定计算可选择较简略的计算简图。

在荷载计算方面,应根据使用功能要求和工程所在地区的抗震设防等级确定永久荷载、可变荷载(楼、屋面活荷载,风荷载等)以及地震作用。

在内力分析及组合方面,应计算各种荷载作用下结构构件的内力,并在此基础上进行内力组合。应当注意,各种荷载作用同时出现的可能性是多样的,而且活荷载作用的位置可能是变化的。因此,结构承受的荷载作用以及相应的内力情况也是多样的,这些都应该用内力组合来表达。内力组合即所述荷载作用效应的组合,求出的截面最不利内力组合值,可作为极限状态设计时计算承载能力、变形、裂缝等的依据。

3.构件设计

对于钢筋混凝土构件而言,根据结构内力分析结果,选取对结构配筋起控制作用的截面作为控制截面进行内力组合,选取最不利的内力组合进行结构截面的配筋计算,且应满足构造要求。在实际工程中,有时须进行多次调整或修改以使结构构件设计逐渐完善合理。

在结构构件设计方面,对采用不同结构材料的建筑结构,应按相应的设计规范计算结构构件控制截面的承载力,同时应验算位移、变形、裂缝以及振动等的限值要求。所谓控制截面是指结构构件中内力最不利的截面、尺寸改变处的截面以及材料用量改变处的截面等。

在构造设计方面,主要是根据结构布置和抗震设防要求来确定结构整体及各部分的连接构造。各类建筑结构设计的相当一部分内容尚无法通过计算确定,可采取构造措施进行设计。大量工程实践经验表明,每项构造措施都有其作用原理和效果。因此,构造设计是十分重要的设计工作。

4.施工图绘制

施工图是全部设计工作的最后成果,是进行施工的主要依据,是设计意图最准确、最完整的体现,是保证工程质量的重要环节。结构施工图编号前一般冠以"结施"字样,其绘制应遵守一般的制图规定和要求,并应注意以下事项。

(1)图纸应按以下内容和顺序编号:结构设计总说明、基础平面图及剖面图、楼盖平面图、屋盖平面图、梁和柱等构件详图、楼梯平剖面图等。

（2）结构设计总说明，一般是说明图纸中一些共性的问题和要求以及难以表达的内容，如材料质量要求、施工注意事项和主要质量标准等；对局部问题的说明，可分别放在有关图纸的边角处。

（3）楼盖、屋盖结构平面图应分层绘制，应准确标明各构件的位置关系及轴线或柱网间距、孔洞及埋件的位置及尺寸；应准确标注梁、柱、剪力墙、楼梯等和纵横轴线的位置关系以及板的规格、数量和布置方法，同时还应表示出墙厚和构造做法；构件代号一般应以构件名称的汉语拼音的第一个大写字母作为标志；如选用标准构件，其构件代号应与标准图集一致，并注明标准图集的编号和页码。

（4）基础平面图的内容和要求基本同楼盖平面图，尚应绘制基础剖面大样及注明基底标高，钢筋混凝土基础应画出模板图及配筋图。

（5）梁、板、柱、剪力墙等构件施工详图应分类集中绘制，对各构件应把钢筋规格、形状、位置、数量表示清楚，钢筋编号不能重复，用料规格应用文字说明，对标高和尺寸应逐个构件标明，对预制构件应标明数量、所选用标准图集的编号；复杂外形的构件应绘出模板图，并标注预埋件、预留洞等；大样图可索引标准图集。

（6）绘图的依据是计算结果和构造规定，同时应充分发挥设计者的创造力，力求简明清楚，图纸数量少，且不能与计算结果和构造规定相抵触。

另外，在实际工作中，随着设计的不断细化，结构布置、材料选用、构件尺寸等都不可避免地要作调整。如果变化较大时，应重新计算荷载、内力、内力组合以及承载力，并验算正常使用极限状态的要求。

1.2　混凝土结构的构成

1.2.1　基本构件类型

常用的混凝土结构基本构件有以下 8 种类型。

1. 梁

（1）梁的特点

梁一般指承受垂直于其纵轴方向荷载作用的线形构件，它的截面尺寸应小于其跨度。如果荷载重心作用在梁的纵轴平面内，则该梁就只承受弯矩和剪力，否则还受有扭矩。如果荷载所在平面与梁的纵对称轴面斜交或正交，则该梁就处于双向受弯、受剪状态，甚至还可能同时受扭矩作用。

（2）梁的分类

混凝土梁可按梁的几何形状来划分，有水平直梁、斜直梁、曲梁、空间曲梁（螺旋形梁）等；按梁的截面形状划分，可以有矩形梁、T 形梁、L 形梁、工字形梁、槽形梁、箱形梁等；按梁的受力特点划分,可以有简支梁、伸臂梁、悬臂梁、两端固定梁、一端简支另一端固定梁、连续梁等;按梁的配筋类型划分,可以有钢筋混凝土梁、预应力混凝土梁等。

梁的高跨比一般为 $1/16 \sim 1/8$,悬臂梁要高达 $1/6 \sim 1/5$,预应力混凝土梁可小至 $1/25 \sim 1/20$。高跨比大于 $1/4$ 的梁则称为深梁。

2. 柱

(1)柱的特点

柱是承受平行于其纵轴方向荷载的线形构件,它的截面尺寸小于它的高度,一般以受压和受弯为主,故柱也称压弯构件。常用作楼盖的支柱、桥墩、基础柱、塔架和桁架的压杆。

(2)柱的分类

混凝土柱按柱的截面形状划分,可以有方形柱、矩形柱、圆形柱、薄壁工字形柱、空腹格构式双肢柱等;按柱的受力特点划分,可以有轴心受压柱和偏心受压柱两种;按柱的配筋方式划分,可以有普通钢箍柱、螺旋形钢箍柱和劲性钢筋柱等。

3. 框架

(1)框架的特点

框架是由横梁和立柱联合组成的,能同时承受竖向荷载和水平荷载的结构。横梁和立柱之间的连接又分为刚性连接和铰支承连接。在一般建筑物中,框架的横梁和立柱都是刚性连接,它们间的夹角在受力前后是不变的,框架在承受竖向和水平荷载时,梁和柱既承受轴力又承受弯曲和剪切作用。在单层厂房中,由横梁和立柱刚性连接的框架也称刚接排架;横梁和立柱间用铰支承连接的框架则称铰接排架,简称排架。

(2)框架的分类

框架按跨数、层数和立面的构成来划分,可以有单跨、多跨框架,单层、多层框架,以及对称、不对称框架,单跨对称框架又称门式框架;按框架的受力特点来划分,若框架的各构件轴线处于同一平面内的则称平面框架,若不在同一平面内的则称为空间框架,空间框架也可由若干平面框架组成;按框架的配筋类型划分,有钢筋混凝土框架、预应力混凝土框架和劲性钢筋混凝土框架等。

4. 墙

(1)墙的特点

墙主要是承受平行于墙面方向荷载作用的竖向构件。它在重力和竖向荷载作用下主要承受压力,有时也承受弯矩和剪力;但在风、地震等水平荷载作用下或土压力、水压力等水平力作用下则主要承受剪力和弯矩。

(2)墙的分类

混凝土墙按其形状划分,可以有平面形墙、筒体墙、曲面形墙、折线形墙;按其受力类型划分,有以承受重力为主的承重墙、以主要承受风力或地震作用产生的水平力的剪力墙,而承重墙多用于单、多层建筑,剪力墙则多用于多、高层建筑;按位置或功能划分,可以有内墙、外墙、纵墙、横墙、山墙、女儿墙、挡土墙,以及隔断墙、耐火墙、屏蔽墙、隔音墙等。

5.板

（1）板的特点

板是覆盖一个具有较大平面尺寸，但却具有相对较小厚度的平面形结构构件。它通常水平设置，承受垂直于板面方向的荷载作用，受力以弯矩、剪力、扭矩为主，但在结构计算中剪力和扭矩往往可以忽略。

（2）板的分类

混凝土板按其平面形状划分，可以有矩形板、圆形板、扇形板、三角形板、梯形板和各种异形板等；按其截面形状划分，有实心板、空心板、槽形板、T形板、密肋板、压型板、叠合板等；按其受力特点划分，有单向板、双向板；按支承条件又可分为四边支承、三边支承、两边支承和四角点支承，按支承边的约束条件还可分为简支边板、固支边板、连续边板、自由边板；按所用材料划分，有钢筋混凝土板、预应力混凝土板等。

6.桁架

（1）桁架的特点

桁架是由若干直杆组成的一般具有三角形区格的平面或空间承重结构构件。它在竖向和水平荷载作用下各杆件主要承受轴向拉力或轴向压力，从而能充分利用材料的强度。钢筋混凝土桁架多用于屋架、塔架，有时也用于栈桥和吊车梁。由于钢筋混凝土桁架的拉杆在使用荷载下常出现裂缝，因而仅用于荷载较轻和跨度不大的桁架。

（2）桁架的分类

混凝土桁架按其立面形状划分，有三角形桁架、梯形桁架、多边形或折线形桁架和平行弦桁架。此外，也常采用无斜腹杆的空腹桁架。按所用材料分，有钢筋混凝土桁架、预应力混凝土桁架等。

7.拱

（1）拱的特点

拱是由曲线形或折线形平面杆件组成的平面结构构件，含拱圈和支座两部分。拱圈在荷载作用下主要承受轴向压力，支座可做成能承受竖向和水平反力以及弯矩的支墩，也可用拉杆来承受水平推力。由于拱圈主要承受轴向压力，与同跨度同荷载的梁相比，能节省材料，提高刚度，跨越更大空间。

（2）拱的分类

按拱轴线的外形划分，有圆弧拱、抛物线拱、悬链线拱、折线拱等；按拱圈截面划分，有实体拱、箱形拱、管状截面拱、桁架拱等；按受力特点划分，有三铰拱、两铰拱、无铰拱等；而按所用材料分，有钢筋混凝土拱、预应力混凝土拱等。

8.壳

（1）壳的特点

壳是由曲面形板与边缘构件（梁、拱或桁架）组成的空间结构。壳结构能以较小的构件厚度形成较强的承载能力和较大的结构刚度，覆盖或围护大跨度的空间而不需中间支柱。

能兼承重结构和围护结构的双重作用,从而节省结构材料。壳内空间宽敞,能满足各功能要求,故其应用极广,如会堂、市场、食堂、剧场、体育馆、飞机库等。

（2）壳的分类

按壳的空间几何形状划分,有筒壳、球壳、双曲扁壳、鞍壳、扭壳等。

1.2.2 基本构成

结构是由构件经过稳固的连接而形成的,构件是结构直接承担荷载作用的部分,连接可以将构件所承担的荷载作用传递到其他构件上,并进而传递到结构基础上。

从一般的建筑来理解,结构有以下几个特定的组成部分。

1. 形成跨度的构件与结构

建筑物内部要形成必要的使用空间,跨度是必不可少的尺度要求。没有跨度就不可能形成内部的空间;没有跨度的构件,各种跨度以上的垂直重力荷载就不可能传至地面。

常见的可形成跨度的构件就是梁。有了梁的作用,既可以保证梁下部的空间,又可以在其上部形成平面,从而可以形成第二层的人工空间。梁是轴线尺度远远大于截面尺度的构件,侧向正交力是梁的基本受力特征,弯曲是梁的基本变形特征。而板是梁水平侧向尺度的变异性构件,其原理、作用与梁基本相同,只是由于板的尺度与约束共同作用,体现出明显的空间特征时,其计算原理就会稍有变化。

桁架、拱、壳属于特殊的形成跨度的构件与结构,这些构件与结构不是以受弯为基本特征的。在大跨度结构中,梁的弯曲效应巨大,对于结构非常不利,因此大多采用桁架、拱、壳等结构形式。

2. 垂直传力的构件与结构

当跨度构件形成空间并承担相应的重力荷载作用时,跨度构件的两端必然形成对于其他构件的向下的压力作用,这种压力作用需要有其他的构件承担并传递至地面。同时,任何空间都需要高度方向的尺度,必须有相应的构件形成这种高度要求,这就是垂直传力构件或结构。

常见的垂直传力构件或结构是柱,柱的顶端是梁,梁将其承担的垂直作用传给柱。柱的下部是基础,将作用传递至地面。当然,柱的下部也可以是柱,从而形成多层建筑。在特殊的情况下,柱的下部也可以是梁,一般称之为托梁,托梁将其上柱的垂直力向梁的两端分解传递。

柱的轴线尺度也远远大于截面尺度。轴向力是柱的基本受力特征,同时由于轴向力的偏心影响,柱也可以同时受弯。墙是柱水平侧向尺度的变异性构件,其原理、作用与柱基本相同,但是由于墙侧向尺度的影响,其侧向尺度方向的刚度也较大,从而具有良好的抵抗侧向变形的能力,这是柱所不具备的。

3. 抵抗侧向力的构件与结构

建筑物内部要有相应的构件或结构,来抵抗侧向力的作用。常见的抵抗侧向力的构件是墙。由于侧向尺度较大,墙的侧向刚度也较大,抗侧移能力较强,可以有效抵御侧向变形与荷载,更重要的是墙可以直接与地面相连接,从而使建筑物形成整体的刚度空间。

楼板的侧向刚度也较大,但板并不直接与地面相连,板只能使建筑物在板所在的平面内形成刚性连接体,而不能如墙一样使建筑物在不同层间形成刚度。

除了墙以外,柱与柱之间可以利用支撑来形成抵抗侧向变形的结构,其作用与墙是相同的。

基础是结构的最下部,是将建筑物上部的各种荷载与作用传递至地面的重要部分。由于建筑物所承受的各种荷载与作用,基础也要承担垂直力、水平侧向力、弯曲作用等复杂的作用组合。基础必须向地面以下埋置一定的深度,以确保建筑物的整体稳定性。但有时由于建筑物埋置深度较深,而建筑物本身自重并不大,地下水可能使建筑物浮起来,如地下车库,因此需要基础具有抗浮(拔)功能。

并不是建筑物地面以下的部分都是基础,大多数情况下,地下空间并不是基础,可以列为结构的一部分。只有当地下空间必须依靠整体作用,才能形成作为基础所必需的功能时,地面以下才全部属于基础,这种基础通常称为箱形基础。其他常见的基础有桩、筏板、条形、墩台、独立基础等,一般是根据其形状与受力原理进行分类的。

地基是基础以下的持力土层或岩层,是上部荷载最终的承接者。因此,地基必须有足够的强度、刚度与稳定性。所谓强度,是地基不能受压破坏;所谓刚度,是地基的岩层与土层的压缩性不能超过相应的要求,尤其是不能产生不均匀的变形,因为其会导致建筑物的倾斜和裂缝;而稳定性,是地基不能够发生滑移与倾覆等整体性的破坏。

1.3　混凝土结构体系的基本类型

建筑结构是由许多结构构件组成的一个系统,其中主要的受力系统称为结构总体系。结构总体系由基本水平分体系、基本竖向分体系以及基础体系三部分组成。

基本水平分体系一般由板、梁、桁(网)架组成。基本水平分体系也称楼(屋)盖体系,其作用为:(1)在竖向,承受楼面或屋面的竖向荷载,并把它传给竖向分体系;(2)在水平方向,起隔板和支承竖向构件的作用,并保持竖向构件的稳定。

基本竖向分体系一般由柱、墙、筒体组成。其作用为:(1)在竖向,承受由水平体系传来的全部荷载作用,并把它传给基础体系;(2)在水平方向,抵抗水平作用力如风荷载、水平地震作用等,也把它们传给基础体系。

基础体系一般由独立基础、条形基础、交叉基础、片筏基础、箱形基础以及桩、沉井组成。其作用为:(1)把上述两类分体系传来的重力荷载全部传给地基;(2)承受地面以上的上部结构传来的水平作用力,并把它们传给地基;(3)限制整个结构的沉降,避免不允许的不均匀沉降和结构的滑移。

基础的形式和体系要按照建筑物所在场地的土质和地下水的实际情况进行选择和设计。

根据承重体系的不同,混凝土结构可以分为梁板结构、框架结构、剪力墙结构、框架-剪力墙结构、筒体结构、框架-核心筒结构体系等,各体系的特点如下所述。

1.3.1 梁板结构体系

梁板结构是由梁和板组成的水平承重结构体系,其支承体系一般由柱或墙等竖向构件组成。梁板结构在工程中应用广泛,如房屋建筑中的楼盖、楼梯、雨篷、筏板基础等,桥梁工程中的桥面结构等。

钢筋混凝土梁板结构主要用于楼盖(屋盖)结构中。钢筋混凝土楼盖按其施工方法,可以分为现浇、装配和装配整体式三种型式。常用的钢筋混凝土楼盖按其楼板的支承受力条件不同又可分为肋梁楼盖、密肋楼盖和无梁楼盖。

楼盖结构用来承受作用在其上的使用荷载和结构自重,同时,它还承受作用在房屋上的水平荷载,由它作为水平深梁,而且具有足够的刚度,将水平荷载分配到房屋结构的竖向构件墙和柱上。另外,楼盖结构作为水平构件,还与墙柱形成房屋的空间结构来抵抗地基可能出现的不均匀沉降和温差引起的附加内力。

房屋的高度超过 50m 时,宜采用现浇楼面结构,框架-剪力墙结构应优先采用现浇楼盖结构。

楼盖结构在房屋结构中所用材料的比例较大,特别是在多层和高层房屋中,它是重复使用的构件,所以楼盖结构经济合理与否,影响较大。混合结构建筑的用钢量主要在楼盖中,6~12 层的框架结构建筑,楼盖的用钢量也要占全部用钢量的 50% 左右。因此,选择和布置合理的楼盖型式对建筑的使用、经济、美观有着重要的意义。

1.3.2 框架结构体系

框架结构是由梁、柱构件组成的结构,梁柱之间的连接为刚性连接。如果整幢房屋均采用这种结构形式,则称之为框架结构体系或纯框架结构。框架结构的优点是建筑平面布置灵活,能获得较大的空间,特别适用于较大的会议室、商场、餐厅、教室等。也可根据需要隔成小房间。

框架柱的截面多为矩形,其截面边长一般大于墙厚,室内出现棱角,影响房间的使用功能和建筑观赏。为了改善结构的使用功能,常将柱的截面变异成 L 形、T 形、十字形或 Z 字形,使柱的截面宽度和填充墙厚度相同,采用此类柱截面的框架结构体系称之为异形柱框架结构体系。

框架结构在水平力的作用下会产生内力和变形,如图 1.2 所示。其侧移由两部分组成:第一部分侧移由梁、柱构件的弯曲变形所引起。框架下部梁、柱的内力较大,层间变形也大,愈到上部,层间变形愈小,使整个结构呈现出剪切型变形(图 1.2(a))。第二部分侧移由框架柱的轴向变形所引起。水平力的作用使一侧柱拉伸,另一侧柱压缩,使结构出现侧移。这种侧移在上部楼层较大,愈到结构底部,层间变形愈小,使整个结构呈现弯曲型变形(图 1.2

（b）)。框架结构的第一部分侧移是主要的,框架整体表现为剪切型变形特征。当框架结构的层数较多时,第二部分侧移的影响应予以考虑。根据框架结构的上述特征,通常通过反弯点法和 D 值法计算其在横向荷载作用下的内力。

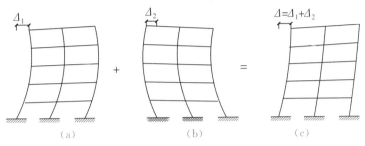

图 1.2　框架侧向变形

框架的侧向刚度主要取决于梁、柱的截面尺寸。而梁、柱截面的惯性矩通常较小,因此其侧向刚度较小,侧向变形较大。在地震区,容易引起填充墙等非结构构件的破坏,这就使得框架结构不能建得很高,以 15～20 层以下为宜。

1.3.3　剪力墙结构体系

用钢筋混凝土墙抵抗竖向荷载和水平力的结构称为剪力墙结构。剪力墙墙体同时也作为房间维护和分隔的构件。

剪力墙在荷载作用下,各截面将产生轴力、弯矩和剪力,并引起侧向变形。当高宽比较大时,剪力墙作为一个以受弯为主的悬臂墙,其侧向变形呈弯曲型,即层间位移由下至上逐渐增大。

钢筋混凝土剪力墙结构的整体性好,抗侧刚度大,承载力大,在水平力作用下侧移较小。经过合理设计,能做成抗震性能较好的钢筋混凝土延性剪力墙。由于它变形小且有一定延性,在历次大地震中,剪力墙结构破坏较少,表现出令人满意的抗震性能。

钢筋混凝土剪力墙结构中,剪力墙的高度与整个房屋高度相同,高达几十米甚至上百米。受楼板跨度的限制,剪力墙的间距较小,一般为 3～8m,平面布置不够灵活、建筑空间受到限制是它的主要缺点。因此,它只适用于住宅、旅馆等建筑。由于自重大,刚度大,因而剪力墙结构的基本周期短,地震惯性力较大。

为了扩大剪力墙结构的应用范围,在城市临街建筑中,可将剪力墙结构房屋的底层或底部几层做成框架,形成框支剪力墙结构。当框支层空间较大时,可用作餐厅、商店等,上部剪力墙结构可作为住宅、宾馆等,这样就具有良好的使用性能。但是,框支剪力墙的下部为框支柱,与上部剪力墙的刚度相差悬殊,在地震作用下,框支层将产生很大的侧向变形,造成框支层破坏,甚至引起整栋房屋倒塌。因此,在地震区不允许采用底层或底部若干层全部为框架的框支剪力墙结构。为了改善这种结构的抗震性能,可以采用部分剪力墙落地、部分剪力墙由框架支承的部分框支剪力墙结构。由于有一定数量的剪力墙落地,通过设置转换层将不落地的剪力墙的剪力转移到落地剪力墙,可以减小由于框支层刚度和承载力的突然变小造成的对结构抗震性能的不利影响。

在底部大空间剪力墙结构中,应采取措施加大底部大空间的刚度,如将剪力墙布置在结构平面的两端或中部,并将落地的纵、横向墙围成筒体。另外,还应加大落地墙体的厚度,适当提高混凝土的强度等,使整个结构的上、下部的侧向刚度差别较小。

短肢剪力墙是指墙肢的截面高度与宽度之比为5～8的剪力墙。短肢剪力墙结构有利于住宅建筑平面的布置和减轻结构自重,但是由于短肢剪力墙的抗震性能与一般剪力墙(墙肢截面高度与宽度之比大于8)相比较差,因此在高层建筑中不允许采用全部为短肢剪力墙的结构,应设置一定数量的一般剪力墙或筒体,以共同抵抗竖向荷载和水平荷载。

1.3.4　框架-剪力墙结构体系

为了充分发挥框架结构平面布置灵活和剪力墙结构侧向刚度大的特点,可将框架和剪力墙两者结合起来,共同抵抗竖向和水平荷载作用,这就形成了框架-剪力墙结构体系。

在框架-剪力墙结构中,由于剪力墙刚度大,剪力墙将承担大部分水平力(有时可高达总水平力的$80\%\sim90\%$),是抗侧力的主体,整个结构的侧向刚度大大提高,框架则主要承担竖向荷载,同时也承担小部分水平力。图1.3给出了框架-剪力墙的协同工作示意图。

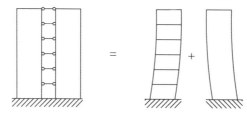

图1.3　框架-剪力墙的协同工作

在水平荷载作用下,框架呈剪切型变形,剪力墙呈弯曲型变形。当两者通过楼板协同共同抵抗水平荷载时,框架与剪力墙的变形必须保持协调一致,因而框架-剪力墙结构的侧向变形将呈弯剪型,其上下各层层间变形趋于均匀,并减小顶点侧移,同时框架各层层间剪力、梁柱截面尺寸和配筋也趋于均匀。由于上述的受力和变形特点,框架-剪力墙结构比纯框架结构的水平承载力和侧向刚度都有很大提高,在地震作用下层间变形减小,因而也就减小了非结构构件的破坏,可用来建造较高的高层建筑,目前常用于10～20层的办公楼、教学楼、医院和宾馆等建筑中。由于框架和剪力墙都只能在自身平面内承担水平力,因此在抗震设计时,框架-剪力墙结构应设计成双向抗侧力体系,结构平面的两个主轴方向都要布置剪力墙。

框架-剪力墙结构设计的关键是确定剪力墙的数量和位置。剪力墙布置得多一些,结构的侧向刚度就增大,侧向变形随之减小。但如果剪力墙设置得太多的话,不但在布置上较为困难,而且也不经济。通常情况下以满足结构的位移限值作为剪力墙数量确定的依据较为合适。剪力墙的布置可以灵活,但应尽量符合以下要求:

(1)抗震设计时,剪力墙的布置宜使结构平面各主轴方向的侧向刚度接近。

(2)剪力墙布置要对称,使结构平面的刚度中心与质量中心尽量接近,以减小水平力作用下结构的扭转效应。

（3）剪力墙应贯通建筑物全高，使结构上、下刚度比较均匀，避免刚度突变，门窗洞口应尽量做到上下对齐，大小相同。

（4）在建筑物的周边、楼梯间、电梯间、平面形状变化及竖向荷载较大的部位宜均匀布置剪力墙，楼梯间、电梯间、设备竖井尽量与剪力墙的布置相结合。

（5）平面形状凹凸较大时，宜在凸出部分的端部附近布置剪力墙。

（6）剪力墙尽可能采用 L 形、T 形、I 形或筒形，使一个方向的墙体成为另一个方向墙的翼墙，增大抗侧和抗扭刚度。

（7）剪力墙的间距不宜过大。如果建筑的平面过长，在水平力作用下，楼盖将产生平面内弯曲变形，使框架的侧移增大，水平剪力也将增加，因此要限制剪力墙的间距，不要超过给出的限值。

（8）剪力墙不宜布置在同一轴线上建筑物的两端，以避免两片墙之间由于构件的热胀冷缩和混凝土的收缩而产生较大的变形应力影响。

1.3.5　筒体结构体系

筒体的基本形式有三种：实腹筒、框筒和桁架筒。用剪力墙围成的筒体称为实腹筒。布置在房屋四周，由密排柱和刚度很大的窗裙梁形成的密柱深梁框架围成的筒体称为框筒。如果筒体的四壁是由竖杆和斜杆形成的桁架组成，称为桁架筒。筒中筒结构是上述筒体单元的组合，通常由实腹筒做内部核心筒，框筒或桁架筒做外筒，两个筒共同抵抗水平荷载作用。由核心筒与外围的梁柱框架组成的高层建筑结构，称为框架-核心筒结构，如图 1.4 所示。在这种结构中，筒体主要承担水平荷载，框架主要承担竖向荷载。框架-核

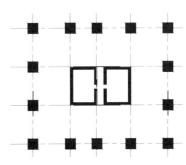

图 1.4　框架-核心筒结构体系

心筒结构兼有框架结构与筒体结构两者的优点，建筑平面布置灵活，便于设置大房间，且具有较大的侧向刚度和水平承载力。因此在实际工程中，得到了越来越广泛的应用。

筒体最主要的受力特点是它的空间受力性能。在水平荷载作用下，筒体可视为固定于基础上的箱形悬臂构件，它比平面结构具有更大的侧向刚度和水平承载力，并具有很好的抗扭刚度。

在侧向力作用下，框筒结构的受力既相似于薄壁箱形结构，又有其自身的特点。从材料力学可知，当侧向力作用于箱形结构时，箱形结构截面内的正应力均呈线性分布，其应力图形在翼缘方向为矩形，在腹板方向为一拉一压两个三角形；但当侧向力作用于框筒结构时，框筒底部柱内正应力沿框筒水平截面的分布不是呈线性关系，而是呈曲线分布。正应力在角柱较大，在中部逐渐减小，这种现象称为剪力滞后效应。这是由于翼缘框架中梁的剪切变形和梁、柱的弯曲变形所造成的。同时，在框筒结构的顶部，角柱内的正应力反而小于翼缘框架中柱内的正应力，这一现象称为负剪力滞后效应。事实上，对于实腹的箱形截面，当考

虑板内纵向剪切变形影响时,其横截面内的正应力分布也有剪力滞后或负剪力滞后的现象出现。

剪力滞后效应的影响,使得角柱内的轴力加大。而远离角柱的柱子则由于剪力滞后效应仅有较小的应力,不能充分发挥材料的作用,也减小了结构的空间整体抗侧刚度。为了减少剪力滞后效应的影响,在结构布置时要采取一系列措施,如减小柱间距,加大窗裙梁的刚度,调整结构平面使之接近于正方形,控制结构的高宽比等。

1.4　混凝土结构体系选择

建筑结构体系的选择,应根据建筑要求来确定,主要考虑以下方面的内容:建筑物的高度、跨度、破坏模式、功能、美观效果及经济性等。

在结构设计与选型时,概念设计是对于结构的破坏方式、整体性、刚度、结构与地基的关系等方面进行宏观的、多方面的考虑,根据建筑物的需要,选择恰当的结构形式、传力路径、破坏模式等,其中选择简洁合理的传力路径,是结构设计者的基本要求。

1.4.1　结构与构件的破坏模式

结构与构件破坏方式的确定是在结构设计之初就要明确的,延性破坏显然是工程师们的首选。

所谓延性破坏是指材料、构件或结构具有在破坏前发生较大变形并保持其承载力的能力。结构的宏观表现可为有挠度、倾斜、裂缝等明显破坏先兆的破坏模式。更为重要的是,尽管出现明显的破坏征兆,但延性材料或结构仍然能够保持其承载力。相反,脆性是与延性相对应的破坏性质,脆性材料或构件、结构在破坏前几乎没有变形,在宏观上则表现为突然性的断裂、失稳或坍塌等。

延性破坏的这种性能对于建筑物而言是十分重要的,其真正的意义在于以下几方面:

首先,破坏先兆与示警作用,历史上发生的重特大建筑事故大多属于脆性破坏。建筑物在破坏之前的明显征兆可以提醒人们及时撤离现场或进行补救。完全不能破坏的材料是不存在的,因此材料在破坏之前的示警作用对于建筑物来讲就十分重要了。

其次,延性材料或结构的延性不仅仅要体现在变形上,还要体现在结构破坏的延迟上。也就是说,在承载力不降低或不明显降低的前提下,可产生较大的明显的变形,即发生屈服。这种破坏的延迟效应可以为逃生或者建筑物的修补提供宝贵的时间。

最后,延性材料与结构的变形能力,对于抵抗动荷载的作用可以体现出良好的工作性能,这对于结构的抗震是十分关键的。在地震作用下,结构所发生的宏观与微观的变形,都会储存大量的能量,避免结构发生破坏。

应注意的是,虽然有些脆性材料可能具有较高的强度,采用脆性材料或构件、结构可能实现较大的承载力,但因没有破坏征兆或破坏征兆不明显,因此采用时宜慎重。

1.4.2　结构的整体性——形体与刚度

结构的整体性是指结构在荷载的作用下所体现出来的整体协调能力与保持整体受力能力的性能。结构在荷载的作用下，只有保持其整体性，才可以称之为结构，否则就会坍塌。整体性与结构的整体形状、刚度相关度较大。

结构的形体设计是指建筑物的平面、立面形状以及形状的形成设计。对于简单的竖向力，尤其是重力的作用，除了倒锥形的建筑之外，不同的形体并没有多大的差异。但是对于侧向力的反应，不同形体却大有不同。

随着建筑物的增高，如何抵抗侧向力，将会逐渐成为设计的主要问题。从力学的基本原理来看，简单的、各方向尺度比较均衡的平面形状更有利于对侧向力的抵抗，而复杂的平面是极为不利的，应该使其由简单的平面有机组合而成。

结构立面的形状与组合关系到结构不同层间的侧向力传递，简单地说，简洁的、各方向尺度比较均衡的竖向形状是比较有利的。

结构最好的竖向结构形式是上小下大的金字塔形，可以有效地降低重心，增加建筑的稳定性，也可以减少高处风荷载的作用。不能形成上大下小的结构形式。不规则的立面，过于高耸的结构，突然变化的形式，对于抗震与受力都是不利的。

建筑物的高度与宽度的比例也是十分重要的，超出限值的高耸结构对于抗震和受力无疑是非常不利的。在侧向力作用下结构即使不发生破坏，也会产生较大的变形或晃动，几乎不能使用。因此，相关的规范对高宽比例已有限定。

除了竖向构成以外，结构的平面布置必须利于结构抵抗水平和竖向荷载，且受力明确，传力直接，力争均匀对称，并减少扭转的影响。在地震作用下，建筑物要力求简单、规则；在风力作用下，则可适当放宽。

根据结构的概念设计原理，对于不同的建筑物需要选择不同的结构形式。一般来说，应力求结构形式简洁，传力路径清晰明确，破坏结果确定，并可以保证有多道防止破坏的防线。一般不要求设计成静定结构，以超静定为主。高度与跨度是最基本的两种限制条件与要素。

1.4.3　高度与结构形式的关系

建筑物的高度不同，所需承担的作用也是不同的。

当建筑物较低时，结构主要承受以重力为代表的竖向荷载，水平荷载则处于次要地位。于是，结构的竖向尺度一般较横向尺度来得小些，结构的整体变形以剪切变形为主要特征。同时，建筑物较低时，建筑总重量就较小。因而，对于低层建筑，结构材料强度就要求不高，结构类型的选择也可比较灵活，制约的条件也较少。

随着建筑高度的增加，侧向作用则成为结构所抵御的主要作用。保证结构在侧向作用下的刚度，将成为结构设计的重点。不同的材料使用，结构的高度不同；不同的结构构成，适用的高度也不相同；不同的荷载状态，尤其是抗震状况，结构的高度亦会不同。

在高层建筑中,需要使用更多的结构材料来抵抗水平荷载作用,因此抗侧力结构也成为高层建筑结构设计的主要问题,特别是在地震区,地震作用对高层建筑危害的可能性比较大,高层建筑结构的抗震设计应受到加倍重视。因此,高层建筑结构设计及施工需要考虑的因素及技术要求比多层建筑更多、更为复杂。

高层建筑结构层数多,总重量大,每个竖向构件所负担的重力荷载作用很大,而且水平荷载作用又在竖向构件中引起较大的弯矩、水平剪力和倾覆力矩;为使竖向构件的结构面积在使用面积中所占比例不致过大,要求结构材料具有较高的抗压、抗弯和抗剪强度。对位于地震区的高层建筑结构,还要求结构材料具有足够的延性,这就使得强度低、延性差的结构,在高层建筑中的应用受到很大的限制。而高层建筑结构横向尺度一般小于竖向尺度,因此结构的整体变形以弯曲变形为主要特征,保证结构的整体刚度是结构选择的重点。

层数较多的高层建筑,就需要采用钢筋混凝土结构,层数更多的特高层建筑则宜采用钢结构、混凝土-钢组合结构。表 1.1 给出了我国规范中各类钢筋混凝土结构体系适用的最大高度。

表 1.1　钢筋混凝土结构体系适用的最大高度

（单位:m）

结构体系		非抗震设计	抗震设防烈度			
			6 度	7 度	8 度	9 度
框架	现浇	60	60	55	45	25
	装配	50	50	35	25	—
剪力墙	无框支墙	140	140	120	100	60
	部分框支墙	120	120	100	80	—
框架-剪力墙和框架筒	现浇	130	130	120	100	50
	装配	100	100	90	70	—
筒中筒及成束筒		180	180	150	120	70

1.4.4　跨度与结构形式的关系

跨度是建筑空间的基本性能,没有跨度就没有室内空间。追求高度是为了节约用地,但跨度却是建筑物必须保证的参数,也是结构必须保证的,梁是最常见的形成跨度的构件。

空间大跨度结构则是由梁演变而来的:从普通梁的弯矩图可见,梁沿跨度和截面的受力都很不均匀,材料强度不能得到充分的发挥。对于通常跨度的楼盖梁来说,可将矩形截面变为工字形截面,对梁中部应力较小的部分可进行节约化处理,可对梁边缘部位进行加强,进而采用格构式梁或桁架,以提高梁的承载力和刚度。

1.5　混凝土结构全寿命设计概念

混凝土结构的设计方法已从确定性设计转变为概率性设计,但是设计者们开始意识到结构性能随时间的变化,并越来越多地关注结构的灾害应对能力和业主的特殊需求。这一系列发展使工程结构的设计愈发科学和人性化,但现行设计法的关注重点仍然是项目竣工后的短期结构性能,结构在使用过程中的性能变化、结构的环境和社会影响都没有加以考虑,这显然不符合当今社会的可持续发展理念。因此,研究者们提出了结构全寿命设计的概念。结构的全寿命周期是指结构从项目开始到结构老化废弃的整个时间范围,包括设计、建造、运营、拆除、回收等阶段,而结构全寿命设计是在结构的全寿命各阶段寻求合适的结构方案和措施使结构的各项性能最优。

如图 1.5 所示,混凝土结构全寿命设计关注的结构性能不仅包括传统设计方法中常见的结构安全性、适用性、耐久性和经济性,还包括结构对环境和社会的影响、用户的满意度水平和项目的可持续发展性能。2000 年,我国发布的《建设工程质量管理条例》实际上已经对工程结构的耐久性提出了明确要求,即需要有关人员在全寿命的各个主要阶段内通过合理有效的设计、施工、维护及维修加固使得工程结构在全寿命的期限内保持一定水平的可靠性。

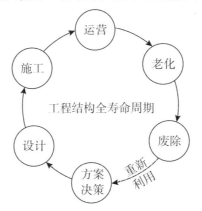

图 1.5　混凝土结构全寿命的研究周期

1.5.1　理论框架

混凝土结构全寿命设计旨在在结构的设计阶段,通过考虑结构在全寿命周期中可能遭受的荷载、环境作用和灾害作用,以及全寿命工程活动可能造成的经济影响、环境影响和社会影响,制定结构的设计方案、维护方案及灾害应对方案等,使结构在全寿命过程中满足各项性能要求,并使各类不良影响降至最低。

混凝土结构的全寿命设计目标可以明确划分为两类:结构可靠性目标和结构可持续性目标,其中,结构可靠性目标对结构本身的全寿命性能和功能进行设计,以结构的可靠性概念为基础;结构可持续性目标对结构的经济、社会和环境影响进行设计和评价,以结构可持续发展的概念为依据。相应地,混凝土结构全寿命设计指标体系可分为结构可靠性指标和可持续发展指标两个部分,如图 1.6 所示。

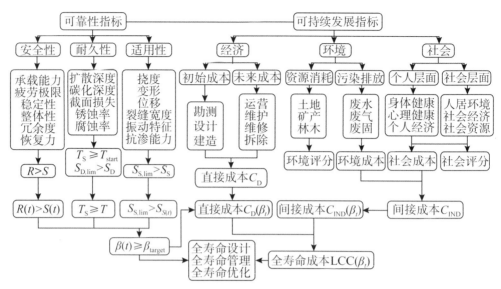

图 1.6　混凝土结构全寿命设计理论框架及其指标体系

1.5.2　可靠性指标

国际标准组织的 ISO2394:2015 (General Principles on Reliability for Structures)将结构可靠性定义为结构在设计使用寿命内达到预定使用要求的能力,其内涵包括安全性、适用性和耐久性三部分。因此,结构全寿命可靠性指标也将包括三个指标,即结构全寿命安全性、适用性和耐久性,如图 1.6 所示。

结构的可靠性一般用可靠度指标 β 或失效概率 P_{f} 表示。结构的可靠度计算通常采用式(1.1)形式的极限状态公式:

$$Z = \bar{R} - \bar{S} > 0 \qquad (1.1)$$

式中:Z 为极限状态功能函数;R 与 S 分别是广义的结构抗力(例如,承载能力、刚度、抗渗性等)和广义的结构响应(例如,内力、挠度、离子渗透等)。结构的失效概率 P_{f} 和可靠度指标 β 则可表示为

$$P_{\mathrm{f}} = P(Z < 0) \qquad (1.2)$$

$$\beta = \Phi^{-1}(1 - P_{\mathrm{f}}) \qquad (1.3)$$

1.全寿命安全性指标

结构安全性是指结构在设计使用寿命内能够避免外界荷载作用超越承载能力极限状态(包括在特定灾害的影响下)并保持一定可靠程度的能力。而结构全寿命设计中的安全性指标则强调结构在面对全寿命过程中各种可能发生的工况时,都能够保证结构的安全性,包括结构施工阶段、正常使用阶段和灾害或意外情况下的荷载等。能够安全地承受各项设计荷载是工程结构的最基本要求,因此在进行结构设计时,构件和节点的承载能力是最为重要的设计指标。结构安全性设计要求保证结构在设计工况下的响应 S 不超过其相应的抗力 R,

如式(1.4)所示：

$$R \geqslant S \tag{1.4}$$

式中：R 表示结构的安全性能，即对各项作用效应的抗力；S 表示结构在作用下的响应。

2. 全寿命适用性指标

结构适用性是指结构在可预见的作用下满足正常使用要求的能力。在某些情况下，结构仍能满足承载能力要求，但却因为适用性问题导致结构不再适合继续使用。例如，高层结构的风致振动虽然一般不会危及结构安全，但却影响了结构的正常使用。常见的结构适用性指标包括挠度、变形、位移、裂缝宽度、振动特征、抗渗能力等。通常在结构安全性设计的基础上，还要通过设定适用性极限 $S_{S,lim}$ 进行结构适用性设计，如式(1.5)所示：

$$S_{S,lim} > S_S \tag{1.5}$$

式中：$S_{S,lim}$ 为适用性指标的临界值；S_S 为结构的适用性响应。表面上看，结构的适用性设计约束了结构在外界作用下的响应特征，而从深层次而言，适用性设计实则是对结构和构件的强度、刚度、尺寸、形态布置等提出设计要求。根据不同类型结构的特征和工程经验，以及适用性极限状态的可逆程度，我国规范推荐正常使用极限状态对应的可靠度指标取值为 $0 \sim 1.5$。

3. 全寿命耐久性指标

结构耐久性指结构在环境作用影响下，在设计使用寿命内抵御结构性能劣化以满足结构安全性和适用性要求的能力。在结构耐久性的影响下，结构材料将经历初始劣化和加速劣化等过程，材料性能逐渐退化直至影响结构的承载能力和适用性。

ISO 2394:2015 指出，耐久性要求可以体现为结构在设计使用寿命内维持足够的安全性和适用性，也可以从实用性角度出发提出与结构耐久性相关的极限状态。因此，结构的耐久性极限状态基于限值和基于状态的初始耐久性初始极限状态可分别表达为式(1.6)和(1.7)：

$$S_{D,lim} > S_D \tag{1.6}$$

$$T_S \geqslant T_{start} \tag{1.7}$$

式中：$S_{D,lim}$ 为环境作用效应的临界值；S_D 为结构在环境作用下的响应；T_S 为结构实际使用寿命；T_{start} 为结构劣化起始的时间。

1.5.3　可持续发展指标

工程结构的全寿命可持续发展指标从自身定义出发，可分为环境、经济和社会指标，如图 1.6 所示。

1. 全寿命经济指标

结构全寿命设计采用结构全寿命成本(LCC)，考虑结构在全寿命各个阶段的成本，不仅包括结构的设计和建造成本，还包含了结构在后期检测、维护、维修、拆除过程中的成本，如式(1.8)所示：

$$L_{CC}(T) = C_C + C_I(T_D) + C_M(T_D) + C_R(T_D) + C_F(T_D) + C_D(T_D) \tag{1.8}$$

式中：C_C 为建设项目规划、设计与建造的费用，即初建成本；$C_I(T_D)$ 为全寿命期的检测成本；$C_M(T_D)$ 为全寿命期的日常维护成本；$C_R(T_D)$ 为全寿命期的维修成本以及因维修造成的损失；$C_F(T_D)$ 为结构失效成本；$C_D(T_D)$ 为项目残值。结构的设计、维护和维修方案均是以结构性能为依据而制定的，而耐久性退化影响下的结构性能是随时间变化的动态变量，因此相应的结构维护、维修成本模型也将包含结构的动态性能，受到结构耐久性的影响，如图 1.6 所示。

结构的全寿命成本可分为直接成本与间接成本两部分，其中直接成本指直接发生于结构本身的投资，而间接成本是由结构全寿命工程活动导致的环境、社会损失引起的。

2. 全寿命环境指标

结构的全寿命工程活动将消耗大量的自然资源，占据生态区域，并产生环境污染，造成全球环境压力。混凝土结构的环境影响可以分为两类，即对环境的"摄取"和"排放"，如图 1.7所示。其中，对环境的摄取主要包括结构全寿命过程消耗的能源和资源，对环境的排放可以分为废水、废气和固体废弃物三个大类。

采用全寿命环境指标进行全寿命绿色设计，实则是控制工程结构在全寿命过程中对环境造成的影响。工程活动对环境的影响通常需要经历长时间的累积才得以体现，而生态环境在长的时间跨度下也是一个易变的系统，因此结构的环境影响大多难以量化和界定，在环境评价过程中需要通过一些定性指标进行环境性能的综合评分。为了避免以上问题，全寿命环境评价应尽量从源头量化结构全寿命过程中对环境资源的摄取和污染物排放，通过减少摄取量和排放量的方式降低结构的全寿命环境影响。

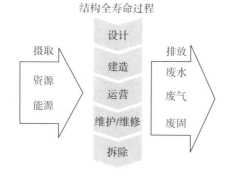

图 1.7　混凝土结构与环境的相互作用

3. 全寿命社会指标

混凝土结构是为了满足用户和社会需求而设计的，而结构全寿命过程中的各类工程活动也将对社会造成影响。社会影响评估（Social Impacts Assessment，SIA）认为工程结构的社会影响主要包括工程活动对人们生活、工作、休闲、人际交流和社会组织关系等方面的转变，以及这些转变造成的社会后果和文化后果。因此，工程结构的社会影响应包括对个人状态的影响和对社会状态的影响，包括个人身体状态、心理状态和经济状态，以及人居环境、社会经济发展和社会资源等方面。以往的结构设计和优化中对社会影响的考虑较少，而少数考虑社会影响的研究也未能覆盖结构工程的全方位社会影响。

1.6　混凝土结构防倒塌设计概念

地震灾害引起伤害最大、伤亡最惨重的就是建筑物倒塌，倒塌对建筑物的伤害是毁灭性的。同样倒塌对建筑物中的人或物也是致命的，一旦建筑物倒塌，那么身陷其中的人或物将很难保全。反之，如果破坏的仅仅是局部构件或区域，房屋没有倒塌，则人员生还的可能性将大增，哪怕是被困其中，也会为外部营救提供足够的时间。由此可见，抗倒塌应是建筑结构设计的最基本要求，也是最应该引起结构设计人员注意的问题。"抗倒塌设计"对于保护人民的生命安全，具有特别重要的意义。

防倒塌性既是结构的整体稳定性，也是保证整个结构体系在各种作用（包括非正常的意外偶然作用）下不至于发生构件解体和大范围倒塌的能力。其实，防倒塌概念并非一个新概念，多年以前的教科书中就已涉及。结构设计的大原则就有"强柱弱梁，强剪弱弯，强节点弱构件"的说法，构件和材料的选用也都要求保证足够的延性并避免脆性破坏，抗震设计的原则中就要求"大震不倒"。然而在实际的设计当中，结构设计人员往往将大量的时间和精力用在构件的抗弯承载能力计算和截面配筋上，而忽视了更重要的抗剪和节点设计，对于抗倒塌的概念设计没有给予足够的重视。结构设计不能等同于截面设计，抗倒塌概念应当先于截面设计，属于方案设计阶段，一个好的结构方案要比精确的截面计算重要得多。

1.6.1　场地选择

选择工程场址时，应该进行详细勘察，搞清地形、地质情况，挑选对建筑抗震有利的地段，尽可能避开对建筑不利的地段。任何情况下都不能在抗震危险地段上建造可能引起人员伤亡或较大经济损失的建筑物。

建筑抗震危险地段，一般是指地震时可能发生崩塌、滑坡、地陷、地裂、泥石流等的地段，以及震中烈度为 8 度以上的发震断裂带和在地震时可能发生地表错位的地段。

对建筑抗震有利的地段，一般是指位于开阔平坦地带的坚硬场地或密实均匀中硬场地。在选择高层建筑的场地时，应尽量建在基岩或薄土层上，或应建在具有较大"平均剪切波速"的坚硬场地上，以减少输入建筑物的地震能量，从根本上减轻地震对建筑物的破坏作用。

1.6.2　合理的结构方案和结构布置

一个合理的结构方案的基本要求：结构体系应具有明确的计算简图和合理的地震作用传递途径，防止间接、曲折的传力方式，避免将立柱布置在梁、墙、洞口上面。在结构体系中关键的传力部位应为具有较多冗余约束的超静定结构。结构体系宜有多道抗震防线，应避免因部分结构或构件破坏而导致整个结构丧失抗震能力或对重力荷载的承载能力，抗震设计的一个重要原则就是结构有必要的赘余度和内力重分配的功能。结构体系应具有必要的承载能力、良好的变形能力和消耗地震能量的能力，在确定结构体系时，需要在结构刚度、承载力和延性之间寻求一种较好的匹配关系。结构体系宜具有合理的刚度和强度分布,尽可能避免平面不规则和竖向不规则,使刚度和强度均匀变化,避免因局部削弱或突变形成薄弱部位,产生过大的应力集中或塑性变形集中。对可能出现的薄弱部位,应采取措施提高其抗震能力。另外,选择结构体系应考虑建筑物刚度与场地条件的关系,当建筑物的自振周期与地基土的卓越周期一致时,容易产生类共振而加重建筑物的损坏。选择结构体系也要注意合理的基础型式,基础应有足够的埋深来抵抗地震倾覆,软弱地基宜选用桩基、筏基或箱基。

1.6.3 确保结构的整体性

结构的整体性是保证各部件在地震作用下协调工作的必要条件。应使结构具有连续性并保证构件间的可靠连接。结构的连续性是结构在地震时保持整体性的根本,结构设计时应选择整体性好的结构类型。事实证明,施工质量良好的现浇钢筋混凝土结构和型钢混凝土结构具有较好的连续性和整体性。构件间的可靠连接是提高房屋抗震性能、充分发挥各个构件承载力的关键,也就是通常所说的"强节点弱构件",加强构件间的连接构造,使之能够满足传递地震力时的强度要求和适应大地震时大变形的延性要求。混凝土结构的重点部位如柱底、柱顶抗剪节点区,转换构件、预制构件的搭接处等;钢结构的重点部位如桁架、网架的支座、螺栓、节点等;砌体结构的圈梁、构造柱的设置等,都应该得到足够的加强,避免节点先于构件破坏,使构件失去其应有的承载能力。

思考题

1-1 混凝土结构设计分几个阶段? 每个阶段的主要任务是什么?

1-2 混凝土结构方案设计主要包括哪些方面的内容?

1-3 混凝土结构常用构件形式有哪些? 每种构件常用于承受何种力?

1-4 混凝土结构基本结构体系有哪些? 其受力特点如何?

1-5 选择结构体系需遵循哪些原则?

1-6 简述荷载的分类。

1-7 建筑结构该满足哪些功能要求? 建筑结构安全等级是按什么原则划分的? 结构的设计使用年限如何确定? 结构超过其设计使用年限是否意味着不能再使用? 为什么?

1-8 什么是结构的极限状态? 结构的极限状态分为几类? 其含义是什么?

1-9 简述混凝土结构全寿命设计理论的含义。

1-10 什么是结构的功能函数? 功能函数 $Z>0$、$Z<0$ 和 $Z=0$ 时各表示结构处于什么样的状态?

第2章 混凝土梁板结构设计

本章知识点

知识点：混凝土楼盖的结构类型、特点、适用范围及结构布置，整体式单向梁板结构的内力按弹性及考虑内力重分布的计算方法，折算荷载、活荷载最不利布置、塑性铰、内力重分布、弯矩调幅等概念，连续梁板截面设计特点及配筋构造要求，整体式双向梁板结构的内力按弹性及按极限平衡法的设计方法，楼梯受力特点、内力计算及配筋构造要求，雨篷梁的设计计算方法，包括截面承载力计算和整体倾覆验算。

重点：整体式单向板梁板结构、整体式双向板梁板结构、整体式无梁楼盖以及整体式楼梯与雨篷的设计计算方法。

难点：楼盖结构的分析与设计，主要包括计算简图，内力、变形分析及配筋计算等。

2.1 概　论

混凝土梁板结构主要是由板和梁组成的结构体系，其支承结构体系可为柱和墙体。它是工业与民用房屋楼盖、屋盖、楼梯及雨篷等广泛采用的结构形式。若有梁有板则称为梁板结构，以此种梁板结构作楼盖时亦称肋梁楼盖；若有板无梁则称为无梁楼盖或板柱结构。此外，它还应用于基础结构（如肋梁式筏板基础）、城市高架道路的路面及储液池的底、顶板等。

按受力特点，混凝土整体式梁板结构中的四边支承板可分为单向板和双向板两类。只在一个方向弯曲或者主要在一个方向弯曲的板，称为单向板；在两个方向弯曲，且不能忽略任一方向弯曲的板，称为双向板，如图2.1所示。结构分析表明，四边支承的单向板和双向板之间没有明确的界限。为了结构设计方便，当四边支承板长、短边长度的比值不小于3.0时，宜按沿短边方向受力的单向板计算，并应沿长边方向配置构造钢筋；当长、短边长度的比值大于2.0、但小于3.0时，宜按双向板计算；当长、短边长度的比值不大于2.0时，应按双向板计算。

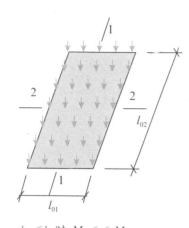 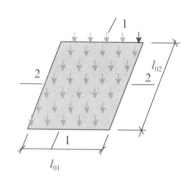

$l_{01} < l_{02}$ 时: $M_2 << M_1$,
荷载沿一个方向传递——单向板

$l_{01} \approx l_{02}$ 时: $M_2 \approx M_1$,
荷载沿两个方向传递——双向板

图 2.1   单向板和双向板

2.2   整体式单向板梁板结构

整体式单向板梁板结构是应用最为普遍的一种结构形式,其设计步骤可为:

(1)结构平面布置及梁板尺寸确定;

(2)结构的荷载及计算单元;

(3)确定结构的计算简图;

(4)截面配筋及构造措施;

(5)绘制施工图。

2.2.1   结构平面布置

整体式单向板梁板结构是由单向板、次梁和主梁组成的水平结构,支承在柱、墙等竖向承重构件上,如图 2.2 所示。在整体式单向板梁板结构中,次梁的间距决定了板的跨度;主梁的间距决定了次梁的跨度;柱或墙的间距决定了主梁的跨度。工程实践表明,单向板的经济跨度一般为 2~3m;次梁的经济跨度一般为 4~6m;主梁的经济跨度一般为 5~8m。

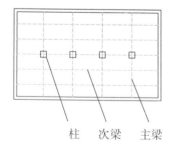 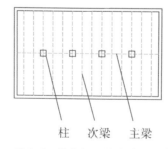 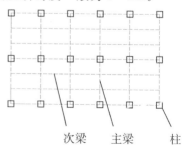

图 2.2   单向板肋梁楼盖结构布置

在进行梁板结构平面布置时,还应注意以下问题:

(1)在满足建筑物使用的前提下,柱网和梁格划分尽可能规整,结构布置越简单、整齐、统一,越能符合经济和美观的要求。

(2)梁、板结构尽可能划分为等跨度,布置尽可能规则,以便于设计和施工。

(3)主梁跨度范围内次梁根数宜为偶数,以减小主梁跨间弯矩的不均匀。

2.2.2　结构的荷载及计算单元

作用于梁板结构上的荷载可分为恒荷载和活荷载。恒荷载包括结构自重、地面及天棚抹灰、隔墙及永久性设备等荷载;活荷载包括人群、货物及雪荷载、屋面积灰荷载和施工活荷载等。在设计民用建筑梁板结构时,当梁的负荷面积较大时,活荷载全部满载并达到标准值的概率小于1,故应注意对楼面活荷载标准值进行折减。

整体式单向板梁板结构的荷载及荷载计算单元可分别按下述方法确定,如图 2.3 所示。

单向板:除承受结构自重、抹灰荷载外,还要承受作用于其上的使用活荷载;通常取 1m 宽板带作为荷载计算单元。

次梁:除承受结构自重、抹灰荷载外,还要承受板传来的荷载,在计算板传来的荷载时,为简化计算不考虑板的连续性,通常视连续板为简支板;取宽度为次梁间距 l_1 的负荷载带作为荷载计算单元。

主梁:除承受结构自重、抹灰荷载外,还要承受次梁传来的集中荷载,计算次梁传来的集中荷载时,为简化计算不考虑次梁的连续性,通常视连续次梁为简支梁,以两侧次梁的支座反力作为主梁荷载,次梁传给主梁的荷载面积为 $l_1 \times l_2$;一般主梁自重及抹灰荷载较次梁传递的集中荷载小得多,故主梁结构自重及抹灰荷载也可以简化为集中荷载。

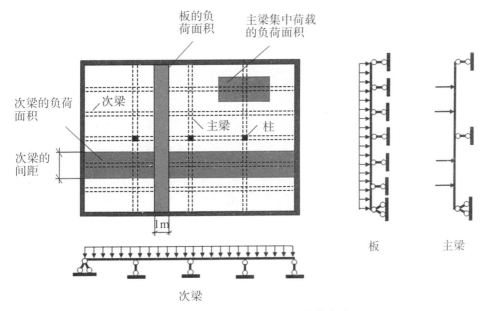

图 2.3　单向板肋梁楼盖平面及计算简图

2.2.3　结构的计算简图

对整体式梁板结构的板、次梁及主梁进行内力分析时,必须首先确定结构计算简图。结构计算简图包括结构计算模型和荷载图示。结构计算模型的确定应考虑影响结构内力、变形的主要因素,忽略其次要因素,使结构计算简图尽可能符合实际情况并能简化结构分析。

结构计算模型应注明结构计算单元、支承条件、计算跨度和跨数等;荷载图示中应给出荷载计算单元、荷载形式和性质、荷载位置及数值等,如图 2.3 所示。

1.结构计算单元

整体式单向板梁板结构中,板结构计算单元与板荷载计算单元相同,即取 1m 宽的矩形截面板带作为板结构计算单元。

次梁结构通常取翼缘宽度为次梁间距 l_1 的 T 形截面带,作为次梁结构计算单元。

主梁结构通常取翼缘宽度为主梁间距 l_2 的 T 形截面带,作为主梁结构计算单元。

2.结构支承条件与折算荷载

整体式梁板结构中,当板、次梁及主梁支承于砖柱或墙体上时,结构之间均可视为铰支座,砖柱、墙对它们的嵌固作用比较小,可在构造设计中予以考虑。

整体式梁板结构中,板、梁和柱是整体浇筑在一起的,板支承于次梁,次梁支承于主梁,主梁支承于柱。因此,次梁对于板、主梁对于次梁、柱对于主梁将有一定的约束作用,上述约束作用在结构分析时必须予以考虑。

为简化计算,假定结构的支承条件为铰支座,由此引起的误差将在结构分析时,可以通过增大恒荷载值 g、减小活荷载值 q 的方法加以解决。由于次梁对板的约束作用较主梁对次梁的约束作用大,故对板和次梁荷载采用下述的荷载调整方法,调整后折算荷载值可取为:

板:

$$g' = g + \frac{1}{2}q, \quad q' = \frac{1}{2}q \tag{2.1}$$

次梁:

$$g' = g + \frac{1}{4}q, \quad q' = \frac{3}{4}q \tag{2.2}$$

式中:g、q——实际作用于结构上的恒荷载和活荷载设计值;

g'、q'——结构分析时采用的折算荷载设计值。

若主梁支承于钢筋混凝土柱上时,其支承条件应根据梁、柱的受弯线刚度比确定,当该比值较大时(一般认为大于3),柱对主梁的约束作用较小,主梁荷载不必进行调整,可将柱视为主梁的铰支座,否则应按梁、柱刚接的框架模型进行结构分析。

3.结构计算跨度

整体式梁板结构中,梁、板计算跨度是指单跨梁、板支座反力的合力作用线间的距离。支座反力的合力作用线的位置与结构刚度、支承长度及支承结构材料等因素有关,精确地计算支座反力的合力作用线的位置是非常困难的。因此,梁、板的计算跨度只能取近似值。

结构计算跨度可按弹性理论或塑性理论计算取用。在混凝土工程结构设计中,通常取支座中心线间的距离作为计算跨度,这样做比较简便,当结构支座宽度较小时,此种取值方法对结构分析产生的误差一般在允许范围内。

4.结构计算跨数

结构计算中对于等跨度、等刚度、荷载和支承条件相同的多跨连续梁、板,结构内力分析表明:除端部两跨内力外,其他所有中间跨的内力都较为接近,内力相差很小,在工程结构设计中可忽略不计。因此,所有中间跨内力可由一跨代表,当结构实际跨数多于 5 跨时,可按 5 跨进行内力计算,如图 2.4 所示。

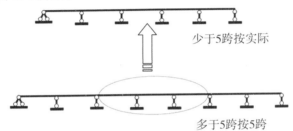

少于5跨按实际

多于5跨按5跨

图 2.4　多跨连续梁板结构计算跨数

当多跨连续梁、板的跨数小于 5 跨时,按实际跨数计算。

对于跨度、刚度、荷载或支承条件不同的多跨连续梁、板,应按实际跨数进行结构分析。

2.2.4　连续梁、板结构按弹性理论的分析方法

1.结构最不利荷载组合

结构内力是由恒荷载及活荷载共同作用产生的。恒荷载作用位置及荷载值是不变的,在结构中产生的内力亦是不变的。活荷载作用于结构上的位置是变化的,因而在结构中产生的内力亦是变化的。要获得结构某一截面的内力绝对值最大,必须研究结构的最不利荷载组合。由于结构恒荷载始终参加荷载组合,因此结构荷载最不利组合主要是研究活荷载的最不利布置。

以图 2.5 所示五跨连续梁为例,由弯矩和剪力分布规律以及不同组合后的效果,不难得出结构最不利荷载组合的规律:

(1)当欲求结构某跨跨内截面最大正弯矩时,除恒荷载作用外,应在该跨布置活荷载,然后向两侧隔跨布置活荷载,如图 2.5(a)、(b)所示。

(2)当欲求结构某跨跨内截面最大负弯矩(绝对值)时,除恒荷载作用外,在该跨不应布置活荷载,而在相邻两跨布置活荷载,然后向两侧隔跨布置活荷载,与图 2.5(a)、(b)相同。

(3)当欲求结构某支座截面最大负弯矩(绝对值)时,除恒荷载作用外,应在该支座相邻两跨布置活荷载,然后向两侧隔跨布置活荷载,如图 2.5(c)所示。

(4)当欲求结构边支座截面最大剪力时,除恒荷载作用外,其活荷载布置与求该跨跨内

截面最大正弯矩时活荷载布置相同,如图 2.5(a)所示。当欲求结构中间跨支座截面最大剪力时,其活荷载布置与求该支座截面最大负弯矩(绝对值)时活荷载布置相同,如图 2.5(c)所示。

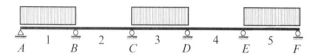

(a)1、3、5 跨跨中最大正弯矩的活荷载布置

(b)2、4 跨跨中最大正弯矩的活荷载布置

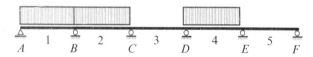

(c)B 支座最大负弯矩和最大剪力的活荷载布置

图 2.5 结构的最不利荷载组合

2.结构内力分析

对于等跨度、等截面和相同均布荷载作用下的连续梁、板,内力分析可利用内力系数表格进行。设计时可直接从表中查得各种荷载作用下的内力系数,从而计算出结构各控制截面的弯矩和剪力值。但应注意,此时应按折算后的荷载值进行内力计算。

对于跨度相对差值小于 10% 的不等跨连续梁、板,其内力也可近似按等跨度结构进行分析。计算支座截面弯矩时,采用相邻两跨计算跨度的平均值,而计算跨内截面弯矩时,采用各自跨的计算跨度。

3.结构内力包络图

通过结构分析可以知道结构若干控制截面的最不利内力,并可通过计算保证结构截面具有足够的承载力。但对于混凝土连续梁、板结构,由于纵向钢筋的弯起和切断、箍筋直径和间距的变化,结构各截面承载力是不同的,要保证结构所有截面都能安全可靠地工作,必须知道结构所有截面的最大内力值。

结构各截面的最大内力值(绝对值)的连线或点的轨迹,即为结构内力包络图(它包括拉、压、弯、剪、扭内力包络图)。对于梁板结构,有弯矩和剪力包络图。

结构内力图和内力包络图是两个不同的概念。若结构上只有一组荷载作用,则结构各截面只有一组内力,其内力图即为内力包络图,如弯矩和剪力图即为弯矩和剪力包络图。

若结构上有几组不同时作用于结构的荷载,在结构各截面中有几组内力,结构就有几组内力图,如弯矩和剪力图。结构截面上最大内力值(绝对值)的连线(几组内力图分别叠画出的最外轮廓线)即为结构内力包络图,如弯矩和剪力包络图。

2.2.5 连续梁、板结构按塑性理论的分析方法

混凝土是一种弹塑性材料,钢筋在达到屈服时也存在很大的塑性变形,因此钢筋混凝土材料具有明显的弹塑性性质。混凝土出现裂缝后结构各截面的截面刚度降低,结构各截面刚度比与弹性阶段是不同的。因此,混凝土超静定结构的内力和变形与荷载的关系已不再是线性关系,弹性理论的分析方法必然不能真实反映结构的实际受力与工作状态。另外,按弹性理论分析结构内力与充分考虑材料塑性性能的截面承载力计算也是很不协调的。

为了充分考虑钢筋混凝土材料的塑性性能,建立了混凝土超静定结构按塑性理论的内力分析方法,即考虑塑性内力重分布的计算方法是合理的。它既能较好地反映结构的实际受力状态,也能取得一定的经济效益。

下面介绍混凝土超静定结构考虑塑性内力重分布分析方法的基本概念及计算方法。

1.结构塑性铰

从适筋梁在弯矩作用下正截面应力与应变分析中可知:结构在荷载作用下正截面经历三个受力阶段;适筋梁的内力与变形、曲率或转角具有曲线关系,如图2.6所示。

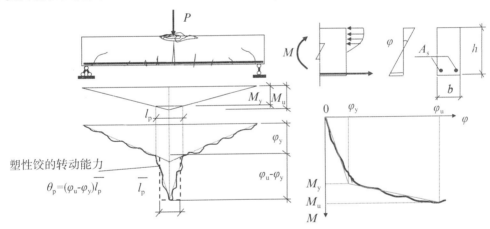

图2.6 结构塑性铰的内力变形曲线

第Ⅰ应力阶段:截面上应力较小,混凝土接近弹性体,结构内力与变形、曲率或转角近似为线性关系。

第Ⅱ应力阶段:由于截面上受拉区混凝土出现裂缝及受压区混凝土塑性变形发展,结构截面刚度逐渐减小,结构内力与变形、曲率或转角呈曲线关系。

第Ⅲ应力阶段:从截面受拉区钢筋开始屈服,到受压区边缘混凝土达到极限压应变 ε_{cu}。结构承载力值由 M_y 至 M_u 虽然增加很小,但结构变形、曲率或转角却急剧增加,即截面在弯矩值基本不变的情况下发生较大幅度的转动,截面转动是受拉钢筋塑性变形、受拉区混凝土裂缝开展及受压区混凝土塑性变形不断发展的结果。

适筋梁截面第Ⅲ应力阶段,截面在维持一定数值弯矩的情况下,发生较大幅度的转动,犹如形成一个"铰链"。转动是材料塑性变形及混凝土裂缝开展的表现,故称为塑性铰。使

塑性铰产生转动的弯矩M_u称为塑性弯矩。截面的塑性转动值$(\varphi_u-\varphi_y)\overline{l}_p$称为塑性极限转角,它可表示塑性铰的塑性转动能力。

塑性铰与理想铰区别如下:①理想铰不能传递弯矩,而塑性铰能传递一定数值的塑性弯矩。②理想铰可以自由无限转动,而塑性铰在塑性弯矩作用下发生有限的转动。当塑性铰的转动幅度超过塑性极限转动角度时,塑性铰将因塑性转动能力耗尽而失效。③理想铰集中于一点,塑性铰则发生在结构的一个区段上,区段长度大致为$(1\sim1.5)h,h$为梁的截面高度。

塑性铰总是在结构M/M_u最大截面处首先出现。在混凝土连续梁、板结构中,塑性铰一般都是出现在支座或跨内截面处。支座处塑性铰一般均在板与次梁、次梁与主梁以及主梁与柱交界处出现。当结构中间支座为砖墙、柱时,一般将在墙体中心线处出现塑性铰。

2.结构承载力极限状态

弹性理论分析方法认为:当结构的某一个截面达到承载力极限状态,则整个结构达到承载力极限状态。

结构塑性铰的出现,使混凝土结构承载力极限状态的概念得到扩展。对于混凝土静定结构,当出现一个塑性铰后,结构变为几何可变体系,即达到承载力极限状态,如图2.7(a)所示。但对于混凝土超静定结构,如两跨混凝土连续梁,在荷载作用下,如果结构在支座B处首先出现塑性铰,则结构由两跨超静定连续梁变成两个静定简支梁,但结构并没有成为几何可变体系,它还能继续承受荷载;只有当两个简支梁中的某一跨内出现塑性铰,使结构局部或整体成为几何可变体系时,结构才达到承载力极限状态,如图2.7(b)所示。

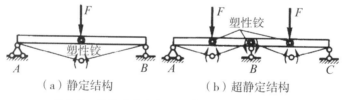

图2.7 结构承载力极限状态——几何可变体系

塑性理论分析方法认为:混凝土超静定结构出现一个塑性铰,超静定结构只减少一个多余约束,即减少一次超静定,但结构还能继续承受荷载,只有当结构出现若干个塑性铰,使结构局部或整体成为几何可变体系时,结构才达到承载力极限状态。所以,塑性理论分析方法把极限状态的概念从弹性理论的某一个截面的承载力极限状态扩展到整个结构的承载力极限状态,这就可充分挖掘和利用结构实际潜在的承载能力,因而可以使结构设计更加经济、合理。

3.塑性内力重分布的过程

混凝土超静定结构在出现塑性铰之前,其内力分布规律与按弹性理论获得的结构内力分布规律基本相同;在塑性铰出现之后,结构内力分布与按弹性理论获得的结构内力分布有显著的不同。按弹性理论分析时,结构内力与荷载呈线性关系;而按塑性理论分析时,结构内力与荷载为非线性关系。

塑性内力重分布可概括为两个过程：第一个过程主要发生在受拉混凝土开裂到第一个塑性铰形成之前，由于截面弯曲刚度比值的改变而引起的塑性内力重分布；第二个过程发生于第一个塑性铰形成以后直到形成机构、结构破坏，由于结构计算简图的改变而引起的结构塑性内力重分布。

4.影响塑性内力重分布的因素

受到截面配筋率和材料极限应变值的限制，超静定结构中塑性铰的转动能力有限，如果塑性铰的转动能力达不到形成塑性内力重分布所需要的转角，则在尚未形成预期的破坏机构以前，早出现的塑性铰会由于受压区混凝土达到极限压应变值而"过早"破坏。另外，如果在形成破坏机构之前，截面因受剪承载力不足而破坏，也不能实现充分的塑性内力重分布。此外，在设计中除了要考虑承载能力极限状态外，还要考虑正常使用极限状态。结构在正常使用阶段，裂缝宽度和挠度也不宜过大。

由此可见，影响塑性内力重分布的主要因素有以下三个：

(1)塑性铰的转动能力。为保证塑性铰有足够的转动能力，要求钢筋应具有良好的塑性，混凝土应有较大的极限压应变 ε_{cu} 值，因此工程结构中宜采用 HPB300、HRB335 级钢筋和较低强度等级的混凝土(宜在 C20～C45 范围内)。除此之外，塑性铰处截面的相对受压区高度应满足 $0.10 \leqslant \xi \leqslant 0.35$。研究表明：提高截面高度、减小截面相对受压区高度是提高塑性铰转动能力的最有效措施。

(2)斜截面受剪承载力。塑性铰截面应有足够的受剪承载力，不致因为斜截面提前受剪破坏而使结构不能实现完全的内力重分布。因此，应采用按弹性和塑性理论计算剪力中的较大值，进行受剪承载力计算，并在塑性铰区段内适当加密箍筋，这样不但能提高结构斜截面受剪承载力，而且还能较为显著地改善混凝土的变形性能，增加塑性铰的转动能力。

(3)正常使用条件。如果最初出现的塑性铰转动幅度过大，塑性铰附近截面的裂缝就可能开展过宽，结构的挠度过大，不能满足正常使用的要求。塑性铰转动幅度与塑性铰处弯矩调整幅度有关：一般建议弯矩调整幅度 $\beta \leqslant 20\%$，对于活荷载 q 和恒荷载 g 之比 $q/g \leqslant 1/3$ 的结构，弯矩调整幅度宜控制在 $\beta \leqslant 15\%$。它可以保证结构在正常使用荷载作用下不出现塑性铰，并可以保证塑性铰处混凝土裂缝宽度及结构变形值在允许限值范围之内。

5.塑性内力重分布的适用范围

结构按塑性内力重分布方法进行设计时，结构承载力的可靠性将低于按弹性理论设计的结构；结构的变形及塑性铰处的混凝土裂缝宽度随弯矩调整幅度增加而增大，因此对于直接承受动力荷载的结构，承载力、刚度和裂缝控制有较高要求的结构，受侵蚀气体或液体作用的结构，不应采用塑性内力重分布的分析方法。例如，在一般梁板结构中的板、次梁多按塑性理论进行设计，而主梁多按弹性理论进行设计。

2.2.6 连续梁、板结构按调幅法的内力计算

1. 调幅法的概念和步骤

混凝土梁板结构有多种按塑性理论的设计方法,如极限平衡法、塑性铰法、变刚度法、强迫转动法、弯矩调幅法以及非线性全过程分析方法等。目前应用较多的是弯矩调幅法。调幅法的特点是概念清楚,方法简便,弯矩调整幅度明确,平衡条件得到满足。

弯矩调幅法是把连续梁、板按弹性理论分析方法获得的内力进行适当的调整,通常是对那些弯矩绝对值较大的截面弯矩进行调整,然后按调整后的内力进行截面设计。

截面弯矩的调整幅度用弯矩调幅系数 β 来表示,即

$$\beta = \frac{M_e - M_a}{M_e} \tag{2.3}$$

式中:M_e——按弹性理论算得的弯矩值;

M_a——调幅后的弯矩值。

结构考虑塑性内力重分布的分析方法具体步骤如下:

(1)按弹性理论计算连续梁、板在各种最不利荷载组合时的结构内力值,其中主要是支座和跨内截面的最大弯矩和剪力值。

(2)首先确定结构支座截面塑性弯矩值,弯矩调幅系数 $\beta \leqslant 20\%$。塑性弯矩值 $M = (1 - \beta)M_e$,M_e 为按弹性理论计算的支座截面弯矩值。

(3)结构支座截面塑性铰的塑性弯矩值确定之后,超静定连续梁、板结构内力计算就可转化为多跨简支梁、板结构的内力计算。各跨简支梁、板分别在折算恒荷载 g'、折算恒荷载加折算活荷载 $(g' + q')$ 与支座截面调幅后塑性弯矩共同作用下,按静力平衡计算支座截面最大剪力和跨内截面最大正、负弯矩值(绝对值),即可得各跨梁、板在上述荷载作用下,塑性内力重分布的弯矩图和剪力图。梁、板跨中弯矩的设计值可取考虑荷载最不利布置并按弹性方法算得的弯矩设计值和按简支梁计算的 $1.02M_0$ 的弯矩设计值的较大者。

(4)绘制连续梁、板的弯矩和剪力包络图。

2. 等跨连续梁、板在均布荷载作用下的内力计算

在相同均布荷载作用下的等跨度、等截面连续梁、板,结构各控制截面的弯矩和剪力可按式(2.4)和式(2.5)计算:

弯矩

$$M = \alpha_m (g + q) l_0^2 \tag{2.4}$$

剪力

$$V = \alpha_v (g + q) l_n \tag{2.5}$$

式中:l_0——梁、板结构的计算跨度;

l_n——梁、板结构的净跨度;

g、q——梁、板结构的恒荷载及活荷载设计值;

α_m、α_v——梁、板结构的弯矩及剪力计算系数,见表 2.1 和表 2.2。

表 2.1　连续梁和连续单向板的弯矩计算系数 α_m

支承情况		截面位置					
		端支座	边跨跨中	离端第二支座	离端第二跨跨中	中间支座	中间跨跨中
		A	Ⅰ	B	Ⅱ	C	Ⅲ
梁、板搁支在墙上		0	1/11	2 跨连续: $-1/10$ 3 跨以上连续: $-1/11$	1/16	$-1/14$	1/16
板	与梁整浇连接	$-1/16$	1/14				
梁		$-1/24$					
梁与柱整浇连接		$-1/16$	1/14				

表 2.2　连续梁的剪力计算系数 α_v

支承情况	截面位置				
	端支座内侧 A_{in}	离端第二支座		中间支座	
		外侧 B_{ex}	内侧 B_{in}	外侧 C_{ex}	内侧 C_{in}
搁支在墙上	0.45	0.60	0.55	0.55	0.55
与梁或柱整浇连接	0.50	0.55			

相同均布荷载作用下的等跨度、等截面连续梁、板的弯矩系数 α_m 和剪力系数 α_v,是根据 5 跨连续梁、板,活荷载和恒荷载比值 $q/g = 3$,弯矩调幅系数为 20% 左右等条件确定的。当结构荷载 q/g 为 3~5,结构跨数大于或小于 5 跨,各跨跨度相对差值小于 10% 时,上述系数 α_m、α_v 原则上仍可适用。但对于超出上述范围的连续梁、板,结构内力应按调幅法自行调幅计算,并确定结构内力包络图。

2.2.7　连续梁、板结构的截面设计与构造要点

1. 单向板的截面设计与构造要点

(1)设计要点

现浇板的合理厚度应在符合承载力极限状态和正常使用极限状态要求的前提下,按经济合理的原则选定,并考虑防火、防爆等要求。考虑结构安全及舒适度(刚度)的要求,现浇混凝土单向板的跨厚比不大于 30;从构造角度,现浇混凝土单向板厚度 h 应符合最小厚度要求:

屋面板	$h \geqslant 60mm$
民用建筑楼板	$h \geqslant 60mm$
工业建筑楼板	$h \geqslant 70mm$
行车道下的楼板	$h \geqslant 80mm$

混凝土连续板支座截面在负弯矩作用下,截面上部受拉,下部混凝土受压,板跨内截面

在正弯矩作用下,截面下部受拉,上部混凝土受压;在板中受拉区混凝土开裂后,受压区的混凝土呈一拱形,如果板周边都有梁,能够有效约束"拱"的支座侧移,即能提供可靠的水平推力,则在板中形成具有一定矢高的内拱。内拱结构将以轴心压力形式直接传递一部分竖向荷载作用,使板以受弯、剪形式承受的竖向荷载相应减小,在工程设计中计算弯矩一般取减小20%。对于整体式单向板周边(或仅一边)支承在砖墙上的情况,由于内拱作用不够可靠,故内力计算时不考虑拱作用。

混凝土简支板或连续板,由于跨高比较大,一般情况下结构设计总是由弯矩控制,应按弯矩计算纵向钢筋用量,因此板一般不必进行受剪承载力计算。但对于跨高比较小、荷载很大的板,如人防顶板、筏片底板结构等,仍应进行板的受剪承载力计算。

(2)配筋构造

连续板的配筋有两种形式:一种是弯起式,一种是分离式,如图 2.8 所示。其中,支座处负弯矩区受力钢筋超出梁边长度 a 的取值如下:若 q 为均布活荷载设计值,g 为均布恒荷载设计值。当 $q \leqslant 3g$ 时,$a \geqslant l_n/4$;当 $q > 3g$ 时,$a \geqslant l_n/3$。

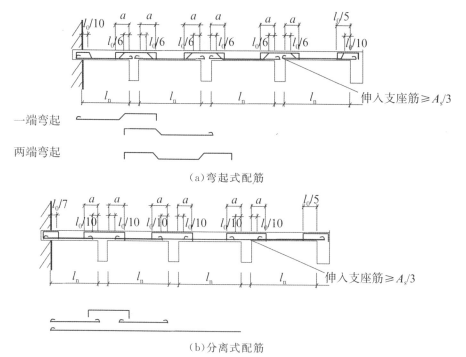

(a)弯起式配筋

(b)分离式配筋

图 2.8 等跨连续板的配筋方案

当连续单向板采用弯起式配筋方案时:应根据承载力计算求得连续板各跨支座及跨内截面配筋面积。配筋时首先决定跨内截面钢筋直径和间距,各跨跨内钢筋间距应相同,然后由支座两侧跨内各弯起一半钢筋(每隔一根弯起一根),最后凑支座截面钢筋截面面积。

当连续单向板采用分离式配筋方案时:根据承载力计算求得连续板各跨支座及跨内截面配筋面积,各自决定配筋直径和间距,为便于施工,一个方向的钢筋间距应相同。分离式配筋方案因设计和施工简单而受到工程界的欢迎。

1) 分布钢筋:在板中垂直于受力筋的方向还应配置一定数量的分布筋,分布筋放在受力筋的内侧。其直径不宜小于 6mm,间距不宜大于 250mm,且截面面积应不小于板跨内受力筋面积的 15%,且不宜小于该方向板截面面积的 0.15%。设置该分布筋的目的是:浇筑混凝土时固定受力筋的位置;承受板中的温度应力和混凝土收缩应力;承受并分布板上集中或局部荷载产生的内力。

2) 与主梁垂直的附加负筋:连续单向板的短向板是主要的受力方向,长向板虽然受力很小,但在板与主梁的连接处仍存在一定数量的负弯矩,因此板与主梁相交处亦应设置承受负弯矩,并保证主梁腹板与翼缘共同工作的附加负筋。单位宽度配筋面积应不小于短向板单位宽度跨内截面受力钢筋面积的 1/3,且单位长度内应不少于 5ϕ8,该构造钢筋伸出主梁边缘的长度应不小于板短向计算跨度 l_0 的 1/4,如图 2.9 所示。

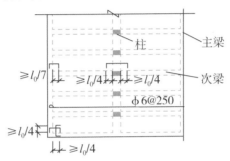

图 2.9　连续单向板配筋的构造规定

3) 与墙体垂直的附加负筋:板支承于墙体时,考虑墙体的局部受压、楼盖与墙体的拉结及板中钢筋在支座处的锚固,板在砌体上的支承长度应不小于 120mm。板在靠近墙体处由于墙体的嵌固作用而产生负弯矩,因此应在板内沿墙体设置承受负弯矩作用的构造钢筋。在沿板的受力方向上,单位宽度配筋面积不应小于该方向单位宽度范围内跨内截面受力钢筋面积的 1/3;沿板的非受力方向配置的构造钢筋,比板的受力方向配置的构造钢筋数量可适当减少;但每米宽度范围内应不少于 5ϕ8,构造钢筋伸出墙体边缘的长度应不小于板短向计算跨度 l_0 的 1/7,如图 2.9 所示。

4) 板角附加钢筋:对于两边均支承于墙体的板角部分,板在荷载作用下板角部分有向上翘起的趋势,当此种上翘趋势受到上部墙体嵌固约束时,板角部位将产生负弯矩作用,并有可能出现圆弧形裂缝,因此在板角部位两个方向均应配置承受负弯矩的构造钢筋。构造钢筋数量每米长度内应不少于 5ϕ8,伸出墙体边缘的长度应不小于板短向计算跨度 l_0 的 1/4,如图 2.9 所示。

2.连续梁的截面设计与构造要点

(1) 设计要点

次梁的跨度一般为 4~6m,梁截面高度为跨度的 1/18~1/12,梁截面宽度为梁截面高度的 1/3~1/2;主梁的跨度一般在 5~8m 为宜,梁截面高度为跨度的 1/14~1/8。

混凝土连续主、次梁进行受弯承载力计算时,跨内截面在正弯矩作用下按 T 形截面计算;支座截面在负弯矩作用下应按矩形截面计算,且不考虑位于受拉区的翼缘参与工作。此外,在柱与主、次梁相交处,主、次梁均在负弯矩作用下,纵向受力钢筋的布置方法是:板钢筋在最上面,次梁钢筋设在板钢筋下面,而主梁钢筋放在最下部。因此,主、次梁截面有效高度 h_0 取值详见图 2.10。

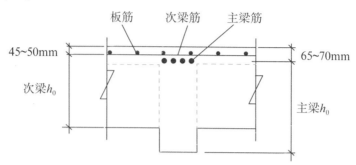

图 2.10 梁、柱相交处梁截面计算高度 h_0 取值

（2）配筋构造

连续梁的配筋方式也有弯起式和连续式两种,如图 2.11 所示。

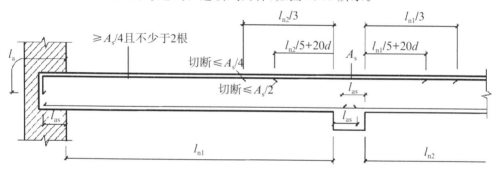

图 2.11 等跨连续梁配筋的构造规定

主、次梁相交处的附加钢筋:在次梁与主梁相交处,次梁在负弯矩作用下截面上部处于受拉区,使混凝土出现裂缝,如图 2.12 所示,因此次梁的支座反力以集中荷载的形式,通过其截面受压区在主梁截面高度的中、下部传递给主梁,主梁在次梁传递的集中荷载作用下,其下部混凝土可能产生斜裂缝,而发生冲切破坏。为保证主梁局部有足够的受冲切承载力,可在 s 范围内配置附加箍筋或吊筋,并优先采用附加箍筋,如图 2.12 所示。

附加箍筋或吊筋按式(2.6)和式(2.7)计算:

集中荷载全部由吊筋承受时

$$A_s = \frac{F}{2f_y \sin\alpha} \tag{2.6}$$

集中荷载全部由附加箍筋承受时

$$m \geq \frac{F}{n f_{yv} A_{sv1}} \tag{2.7}$$

式中:F——由主梁两侧次梁传来的集中荷载设计值;

f_y、f_{yv}——吊筋或附加箍筋的抗拉强度设计值;

m、n——附加箍筋的排数与箍筋的肢数；

A_s、A_{sv1}——吊筋截面面积与附加单肢箍筋截面面积；

α——吊筋与梁轴线的夹角。

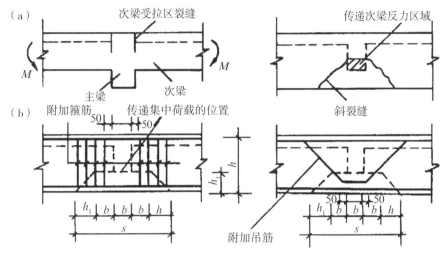

图 2.12　吊筋与附加箍筋的布置

2.3　整体式双向板梁板结构

整体式双向板梁板结构也是比较普遍应用的一种结构形式,通常用于民用和工业建筑中柱网间距较大的大厅、商场和车间的楼、屋盖等结构。本节将研究双向板梁板结构的结构分析与设计,其中包括构造设计。

2.3.1　双向板的受力特点

整体式双向板梁板结构中的四边支承板,在荷载作用下板的荷载由短边和长边两个方向板带共同承受,各板带分配的荷载值与 l_{02}/l_{01} 比值有关。当 l_{02}/l_{01} 比值接近时,两个方向板带的弯矩值较为接近。随 l_{02}/l_{01} 比值增大,短向板带弯矩值逐渐增大;长向板带弯矩值逐渐减小。

四边简支双向板的均布加载试验表明:

(1)板的竖向位移呈碟形,板的四角处有向上翘起的趋势,因此板传给四边支座的压力是不均匀的,中部大、两端小。

(2)均布荷载作用下的正方形平面四边简支双向板,在混凝土裂缝出现之前,板基本上处于弹性工作状态,短跨方向的最大正弯矩出现在中点,而长跨方向的最大正弯矩偏离跨中截面。随着荷载增加首先在板底中央处出现裂缝,然后裂缝沿对角线方向向板角处扩展,在板接近破坏时板四角处顶面亦出现圆弧形裂缝,它促使板底对角线裂缝进一步扩展,最后由于对角线裂缝处截面受拉钢筋达到屈服点,混凝土达抗压强度导致双向板破坏,如图2.13

(a)所示。

(3)对于均布荷载作用下的矩形平面四边简支双向板,第一批混凝土裂缝出现在板底中部且平行于板的长边方向,随荷载增加裂缝向板角处延伸,伸向板角处的裂缝与板边大体呈45°角,在接近破坏时板四角处顶面出现回弧形裂缝,最后由于跨中及45°角方向裂缝处截面受拉钢筋达到屈服点,混凝土达到抗压强度导致双向板破坏,如图 2.13(b)所示。

双向板裂缝处截面钢筋从开始屈服至截面即将破坏,截面处于第Ⅲ应力阶段,与前述塑性铰的概念相同,此处因钢筋达到屈服所形成的临界裂缝称为塑性铰线,塑性铰线的出现使结构被分割的若干板块成为几何可变体系,结构达到承载力极限状态,如图 2.13 所示。

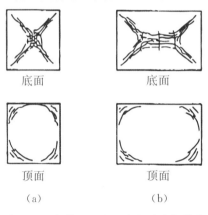

图 2.13　钢筋混凝土双向板的破坏裂缝

2.3.2　双向板按弹性理论的分析方法

双向板按弹性理论的分析方法视混凝土为弹性体,计算板的内力与变形,其求解简便且偏于安全。

1.单区格双向板的内力及变形计算

对于单区格双向板,多采用根据弹性薄板理论的内力及变形计算结果编制的表格,进行双向板的内力和变形分析。双向板在均布荷载作用下的弯矩和挠度系数,详见附录 A,表中列出了六种不同边界条件的双向板。计算时,只需根据支承情况和短跨与长跨的比值,查出弯矩和挠度系数,即可计算各种单区格双向板的最大弯矩及挠度值。

$$M = 表中系数 \times (g+q) l_{0x}^2 \tag{2.8}$$

$$v = 表中系数 \times \frac{(g+q) l_{0x}^4}{B_c} \tag{2.9}$$

式中:M——双向板单位宽度中央板带跨内或支座处截面最大弯矩设计值;

v——双向板中央板带处跨内最大挠度值;

g、q——双向板上均布恒荷载及活荷载设计值;

l_{0x}、l_{0y}——双向板短向和长向板带计算跨度,按弹性方法计算;

B_c——双向板板带截面受弯截面刚度。

对于由该表系数求得的跨内截面弯矩值(泊松比 $\mu=0$ 时),尚应考虑双向弯曲对两个方向板带弯矩值的相互影响,按式(2.10)和式(2.11)计算:

$$m_x^{(\mu)}=m_x+\mu m_y \tag{2.10}$$

$$m_y^{(\mu)}=m_y+\mu m_x \tag{2.11}$$

式中:$m_x^{(\mu)}$、$m_y^{(\mu)}$——考虑双向弯矩相互影响后的 x、y 方向单位宽度板带的跨内弯矩设计值;

m_x、m_y——按 $\mu=0$ 计算的 x、y 方向单位宽度板带的跨内弯矩设计值;

μ——泊松比,对于钢筋混凝土 $\mu=0.2$。

2.多区格等跨连续双向板的内力及变形计算

多区格等跨连续双向板内力分析多采用以单区格为基础的实用的近似计算方法。该法假定双向板支承梁受弯线刚度很大,其竖向位移可忽略不计;支承梁受扭线刚度很小,可以自由转动。上述假定可将支承梁视为双向板的不动铰支座,从而使内力计算得到简化。

(1)各区格板跨内截面最大弯矩值

欲求某区格板两个方向跨内截面最大正弯矩,活荷载按图 2.14 所示的棋盘式布置。对这种荷载分布情况可以分解成满布荷载 $g+\dfrac{q}{2}$ 及间隔布置 $\pm\dfrac{q}{2}$ 两种情况,分别如图 2.14(c)和图 2.14(d)所示。对于前一种荷载情况,可近似认为各区格板都固定支承在中间支承上;对于后一种荷载情况,可近似认为各区格板在中间支承上都是简支的;对于边区格和角区格板的外边界支承条件按实际情况确定。将各区格板在上述两种荷载作用下,求得的板跨内截面正、负弯矩值(绝对值)叠加,即可得到各区格板的跨内截面最大正、负弯矩值。

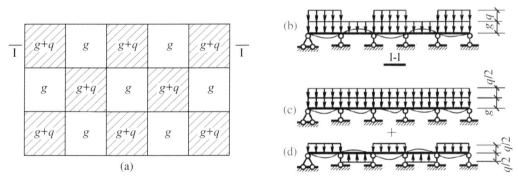

图 2.14　多区格双向板活荷载的最不利布置

(2)各区格板支座截面最大负弯矩值

欲求各区格板支座截面最大负弯矩(绝对值),可近似按各区格板满布活荷载求得。可认为中间支座截面转角为零,即将板的所有中间支座均视为固定支座,对于边区格和角区格板的外边界支承条件按实际情况确定。根据各单区格板的四边支承条件,可分别求出板在满布荷载 $g+q$ 作用下支座截面的最大负弯矩值(绝对值)。但对于某些相邻区格板,当单区格板跨度或边界条件不同时,两区格板之间的支座截面最大负弯矩值(绝对值)可能不相等,一般可取其平均值作为该支座截面的负弯矩设计值。

2.3.3 双向板按塑性理论的分析方法

混凝土为弹塑性材料,因而双向板按弹性理论的分析方法的计算与试验结果有较大差异。双向板是超静定结构,在受力过程中将产生塑性内力重分布,因此考虑混凝土的塑性性能求解双向板问题,才能更符合双向板的实际受力状态,才能获得较好的经济效益。

双向板按塑性理论的分析方法很多,常用的有机动法、塑性铰线法及条带法等。目前,应用范围较广、至今仍占首位的当属塑性铰线法。用塑性铰线法计算双向板分两个步骤:首先假定板的破坏机构,即由一些塑性铰线把板分割成由若干个刚性板所组成的破坏机构;然后根据平衡条件建立荷载与作用在塑性铰线上的弯矩之间的关系,从而求出各塑性铰线上的弯矩,以此作为各截面的弯矩设计值进行配筋设计。

1. 塑性铰线法的基本假定

(1)当双向板达到承载能力极限状态时,在荷载作用下的最大弯矩处形成塑性铰线,将整体板分割若干板块,并形成几何可变体系。

(2)双向板在均布荷载作用下塑性铰线是直线。塑性铰线的位置与板的形状、尺寸、边界条件、荷载形式、配筋位置及数量等有关。通常板的负塑性铰线发生在板上部的固定边界处,板的正塑性铰线发生在板下部的正弯矩处,正塑性铰线通过相邻板块转动轴的交点,如图 2.15 所示。

(3)双向板的板块弹性变形远小于塑性铰线处的变形,故板块可视为刚性体,整体双向板的变形集中于塑性铰线上,当板达到承载能力极限状态时,各板块均绕塑性铰线转动。

(4)双向板满足几何条件及平衡条件的塑性铰线位置,有许多组可能情况,但其中必定有一组最危险、极限荷载值为最小的结构塑性铰线破坏模式。

(5)双向板在上述塑性铰线处,钢筋达到屈服点,混凝土达到抗压强度,截面具有一定数值的塑性弯矩。板的正弯矩塑性铰线处,扭矩和剪力很小,可忽略不计。

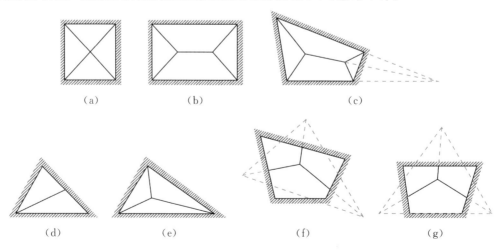

(a)　　　　　　　(b)　　　　　　　　　(c)

(d)　　　　　　　(e)　　　　　　　(f)　　　　　　　(g)

图 2.15　板块的塑性铰线(图中均为简支边)

2.塑性铰线法的基本方程

现以均布荷载作用下的四边固支矩形双向板为例,采用塑性铰线法进行双向板的内力分析。双向板在极限荷载 p 作用下,在通常配筋情况下,塑性铰线首先在四边支承板的支座处出现负塑性铰线,随着荷载增加在板下部也出现正塑性铰线。为了简化计算,对板下部斜向塑性铰线与板边的夹角可近似取 $45°$ 角。上述四边固支双向板极限荷载值最小时,结构极限平衡法的计算模式如图 2.16 所示。塑性铰线将整块板分割成四个板块,每个板块均应满足力和力矩的平衡条件,根据板块的极限平衡可求得板的极限荷载 p 值。

板跨内承受正弯矩的钢筋沿 l_{0x}、l_{0y} 方向塑性铰线上单位板宽内的极限弯矩和总极限正弯矩分别为

$$m_x = A_{sx} f_y \gamma_s h_{0x} \tag{2.12}$$

$$m_y = A_{sy} f_y \gamma_s h_{0y} \tag{2.13}$$

$$M_x = l_{0y} m_x \tag{2.14}$$

$$M_y = l_{0x} m_y \tag{2.15}$$

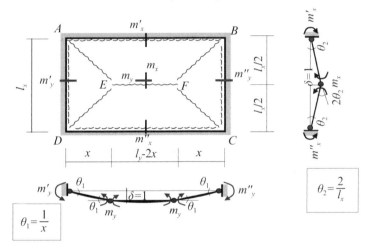

图 2.16　四边固支双向板塑性铰线法的计算模式

板支座上承受负弯矩的钢筋沿 l_{0x}、l_{0y} 方向塑性铰线上单位板宽内的极限弯矩和总极限负弯矩分别为

$$m_x{}' = m_x{}'' = A_{sx}{}' f_y \gamma_s h_{0x}{}' = A_{sx}{}'' f_y \gamma_s h_{0x}{}'' \tag{2.16}$$

$$m_y{}' = m_y{}'' = A_{sy}{}' f_y \gamma_s h_{0y}{}' = A_{sy}{}'' f_y \gamma_s h_{0y}{}'' \tag{2.17}$$

$$M_x{}' = M_x{}'' = l_{0y} m_x{}' = l_{0y} m_x{}'' \tag{2.18}$$

$$M_y{}' = M_y{}'' = l_{0x} m_y{}' = l_{0x} m_y{}'' \tag{2.19}$$

式中:A_{sx}、A_{sy} 及 $\gamma_s h_{0x}$、$\gamma_s h_{0y}$——分别为板跨内截面沿 l_{0x}、l_{0y} 方向单位板宽内的纵向受力钢筋截面面积及其内力偶臂;

$A_{sx}{}'$、$A_{sx}{}''$、$A_{sy}{}'$、$A_{sy}{}''$ 及 $\gamma_s h_{0x}{}'$、$\gamma_s h_{0x}{}''$、$\gamma_s h_{0y}{}'$、$\gamma_s h_{0y}{}''$——分别为板支座截面沿 l_{0x}、l_{0y} 方向单位板宽内的纵向受力钢筋截面面积及其内力偶臂。

先取梯形 $ABFE$ 板块为脱离体,根据脱离体力矩极限平衡条件,得

$$l_{0y}m_x + l_{0y}m_x' = p(l_{0y} - l_{0x})\frac{l_{0x}}{2} \times \frac{l_{0x}}{4} + p \times 2 \times \frac{1}{2}\left(\frac{l_{0x}}{2}\right)^2 \times \frac{1}{3} \times \frac{l_{0x}}{2} = pl_{0x}^2\left(\frac{l_{0y}}{8} - \frac{l_{0x}}{12}\right)$$

即

$$M_x + M_x' = pl_{0x}^2\left(\frac{l_{0y}}{8} - \frac{l_{0x}}{12}\right) \tag{2.20}$$

同理,对于 $CDEF$ 板块:

$$M_x + M_x'' = pl_{0x}^2\left(\frac{l_{0y}}{8} - \frac{l_{0x}}{12}\right) \tag{2.21}$$

又取三角形 ADE 板块为脱离体,根据脱离体力矩极限平衡条件,得

$$l_{0x}m_y + l_{0x}m_y' = p \times \frac{1}{2} \times \frac{l_{0x}}{2}l_{0x} \times \frac{1}{3} \times \frac{l_{0x}}{2} = p\frac{l_{0x}^3}{24}$$

即

$$M_y + M_y' = p\frac{l_{0x}^3}{24} \tag{2.22}$$

同理,对于 BCF 板块:

$$M_y + M_y'' = p\frac{l_{0x}^3}{24} \tag{2.23}$$

将以上四式相加即得四边固支时均布荷载作用下双向板总弯矩极限平衡方程为

$$2M_x + 2M_y + M_x' + M_x'' + M_y' + M_y'' = \frac{pl_{0x}^2}{12}(3l_{0y} - l_{0x}) \tag{2.24}$$

当四边支承板为四边简支双向板时,由于支座处塑性铰线弯矩值等于零,即 $M_x' = M_x'' = M_y' = M_y'' = 0$,根据公式(2.24)可得四边简支双向板总弯矩极限平衡方程为

$$M_x + M_y = \frac{pl_{0x}^2}{24}(3l_{0y} - l_{0x}) \tag{2.25}$$

式(2.25)是四边支承双向板按极限平衡法计算的基本方程,它表明双向板塑性铰线上截面总极限弯矩与极限荷载 p 之间的关系。双向板计算时塑性铰线的位置与结构达到承载力极限状态时的塑性铰线位置越接近,极限荷载 p 值的计算精度越高。因此,正确确定结构塑性铰线计算模式是结构计算的关键。本节各式中 l_{0x} 和 l_{0y} 按塑性方法计算。

3. 双向板的塑性设计

双向板在达到承载力极限状态时,为保证塑性设计时塑性铰线计算模式的实现,必须采取以下构造措施及相应的计算方法。

(1)双向板的一般配筋形式

按塑性理论设计双向板时,配筋情况将会影响板的极限承载力及钢筋用量,为此通常先确定板的配筋形式,如图 2.17 所示。采用分离式配筋,板的跨内钢筋通常沿板宽方向均匀布置,同时可将板的跨内正弯矩钢筋在距支座一定距离处弯起部分作为支座负弯矩钢筋(不足部分可另设直钢筋),伸过支座一定长度后,由于受力不再需要可以切断,但必须注意弯起及切断的位置。

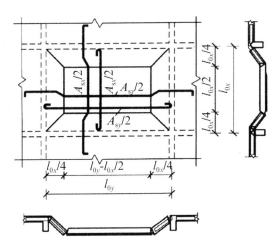

图 2.17　双向板配筋及"倒锥台形"破坏形式

（2）双向板的其他破坏形式

若双向板的跨内钢筋弯起过早或弯起数量过多,可能将使余下的钢筋不能承受该处的正弯矩,以致使该处的钢筋比跨内钢筋先达到屈服而出现塑性铰线,形成如图 2.17 所示"倒锥台形"的破坏形式,并将导致双向板极限荷载的降低。验算表明,令 $\alpha = \dfrac{m_y}{m_x} = \left(\dfrac{l_{0x}}{l_{0y}}\right)^2$,$\beta = \dfrac{m_x'}{m_x} = \dfrac{m_x''}{m_x} = \dfrac{m_y'}{m_y} = \dfrac{m_y''}{m_y}$,如跨内钢筋在距支座 $l_{0x}/4$ 处弯起一半,当取 $\alpha = \dfrac{1}{n^2}$,$n = \dfrac{l_{0y}}{l_{0x}}$,$\beta = 1.5 \sim 2.5$ 时,将不会形成这种破坏机构。

（3）单区格双向板计算

根据前述,板采用弯起式配筋形式,跨内正弯矩钢筋在距支座 $l_{0x}/4$ 处弯起一半作为支座负弯矩钢筋,在板的 $l_{0x}/4 \times l_{0x}/4$ 角隅区将有一半钢筋弯至板顶部,而不再承受正弯矩,则双向板塑性铰线上的总弯矩为

$$M_x = \left(l_{0y} - \frac{l_{0x}}{2}\right)m_x + 2 \times \frac{l_{0x}}{4} \times \frac{m_x}{2} = \left(l_{0y} - \frac{l_{0x}}{4}\right)m_x \tag{2.26}$$

$$M_y = \frac{l_{0x}}{2}m_y + 2 \times \frac{l_{0x}}{4} \times \frac{m_y}{2} = \frac{3}{4}l_{0x}m_y = \frac{3}{4}\alpha l_{0x}m_x \tag{2.27}$$

$$M_x' = M_x'' = l_{0y}m_x' = \beta l_{0y}m_x \tag{2.28}$$

$$M_y' = M_y'' = l_{0x}m_y' = \beta \alpha l_{0x}m_x \tag{2.29}$$

若双向板采用分离式配筋形式,各塑性铰线上总弯矩为

$$M_x = l_{0y}m_x \tag{2.30}$$

$$M_y = l_{0x}m_y = \alpha l_{0x}m_x \tag{2.31}$$

$$M_x' = M_x'' = l_{0y}m_x' = \beta l_{0y}m_x \tag{2.32}$$

$$M_y' = M_y'' = l_{0x}m_y' = \beta \alpha l_{0x}m_x \tag{2.33}$$

然后可利用双向板塑性设计基本方程（2.24）进行内力和配筋计算。采用该公式求解时需预先选定截面内力间的比值 α 和 β。

从经济性和构造要求考虑做如下假定：

1）通常可取为 $\alpha = \dfrac{m_y}{m_x} = \left(\dfrac{l_{0x}}{l_{0y}}\right)^2 = \dfrac{1}{n^2}, n = \dfrac{l_{0y}}{l_{0x}}$，其目的是使塑性设计与弹性计算时板跨内两个方向的弯矩比值相近，亦即在使用阶段跨内两个方向的截面应力较为接近。

2）为了防止发生"局部倒锥形"破坏，β 值可在 1.5～2.5 范围选用。

双向板在选定内力比值后，即可用 m_x 表达双向板跨内及支座弯矩值，进而可求出截面相应配筋 $A_{sx}, \cdots, A_{syo}''$。

（4）多区格连续双向板计算

在计算连续双向板时，内区格板可按四边固定的单区格板进行计算，边区格或角区格板可按外边界的实际支承情况的单区格板进行计算。计算时，首先从中间区格板开始，将中间区格板计算得出的各支座弯矩值，作为计算相邻区格板支座的已知弯矩值。这样，依次由内向外直至外区格板可一一求解。

2.3.4　双向板的截面设计与构造要求

1. 截面设计

（1）双向板厚度

一般不做刚度验算时板的最小厚度不应小于 80mm，板的跨厚比不大于 40。当双向板平面尺寸较大时，板除进行结构承载力计算外，尚应进行刚度、裂缝控制验算；必要时还应考虑活荷载作用下结构的震颤问题。

（2）板的截面有效高度

由于是双向配筋，两个方向的截面有效高度不同。双向板短向板带弯矩值比长向板带大，故短向钢筋应放在长向钢筋的外侧，截面有效高度 h_0 可取为：

短跨方向　$h_0 = h - 20\text{mm}$；

长跨方向　$h_0 = h - 30\text{mm}$。

求双向板截面配筋时，内力臂系数 γ_s 可近似取 0.90～0.95。

（3）板的空间内拱作用

多区格连续双向板在荷载作用下，由于四边支承梁的约束作用，与多跨连续单向板相似，双向板也存在空间内拱作用，使板的支座及跨中截面弯矩值均将减小。因此，周边与梁整体连接的双向板，其截面弯矩计算值按下述情况予以减小：

1）中间区格板的支座及跨内截面减小 20%。

2）边区格板的跨内截面及第一内支座截面，当 $l_{0b}/l_0 < 1.5$ 时减小 20%；当 $1.5 \leqslant l_{0b}/l_0 \leqslant 2.0$ 时减小 10%。式中 l_{0b} 为沿板边缘方向的计算跨度；l_0 为垂直板边缘方向的计算跨度。

3）角区格板截面弯矩值不予折减。

双向板与单向板一样，由于跨高比较大，板的受弯承载力极限状态先于受剪承载力极限状态出现，故一般情况下不做受剪承载力验算。

2.构造要求

双向板的配筋方式与单向板配筋方式类似,有弯起式和分离式两种,为方便施工,目前在工程中多采用分离式配筋。

按弹性理论方法设计时,板跨内截面配筋数量是根据中央板带最大正弯矩值确定的,而靠近两边的板带跨内截面正弯矩值向两边逐渐减小,故配筋数量亦应向两边逐渐减少。考虑到施工方便,可将板在两个方向上各划分成三个板带,即两个边区板带和一个中间板带,如图 2.18 所示。板的中间板带跨内截面按最大正弯矩配筋;而边区板带配筋数量可减少一半且每米宽度内不得少于 5 根。对于多区格连续板支座截面负弯矩配筋在支座宽度范围内均匀设置。

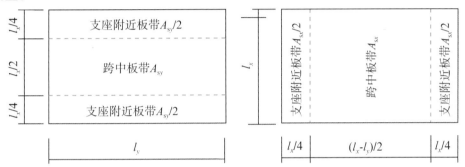

图 2.18　双向板配筋时板带的划分

按塑性铰线法设计时,板的跨内及支座截面钢筋通常均匀设置。

沿墙边、墙角处的构造钢筋与单向板相同。

2.3.5　双向板支承梁的设计

当双向板承受竖向荷载时,直角相交的相邻支承梁总是按 45°线来划分负荷范围的。因此双向板传递给支承梁的荷载分布为:双向板长边支承梁上荷载呈梯形分布;短边支承梁上荷载呈三角形分布,如图 2.19 所示;支承梁结构自重及抹灰荷载仍为均匀分布。

按弹性理论计算支承梁时,可将支承梁上的梯形或三角形荷载根据支座截面弯矩相等的原则换算为等效均布

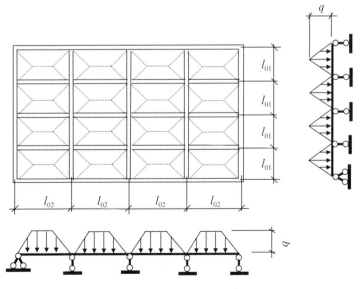

图 2.19　双向板支承梁计算简图

荷载,如图 2.20 所示。

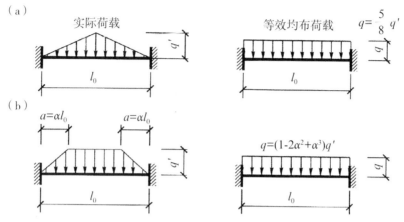

图 2.20　三角形及梯形荷载换算为等效均布荷载

按塑性理论计算支承梁时,可在弹性理论计算求得的支座截面弯矩的基础上,应用调幅法确定支座截面塑性弯矩值,再按支承梁实际荷载求得跨内截面弯矩值。

2.4　整体式无梁楼盖

2.4.1　结构组成与受力特点

无梁楼盖是由板和柱组成的板柱框架结构体系。无梁楼盖中一般将混凝土板支承于柱上,常用的均为双向板无梁楼盖,与相同柱网尺寸的梁板结构相比,其板的厚度要大一些。为了提高柱顶板的受冲切承载力及减小板中的弯矩值,往往在柱顶处设置柱帽。

无梁楼盖的优点是结构体系简单,传力途径短捷,建筑层间高度较肋梁楼盖为小,因此可以减小房屋的体积和墙体结构;天棚平整,可以大大改善采光、通风和卫生条件,并可节省模板,简化施工。一般当楼面荷载在 $5kN/m^2$ 以上,跨度在 6m 以内时,无梁楼盖较肋梁楼盖经济。因此,无梁楼盖常用于多层厂房、仓库、商场、冷藏库等建筑。

无梁楼盖在竖向荷载作用下,相当于受点支承的平板,根据其静力工作特点,可将楼板在纵横两个方向假想划分为两种板带,如图 2.21 所示,柱中心线两侧各宽为 $l_{0x}/2$(或 $l_{0y}/2$)的板带称为柱上板带;柱距中间宽度为 $l_{0x}/2$(或 $l_{0y}/2$)的板带称为跨中板带。

试验研究表明:在均布荷载作用下,于柱帽顶面边缘上出现第一批裂缝,继续加荷载,于板顶沿柱列轴线也出现裂缝;随着荷载的增加,在板顶裂缝不断发展的同时,于跨内板底出现相互垂直且平行于柱列轴线的裂缝,并不断发展;当结构即将达到承载力极限状态时,在柱帽顶面上和柱列轴线的板顶以及跨中板底的裂缝中出现一些较大的主裂缝。在上述混凝土裂缝处,受拉钢筋达到屈服,受压区混凝土达到抗压强度,混凝土裂缝处塑性铰线的"相继"出现,使楼盖结构产生塑性内力重新分布,并将楼盖结构分割成若干板块,使结构变成几何可变体系,结构达到承载力极限状态。

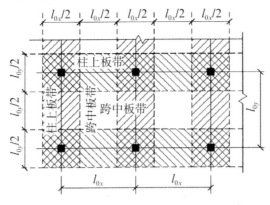

图 2.21　无梁楼盖的柱上板带和跨中板带

2.4.2　无梁楼盖柱帽设计

无梁楼盖柱帽平面可为方形或圆形,剖面有三种形式。(1)无顶板柱帽,适用于板面荷载较小时;(2)折线形柱帽,适用于板面荷载较大时,它的传力过程比较平缓,但施工较为复杂;(3)有顶板柱帽,使用条件同第二种,施工方便但传力作用稍差。

无梁楼盖的柱帽计算主要是指柱帽处楼板支承面的受冲切承载力验算,如图 2.22 所示,其计算公式如下:

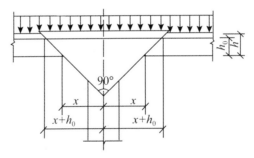

图 2.22　柱帽冲切破坏形态

$$F_l \leqslant F_{lu} = 0.7\beta_{\mathrm{h}} f_{\mathrm{t}} \eta u_{\mathrm{m}} h_0 \tag{2.34}$$

式中:f_{t}——混凝土的抗拉强度设计值。

β_{h}——截面高度影响系数,当 $h \leqslant 800\mathrm{mm}$ 时,取 $\beta_{\mathrm{h}} = 1.0$;当 $h \geqslant 2000\mathrm{mm}$ 时,取 $\beta_{\mathrm{h}} = 0.9$;其间按线性内插法取用。

u_{m}——距冲切破坏锥体周边 $h_0/2$ 处的周长。

h_0——板冲切破坏锥体的有效高度。

F_l——冲切力设计值,即柱所承受的轴力设计值减去柱顶冲切破坏锥体范围内的荷载设计值,可按下式计算(x、y 如图 2.22 所示,其中 y 与 x 方向垂直):

$$F_l = (g+q)\left[l_{0x}l_{0y} - 4(x+h_0)(y+h_0)\right] \tag{2.35a}$$

η——系数,按下式计算并取其中较小值:

$$\eta_1 = 0.4 + \frac{1.2}{\beta_s} \tag{2.35b}$$

$$\eta_2 = 0.5 + \frac{\alpha_s h_0}{4u_m} \tag{2.35c}$$

式中：η_1——局部荷载或集中反力作用面积形状的影响系数；

η_2——临界截面周长与板截面有效高度之比的影响系数；

β_s——局部荷载或集中反力作用面积为矩形时的长边与短边尺寸的比值，β_s 不宜大于 4；当 $\beta_s < 2$ 时，取 $\beta_s = 2$；当面积为圆形时，取 $\beta_s = 2$；

α_s——板柱结构中柱类型的影响系数；对中柱，取 $\alpha_s = 40$；对边柱，取 $\alpha_s = 30$；对角柱，取 $\alpha_s = 20$。

当无梁楼盖支承面的受冲切承载力不满足式（2.34）的要求，且板厚不小于 150mm 时，可配置箍筋或弯起钢筋。此时受冲切截面必须满足下式条件：

$$F_l \leqslant 1.2 f_t \eta u_m h_0 \tag{2.36}$$

当配置箍筋时，受冲切承载力按下式计算：

$$F_l \leqslant 0.5 f_t \eta u_m h_0 + 0.8 f_{yv} A_{svu} \tag{2.37}$$

当配置弯起钢筋时，受冲切承载力按下式计算：

$$F_l \leqslant 0.5 f_t \eta u_m h_0 + 0.8 f_y A_{sbu} \sin\alpha \tag{2.38}$$

式中：A_{svu}——与呈 45°冲切破坏锥体斜截面相交的全部箍筋截面面积；

A_{sbu}——与呈 45°冲切破坏锥体斜截面相交的全部弯起钢筋截面面积；

f_{yv}——箍筋抗拉强度设计值；

f_y——弯起钢筋抗拉强度设计值；

α——弯起钢筋与板底面的夹角。

对于配置抗冲切箍筋或弯起钢筋的冲切破坏锥体以外的截面，仍应按式（2.34）进行受冲切承载力的验算。此时，u_m 应取配置抗冲切钢筋的冲切破坏锥体以外 $0.5h_0$ 处的最不利周长计算。

2.4.3　无梁楼盖的内力分析方法

无梁楼盖的内力分析方法，也分为按弹性理论和按塑性理论两种。按弹性理论计算有弹性薄板法、经验系数法和等代框架法等。本节仅介绍工程中常用的按弹性理论计算的经验系数法和等代框架法。

1. 经验系数法

此法先计算出板的两个方向的截面总弯矩，再将截面总弯矩分配给同一方向的柱上板带和跨中板带。经验系数法使用时必须符合下列条件：

（1）无梁楼盖中每个方向至少应有三个连续跨；

（2）无梁楼盖中同一方向上的最大跨度与最小跨度之比应不大于 1.2，且两端跨的跨度不大于相邻跨的跨度；

（3）无梁楼盖中任意区格内的长跨与短跨的跨度之比不大于 1.5；

（4）无梁楼盖中可变荷载不大于永久荷载的 3.0 倍；

（5）为了保证无梁楼盖本身不承受水平荷载产生的弯矩作用，在无梁楼盖的结构体系中应具有抗侧力支撑或剪力墙。

在经验系数法中还假设永久荷载与可变荷载满布在整个板面上，计算步骤如下：

（1）分别按下式计算每个区格两个方向的总弯矩设计值：

x 方向

$$M_{0x} = \frac{1}{8}(g+q)l_{0y}\left(l_{0x} - \frac{2}{3}c\right)^2 \tag{2.39}$$

y 方向

$$M_{0y} = \frac{1}{8}(g+q)l_{0x}\left(l_{0y} - \frac{2}{3}c\right)^2 \tag{2.40}$$

式中：g、q——板面永久荷载及可变荷载设计值；

l_{0x}、l_{0y}——区格板沿纵横两个方向的柱网轴线尺寸；

c——柱帽计算宽度。

（2）将每一方向的总弯矩，分别分配给柱上板带和跨中板带的支座截面和跨中截面，即将总弯矩（M_{0x} 或 M_{0y}）乘以表 2.3 中所列的系数。

表 2.3　无梁双向板的弯矩计算系数

截面	边跨			内跨	
	边支座	跨中	内支座	跨中	支座
柱上板带	−0.48	0.22	−0.50	0.18	−0.50
跨中板带	−0.05	0.18	−0.17	0.15	−0.17

（3）在保持总弯矩值不变的情况下，允许将柱上板带负弯矩的 10% 分配给跨中板带负弯矩。

2. 等代框架法

当不满足经验系数法计算无梁楼盖的适用条件时，一般普遍采用等代框架法。等代框架法的适用范围为任一区格的长跨与短跨之比不大于 2。

等代框架法是将整个结构分别沿纵、横柱列两个方向划分，并将其视为纵向等代框架和横向等代框架。计算步骤如下：

（1）计算等代框架梁、柱的几何特性。等代框架梁实际上是将无梁楼盖板视为梁，其宽度取值为：当竖向荷载作用时，取等于板跨中心线间的距离；当水平荷载作用时，取等于板跨中心线间距离的一半。等代框架梁的高度即板的厚度。等代框架梁的跨度，两个方向分别等于 $l_{0x} - 2c/3$ 和 $l_{0y} - 2c/3$。等代框架柱的计算高度取值为：对于各楼层，取层高减去柱帽的高度；对于底层，取基础顶面至该层楼板底面的高度减去柱帽的高度。

（2）按框架计算内力。当等代框架仅有竖向荷载作用时，可近似按分层法计算，即将所计算的上、下层楼板均视为上层柱与下层柱的固定远端。将一个等代多层框架计算变为简单的两层或一层框架的计算。当等代框架受水平荷载作用时,可采用反弯点法或 D 值法计算结构内力。

(3)计算所得的等代框架控制截面总弯矩值,按照划分的柱上板带和跨中板带分别确定支座和跨中弯矩设计值,即将总弯矩值乘以表 2.4 中所列的分配系数。

表 2.4 等代框架梁的弯矩计算系数

截面	边跨			内跨	
	边支座	跨中	内支座	跨中	支座
柱上板带	0.90	0.55	0.75	0.55	0.75
跨中板带	0.10	0.45	0.25	0.45	0.25

2.4.4 无梁楼盖板截面设计与构造要求

1.截面的弯矩设计值

当竖向荷载作用时,有柱帽的无梁楼板内跨,应考虑结构的空间内拱作用等有利影响,除边跨及边支座外,其余部位截面的弯矩设计值乘以 0.8 的折减系数。

2.板的厚度

板厚必须使楼盖具有足够的刚度,在设计时板厚 h 宜遵守下列规定:无梁楼盖的板厚均应 ≥150mm。有顶板柱帽时 $h \geqslant l_0/35$;无顶板柱帽时 $h \geqslant l_0/32$,l_0 为区格板的长边计算跨长。无柱帽时,柱上板带可适当加厚,加厚部分的宽度取相应板跨的 30%。

3.板的配筋

无梁楼盖板的配筋一般采用双向配筋,施工简便也比较经济。配筋形式也有弯起式和分离式两种。通常采用分离式配筋,这样既可减少钢筋类型,又便于施工。钢筋的直径和间距,与一般双向板的要求相同,但对于承受负弯矩的钢筋宜采用直径大于 12mm 的钢筋,以保证施工时具有一定的刚度。

4.边梁

无梁楼盖周边应设置边梁,其截面高度应大于板厚的 2.5 倍,与板形成倒 L 形截面。边梁除承受荷载产生的弯矩和剪力之外,还承受由垂直于边梁方向各板带传来的扭矩,所以应按弯剪扭构件进行设计,由于扭矩计算比较复杂,故可按构造要求,配置附加受扭纵筋和箍筋。

2.5 整体式楼梯

楼梯是多层及高层房屋建筑的竖向通道,是房屋建筑的重要组成部分。整体式楼梯应用广泛,故本节将主要介绍整体式楼梯的计算和构造。

2.5.1　楼梯结构形式

楼梯的平面布置、踏步尺寸、栏杆形式等是由建筑设计决定的,但楼梯的结构形式应由结构设计确定。楼梯结构形式按施工方法可分为整体式和装配式;按结构受力状态可分为梁式、板式、剪刀式和螺旋式等,前两种是最常见的楼梯形式。

梁式楼梯由踏步板、梯段斜梁、平台板和平台梁组成。踏步板支承于两侧斜梁上,为便于施工和保证墙体结构安全,不得将踏步板一端搁置在楼梯间承重墙体上;梯段斜梁支承于上、下平台梁上,可设置于踏步板下面或上面。平台板支承于平台梁和墙体上,但是为保证墙体安全,中间缓台平台板不宜支承于两侧墙体上。平台梁一般支承于楼梯间两侧的承重墙体上。当梯段水平方向跨度大于 3.0m 时,采用梁式楼梯较为经济,但支模较为复杂。

板式楼梯由梯段板、平台板和平台梁组成。梯段板是一块带踏步的斜板,斜板支承于上、下平台梁上,最下部的梯段板可支承在地梁或基础上,为便于施工和保证墙体结构安全,梯段板不得伸入墙体内。平台板支承于平台梁和墙体上,但是为保证墙体安全,中间缓台平台板不宜支承于两侧墙体上。平台梁一般支承于楼梯间两侧的承重墙体上。板式楼梯的优点是梯段板下表面平整,支模简单;其缺点是梯段板跨度较大时,斜板厚度较大,结构材料用量较多。因此梯段板水平方向跨度小于 3.0m 时,宜采用板式楼梯。

螺旋式和剪刀式楼梯,建筑造型新颖美观,常设置于公共建筑大厅中,但它为空间结构体系,受力状态复杂,设计与施工均较困难,造价较高。

2.5.2　梁式楼梯的计算与构造

梁式楼梯设计包括踏步板、斜梁、平台板和平台梁的计算与构造。

1.踏步板

梁式楼梯的梯段踏步板由斜板和三角形踏步组成,如图 2.23 所示。踏步几何尺寸由建筑设计确定。斜板厚度一般取 $t=30\sim50\text{mm}$。

从梯段板中取一个踏步板作为计算单元,踏步板为梯形截面,计算时截面高度近似取其平均值 $h=\dfrac{c}{2}+\dfrac{t}{\cos\alpha}$,如图 2.23(a)所示。踏步板可近似认为是支承于斜梁上的简支板,作用于踏步板上的荷载有恒荷载和活荷载,按简支板计算跨中弯

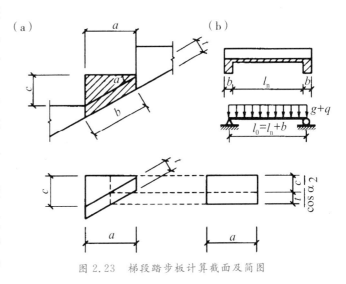

图 2.23　梯段踏步板计算截面及简图

矩,如图 2.23(b)所示。其配筋数量按单筋矩形截面进行计算。每级踏步板内受力钢筋不得少于 $2\phi 8$,沿板斜向的分布钢筋不少于 $\phi 8@250$。

2.梯段斜梁

梯段斜梁不做刚度验算时,斜梁高度通常取 $h=(1/14\sim1/10)l_0$,l_0 为梯段斜梁水平方向的计算跨度。

梯段斜梁两端支承在平台梁上,斜梁进行内力分析时,由于斜梁的受弯线刚度远大于平台梁的受扭线刚度,故将斜梁简化为斜向简支梁,斜梁内力又可简化为水平方向简支梁进行计算,其计算跨度按斜梁斜向跨度的水平投影长度取值,计算简图见图 2.24。

梯段斜梁承受踏步板传来的恒荷载和活荷载,以及斜梁自重和抹灰荷载。踏步板上的活荷载 q 是沿水平方向均匀分布的,踏步板的恒荷载 g 也近似认为是沿水平方向均匀分布的;斜梁自重及其抹灰恒荷载是沿斜向均匀分布的,为计算方便,将沿斜向均匀分布的恒荷载集度 g',简化为沿水平方向均匀分布的恒荷载集度 $g(g=g'l_0'/l_0=g'/\cos\alpha)$,计算简图见图 2.24(b)。

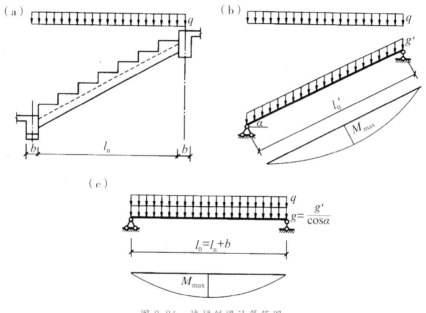

图 2.24 楼梯斜梁计算简图

由结构力学可知:计算斜梁在均布竖向荷载作用下的正截面内力时,应将沿水平方向的均布竖向荷载集度 q 和沿斜向均布的竖向荷载 g',均简化为垂直于斜梁与平行于斜梁方向的均布荷载集度,一般可忽略平行于斜梁的均布荷载,而垂直于斜梁方向的均布荷载集度为

$$\frac{(gl_0'+ql_0)\cos\alpha}{l_0'}=g'\cos\alpha+q\frac{l_0}{l_0'}\cos\alpha=(g+q)\cos^2\alpha$$

则简支斜梁正截面内力可按下列公式计算:

跨中截面最大正弯矩

$$M=\frac{1}{8}(g+q)l_0'^2\cos^2\alpha=\frac{1}{8}(g+q)l_0^2 \tag{2.41}$$

支座截面最大剪力

$$V_{\max}=\frac{1}{2}(g+q)l_n'\cos^2\alpha=\frac{1}{2}(g+q)l_n\cos\alpha \tag{2.42}$$

式中：g、q——作用于斜梁上沿水平方向均布竖向恒荷载和活荷载设计值；

l_0、l_n——梯段斜梁沿水平方向的计算跨度和净跨度；

α——梯段斜梁与水平方向的夹角。

由此可见，斜向梁板与水平方向梁板比较，其内力有如下特点：

斜向梁板（包括折线形梁板）正截面跨中弯矩值可按水平方向梁板计算，其计算跨度 l_0 取斜向梁板计算跨度的水平投影长度，其荷载应取沿水平方向的荷载集度。

斜向梁板支座截面的剪力，按水平向梁板求得的剪力值乘以 $\cos\alpha$。

斜向梁板截面上尚有压或拉（视支座情况决定）轴向力作用，一般情况下在设计中不予考虑。

梯段斜梁截面计算高度应取垂直斜梁轴线的最小高度。斜梁可按倒 L 形截面进行计算，截面翼缘仅考虑踏步下的斜板部分。

梯段斜梁中的纵向受力钢筋及箍筋数量按跨中截面弯矩值及支座截面剪力值确定。考虑到平台梁、板对斜梁两端的约束作用，斜梁端上部应按构造设置承受负弯矩作用的钢筋，钢筋数量不应小于跨中截面纵向受力钢筋截面面积的 1/4。钢筋在支座处的锚固长度应满足受拉钢筋锚固长度的要求，如图 2.25 所示。

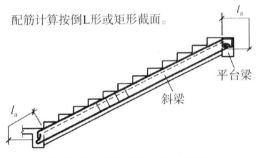

图 2.25　梯段斜梁的配筋构造

3. 平台板、梁

梁式楼梯平台板一边支承于平台梁，一边或三边支承于楼梯间墙体上。平台板可按单向板或双向板进行内力与配筋计算，并满足相应的构造要求。

平台梁两端一般支承于楼梯间侧承重墙上。平台梁承受梁自重、抹灰荷载、平台板传来的均布荷载，以及梯段斜梁传来的集中荷载。一般可按简支梁计算其内力及配筋。

2.5.3　板式楼梯的计算与构造

板式楼梯设计包括梯段板、平台板和平台梁的计算与构造。

1. 梯段板

梯段板由斜板和踏步组成。梯段斜板不做刚度验算时，斜板厚度通常取 $h=(1/30\sim1/$

25)l_0、l_0为斜板水平方向的跨度。梯段斜板和平台梁、板为一个整体结构,实质上梯段斜板和平台板是一个多跨连续板,为简化计算,通常将梯段斜板和平台板分开计算,但在计算及构造上要考虑它们相互间的整体作用。

进行梯段斜板计算时,一般取 1m 宽斜向板带作为结构及荷载计算单元。

梯段斜板(包括折线形板)支承于平台梁上,进行内力分析时,通常将板带简化为斜向简支板,斜板内力同样可简化为水平方向简支板进行计算,其计算跨度按斜向跨度的水平投影长度取值。

梯段斜板承受梯段板(包括踏步及斜板)自重、抹灰荷载及活荷载。斜板上的活荷载 q 沿水平方向是均布的;恒荷载 g 沿水平方向近似认为是均布的。梯段斜板在 $g+q$ 荷载作用下,按水平方向简支板进行内力计算。

考虑梯段斜板与平台梁、板的整体性,斜板跨中正截面最大正弯矩近似取为

$$M_{max} = \frac{1}{10}(g+q)l_0^2 \qquad (2.43)$$

式中:g、q——作用于斜板上沿水平方向均布竖向恒荷载和活荷载的设计值;

l_0——梯段斜板沿水平方向的计算跨度。

梯段斜板按矩形截面计算,截面计算高度应取垂直于斜板的最小高度。斜板受力钢筋数量按跨中截面弯矩值确定。考虑斜板与平台梁、板的整体性,斜板两端 $l_n/4$ 范围内应按构造设置承受负弯矩作用的钢筋,其数量一般可取跨中截面配筋的 1/2,在梁处板钢筋的锚固长度应不小于 $30d$,l_n 为斜板沿水平方向的净跨度。在垂直于受力钢筋方向按构造设置分布钢筋,每个踏步下放置 $1\phi8$。

对于板式楼梯,斜板由于跨高比 l_0/h 较大,即 $M/M_u > V/V_u$,故一般不必进行受剪承载力验算。

梯段斜板配筋方案可采用弯起式或分离式,一般多采用分离式配筋方案,如图 2.26 所示。

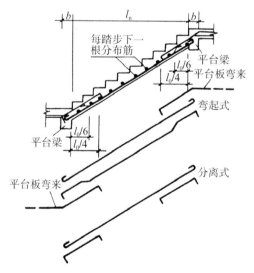

图 2.26　板式楼梯斜板配筋方案

2. 平台板、梁

板式楼梯平台板内力计算与配筋基本上同梁式楼梯。

板式楼梯平台梁两端一般支承于楼梯间两侧承重墙体上，承受平台梁自重、抹灰及梯段板、平台板传来的均布荷载。平台梁内力按简支梁进行计算，配筋计算按倒 L 形截面计算，截面翼缘仅考虑平台板，不考虑梯段斜板参加工作。

◇ 思考题

2-1　楼盖结构有哪几种类型？说明各自的受力特点和适用范围。简述现浇整体式混凝土楼盖结构设计的一般步骤。

2-2　简述现浇单向板肋梁楼盖的组成及荷载传递路径。

2-3　试说明连续梁计算中折算荷载的概念，并解释次梁和板的折算荷载的计算差异。

2-4　何谓活荷载的不利布置？设计中如何考虑活荷载不利布置？确定截面内力最不利活荷载布置的原则是什么？

2-5　钢管混凝土塑性铰是如何形成的？与普通铰比较，它有何特点？影响塑性铰转动能力的因素有哪些？

2-6　什么是弯矩调幅？弯矩调幅法的具体步骤是什么？设计中为什么要控制弯矩调幅值？

2-7　单向板有哪些构造配筋？作用是什么？次梁和主梁交接处的配筋构造有哪些？

2-8　楼板的抗冲切破坏与梁的受剪破坏有何异同？从哪些方面可以提高板抗冲切承载力？

2-9　简述板式楼梯和梁式楼梯的差异。如何确定梁式楼梯和板式楼梯各构件的计算简图？

2-10　雨篷计算包括哪些内容？作用于雨篷梁上的荷载有哪些？

◇ 习题

2-1　钢筋混凝土梁板结构有几种基本形式？它们是怎样划分的？

2-2　荷载在整体式单向板梁板结构的板、次梁和主梁中是如何传递的，为什么？在按弹性理论和塑性理论计算时两者的计算简图有何区别？

2-3　整体式梁板结构中，欲求结构跨内和支座截面最危险内力时，如何确定活荷载的最不利布置？

2-4　何谓塑性铰？塑性铰与理想铰有何异同？

2-5　何谓结构塑性内力重分布？塑性铰的部位及塑性弯矩值与塑性内力重分布有何关系？

2-6　整体式无梁楼盖结构按弹性理论的内力分析中，按经验系数法及按等代框架法基本假定有何区别？如何进行柱帽设计？

2-7 整体式楼梯在竖向均布荷载作用下，其内力如何分析？它与水平向结构相比有何特点？

2-8 已知一两端固定的单跨矩形截面梁，其净距为 6m，截面尺寸 $b \times h = 250\text{mm} \times 600\text{mm}$，采用 C25 混凝土，支座截面配置了 318 钢筋，跨中截面配置了 218 钢筋。

求：(1)支座截面出现塑性铰时，该梁承受的均布荷载 p_1；

(2)按考虑塑性内力重分布计算该梁的极限荷载 p_u；

(3)支座弯矩的调幅值。

第3章 单层厂房混凝土结构设计

知识点:单层厂房结构组合和结构布置,主要结构构件的功能形式,荷载传递路径,排架结构计算简图的确定,各种荷载的计算方法,采用剪力分配法计算排架柱内力,排架内力组合,矩形截面柱的设计方法及构造要求,排架柱牛腿的设计方法及构造要求,排架柱吊装阶段的验算,独立基础的设计方法及构造要求。

重　点:采用剪力分配法计算排架柱内力,排架内力组合,矩形截面柱的设计方法及构造要求。

难　点:采用剪力分配法计算排架柱内力,排架内力组合。

3.1　单层厂房结构选型

3.1.1　结构形式

对于像冶金、机械制造等这一类生产车间,在使用功能上有一些特殊要求,如:占用较大的空间(平面和高度)以布置大型设备;设置吊车以解决厂房内的运输(垂直的和水平的);交通工具(汽车或火车)的通行以运输原材料和产品。单层厂房结构可以很好地满足这些要求。

目前,我国混凝土单层厂房的结构形式主要有排架结构和刚架结构两种。排架结构由屋架(或屋面梁)、柱和基础组成,柱与屋架铰接,与基础刚接。根据生产工艺和使用要求的不同,排架结构可做成等高、不等高和锯齿形等多种形式,见图3.1和图3.2,后者通常用于单向采光的纺织厂。排架结构是目前单层厂房结构的基本结构形式。国标配套图集跨度为6～36m,净空高度≤20m,吊车吨位可达125t。排架结构传力明确,构造简单,施工亦较方便。

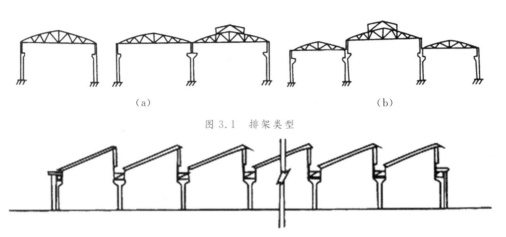

图 3.1 排架类型

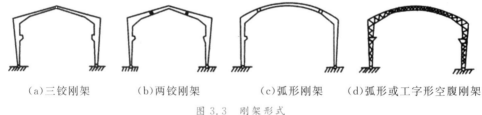

图 3.2 锯齿形厂房

单层厂房的刚架结构是指装配式钢筋混凝土门式刚架。它的特点是柱和横梁刚接成一个构件,柱与基础通常为铰接。刚架顶节点做成铰接的,称为三铰刚架,见图 3.3(a),做成刚接的称为两铰刚架,见图 3.3(b),前者是静定结构,后者是超静定结构。为便于施工吊装,两铰刚架通常做成三段,在横梁中弯矩为零(或很小)的截面处设置接头,用焊接或螺栓连接成整体。刚架顶部也有做成弧形的,见图 3.3(c)、(d)。刚架立柱和横梁的截面高度都是随内力(主要是弯矩)的增减沿轴线方向做成变高的,以节约材料。

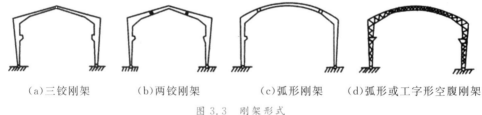

(a)三铰刚架　　(b)两铰刚架　　(c)弧形刚架　　(d)弧形或工字形空腹刚架

图 3.3 刚架形式

3.1.2 结构组成与传力路线

1. 结构组成

单层厂房排架结构通常由下列结构构件组成并相互连成整体,如图 3.4 所示。

(1)屋盖结构

屋盖结构由屋面板、屋架或屋面梁、托架、天窗架及屋盖支撑等组成,分为无檩屋盖和有檩屋盖两种体系。无檩屋盖由大型屋面板、屋面梁或屋架(包括屋盖支撑)组成。有檩屋盖由轻质或轻型板檩条、屋架(包括屋盖支撑)组成。屋盖结构上还可设有天窗架、托架等,其主要起围护和承重(承受屋盖结构自重、屋面活荷载、雪荷载和其他荷载),以及采光和通风的作用。

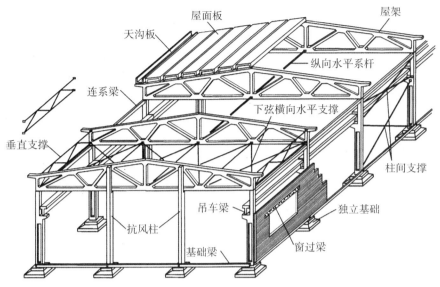

图 3.4　混凝土排架结构组成示意图

（2）横向平面排架

横向排架由屋面梁或屋架、横向柱列和基础等组成，承担厂房的主要荷载，包括屋盖荷载（屋盖自重、雪荷载及屋面活荷载等）、吊车荷载（竖向荷载及横向水平荷载）、横向风荷载及纵横墙（或墙板）的自重等，并将其传至地基，是单层厂房的基本承重结构。通常每一横向定位轴线设置一个平面排架结构。

横向平面排架示意图见图 3.1 及图 3.2。

（3）纵向平面排架

纵向平面排架（见图 3.5）由每一纵向柱列、墙梁（连系梁和圈梁）、吊车梁、柱间支撑和基础等组成，以保证厂房的纵向刚度和稳定性，并承受屋盖结构（通过山墙和天窗端壁）传来的纵向风荷载、吊车纵向制动力、纵向地震作用等，再将其传至地基。

纵向平面排架中的吊车梁，具有承受吊车荷载和联系纵向柱列的双重作用，也是厂房结构中的重要组成结构构件。

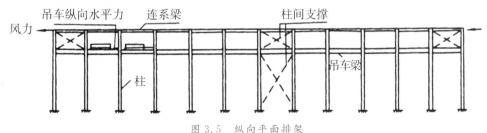

图 3.5　纵向平面排架

（4）支撑结构构件

单层厂房的支撑包括屋盖支撑和柱间支撑，其作用是加强厂房结构的空间刚度，保证结构构件在安装和使用阶段的稳定和安全，同时起着把风荷载、吊车水平荷载或水平地震作用等传递到相应承重构件的作用。

（5）围护结构

围护结构由纵墙、横墙（山墙）、墙梁和基础梁等构件组成，兼有围护和承重作用。主要承受自重及作用在墙面上的风荷载。

随着技术进步和我国钢产量的大幅度增加，现在我国大多数单层厂房都已经采用钢屋盖，所以本章中将不再讲述混凝土屋盖的内容。

2. 传力路线

图 3.6 给出了单层厂房结构的传力路线。由该图可知，单层厂房结构所承受的竖向荷载和水平荷载，主要都传递给排架柱，再由柱传至基础。由此，屋架（屋面梁）、柱、基础是单层厂房主要的承重构件。在有吊车的厂房中，吊车梁也是主要承重构件，设计时应予以重视。

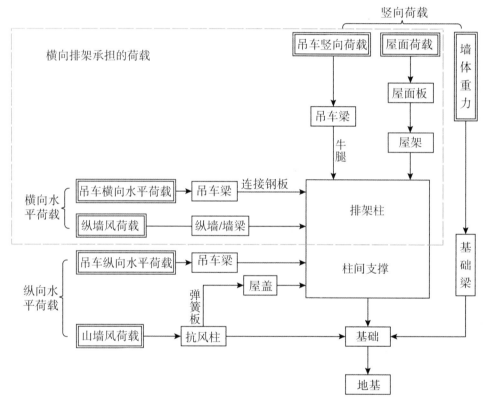

图 3.6　单层厂房传力路线示意图

3.1.3　结构布置

1. 柱网与定位轴线

（1）柱网

柱网是承重柱在平面中排列所形成的网格，网格的间距称为柱网尺寸。其中沿纵向的间距称为柱距；沿横向的间距称为跨度。

选择柱网尺寸时首先要满足生产工艺的要求,考虑设备大小、设备布置方式、交通运输所需要的空间、生产操作及检修所需要的空间等因素;其次应遵循建筑统一化的规定,尽量选择通用性强的尺寸,以减少厂房构件的尺寸类型,方便施工,简化节点构造,降低造价。

根据《厂房建筑模数协调标准》(GB/T 50006—2010)的规定,跨度小于或等于 18m 时,采用 3m 的倍数,即选用 9m、12m、15m 和 18m;大于 18m 时,应符合 6m 的倍数,即选用 24m、30m、36m 等,如图 3.7 所示。目前国标配套图集柱距为 4m、6m、7.5m、9m,跨度为 6m、9m、12m、15m、18m、21m、24m、27m、30m、33m、36m。柱距一般采用 6m 居多,也有采用 9m 和 12m 的。

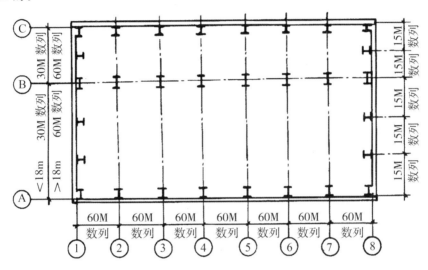

图 3.7　跨度和柱距示意图

(2)纵向定位轴线

纵向定位轴线一般用编号Ⓐ、Ⓑ、Ⓒ等表示。纵向定位轴线之间的距离(即跨度 L)与吊车轨距 L_k 之间一般有如下关系:

$$L = L_k + 2e, e = B_1 + B_2 + B_3 \tag{3.1}$$

式中: L_k 为吊车跨度,即吊车轨道中心线之间的距离,可由吊车规格查到; e 为吊车轨道中心线至纵向定位轴线的距离,一般取 750mm。 B_1、 B_2、 B_3 取值如图 3.8 所示,其中 B_1 为吊车轨道中心线至吊车桥架外边缘的距离,可由吊车规格查得(详见附录 C 中的 b); B_2 为吊车桥架外边缘至上柱内边缘的净空宽度,当吊车起重量不大于 50t 时,取 $B_2 \geqslant 80mm$,当吊车起重量大于 50t 时,取 $B_2 \geqslant 100mm$; B_3 为边柱的上柱截面高度或中柱边缘至其纵向定位轴线的距离。

对于边柱,当按计算 $e \leqslant 750mm$ 时,取 $e = 750mm$,如图 3.8(a)所示;对于中柱,当为多跨等高厂房时,按计算 $e \leqslant 750mm$,也取 $e = 750mm$。纵向定位轴线与上柱中心线重合,如图 3.8(b)所示。

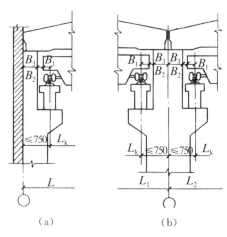

图 3.8 纵向定位轴线

对于柱距为 6m、吊车起重量小于或等于 30t 的厂房,边柱外缘与纵向定位轴线重合,如图 3.9(a)所示,称为封闭结构;当吊车起重量较大时,由于吊车外轮廓尺寸和柱子截面尺寸均有所增大,为了满足空隙 B_2 的要求,需要将边柱外移一定距离 a_c(称为联系尺寸),如图 3.9(b)所示,称为非封闭结构。

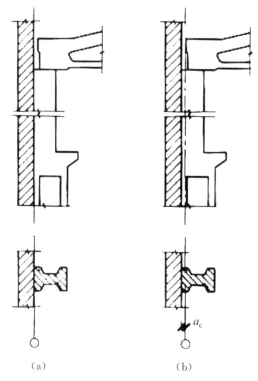

图 3.9 边柱与纵向轴线的关系

(3)横向定位轴线

横向定位轴线一般通过柱截面的几何中心,用编号①、②、③等表示。在厂房纵向尽端处,横向定位轴线位于山墙内边缘,并把端柱中心线内移 600mm,同样在伸缩缝两侧的柱中心线也须向两边各移 600mm,使伸缩缝中心线与横向定位轴线重合,如图 3.10 所示。

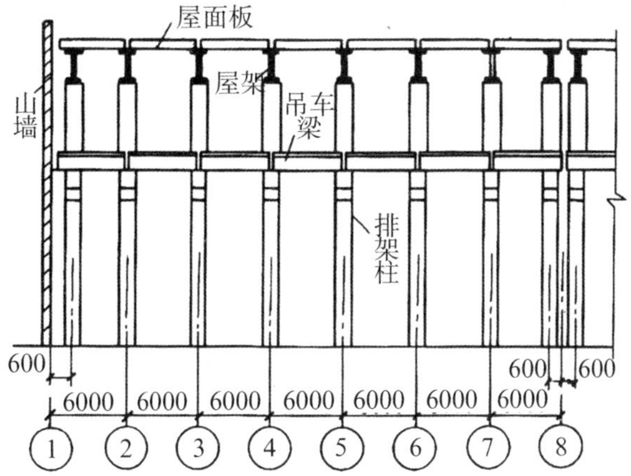

图 3.10　横向定位轴线

2. 变形缝

(1)伸缩缝

如果厂房长度或宽度超过表 3.1 的限值,一般应设置伸缩缝以减小温度应力。厂房的横向伸缩缝一般采用双柱,如图 3.10 所示,基础以上的结构分成两个独立的区段;纵向伸缩缝一般采用单柱,在低跨屋架与支承屋架的牛腿之间设滚动支座,使其能自由伸缩。伸缩缝的基础可以不分开。如果伸缩缝间距超过表 3.1 的限值,应验算温度应力。

表 3.1　钢筋混凝土结构伸缩缝最大间距

（单位:m）

结构类型		室内或土中	露天
排架结构	装配式	100	70
框架结构	装配式	75	50
	现浇式	55	35
剪力墙结构	装配式	65	40
	现浇式	45	30
挡土墙、地下室墙壁等类结构	装配式	40	30
	现浇式	30	20

注:1)装配整体式结构的伸缩缝间距,可根据结构的具体情况取表中装配式结构与现浇式结构之间的数值;

2)框架-剪力墙结构或框架-核心筒结构房屋的伸缩缝间距,可根据结构的具体情况取表中框架结构与剪力墙结构之间的数值;

3)当屋面无保温或隔热措施时,框架结构、剪力墙结构的伸缩缝间距宜按表中露天栏的数值取用;

4)现浇挑檐、雨罩等外露结构的局部伸缩缝间距不宜大于 12m。

(2)沉降缝

由于排架结构对地基不均匀沉降不敏感,单层厂房一般不设沉降缝,只有在下列情况下才考虑设置:

1）相邻部位高度相差很大（如 10m 以上）；

2）相邻跨吊车起重量相差悬殊；

3）持力层或下卧层土质有较大的差别；

4）各部分的施工时间先后相差很大。

沉降缝应将建筑从屋顶到基础全部分开，且可兼做伸缩缝。

（3）防震缝

在抗震设防区，当厂房平、立面布置复杂，结构高度或刚度相差很大，以及在厂房侧边贴建生活间、变电所、炉子间等时，应设置防震缝将相邻两部分分开。在厂房纵横跨交接处、大柱网厂房或不设柱间支撑的厂房，防震缝宽度可采用 100～150mm，其他情况可采用 50～90mm。

3.剖面布置

结构构件在高度方向的位置用标高表示，如图 3.11 所示。单层厂房的控制标高包括基础底面标高、室内地面标高、牛腿顶面标高和柱顶标高。

基础底面标高控制基础埋深，根据持力层深度和基础高度确定。

室内地面标高一般高于室外底面 100～150mm，用 ±0.000 表示。

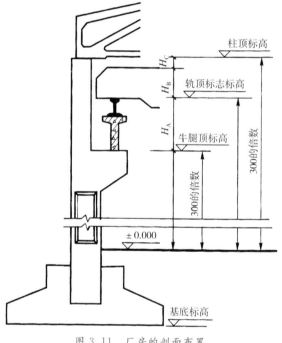

牛腿顶面标高和柱顶标高由轨道顶面的标志标高控制。轨顶标志标高根据厂方的使用要求，由工艺设计人员提供。牛腿顶面标高＝轨顶标高－吊车梁在支承处的高度－轨道及垫层高度，必须为 300mm 的倍数。为了使牛腿顶面标高满足模数要求，轨顶的实际标高可能不同于标志标高。规范允许轨顶实际标高与标志标高之间有 ±200mm 的差值。

柱顶标高＝轨顶实际标高 H_A＋吊车轨顶至桥架顶面的高度 H_B＋桥架顶面与屋架下弦的空隙 H_C，如图 3.11 所示。吊

图 3.11　厂房的剖面布置

车轨顶至桥架顶面的高度 H_B 可以查阅吊车的技术参数；空隙 H_C 不应小于 250mm。

4.支撑布置

厂房支撑体系是联系屋架、柱等构件，使其构成厂房空间整体，保证整体刚性和结构几何稳定性的重要组成部分，在单层厂房抗震设计中尤为重要。

单层厂房的支撑体系包括屋盖支撑和柱间支撑两部分。

(1)屋盖支撑

屋盖支撑通常包括上、下弦水平支撑,垂直支撑及纵向水平系杆,如图 3.12 所示。

其构成思路为:在每一个温度区段内,由上、下弦水平支撑分别把温度区段的两端构成横向的上、下水平刚性框,再由垂直支撑和水平系杆把两端水平框连接起来。

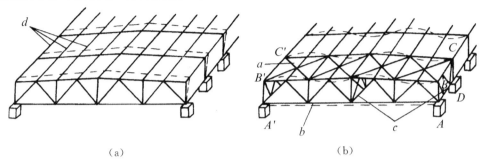

(a)　　　　　　　　　　　　　　　(b)

a—上弦横向水平支撑;b—下弦横向水平支撑;c—垂直支撑;d—檩条或大型屋面板

图 3.12　屋盖支撑作用示意图

(2)柱间支撑

柱间支撑的作用是保证厂房结构的纵向刚度和稳定,并将水平力传至基础,其布置如图 3.13 所示。

柱间支撑应布置在伸缩缝区段的中央或临近中央,这样纵向构件的伸缩受柱间支撑的约束较小,在温度变化或混凝土收缩时,不致产生较大的温度或收缩应力。柱顶设置通长的刚性系杆来传递荷载。

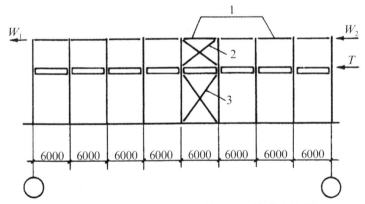

1—柱顶系杆;2—上部柱间支撑;3—下部柱间支撑

图 3.13　柱间支撑

属于下列情况之一者,应设置柱间支撑:

1)厂房内设有悬臂吊车或 3t 及以上的悬挂吊车;

2)厂房内设有属于 A6、A7、A8 工作级别的吊车,或设有工作级别属于 A1～A5 的吊车,起重量在 10t 及以上;

3)厂房跨度在 18m 以上或柱高在 8m 以上;

4)纵向柱列的总数在 7 根以下;

5)露天吊车栈桥的柱列。

5.抗风柱、圈梁、连系梁、过梁和基础梁的功能和布置原则

(1)抗风柱

单层厂房的山墙受风面积较大，一般需设置抗风柱将山墙分成区格，使墙面受到的风荷载，一部分(靠近纵向柱列的区格)直接传至纵向柱列，另一部分则传给抗风柱，再由抗风柱下端直接传至基础，而上端则通过屋盖系统传至纵向柱列。

当厂房跨度和高度均不大(如跨度不大于12m，柱顶标高8m以下)时，可在山墙设置砌体壁柱作为抗风柱；当跨度和高度均较大时，可以设置钢筋混凝土抗风柱，柱外侧再贴砌山墙。在很高的厂房中，为不使抗风柱截面尺寸过大，可加设水平抗风梁或钢抗风桁架作为抗风柱的中间铰支点，如图3.14所示。

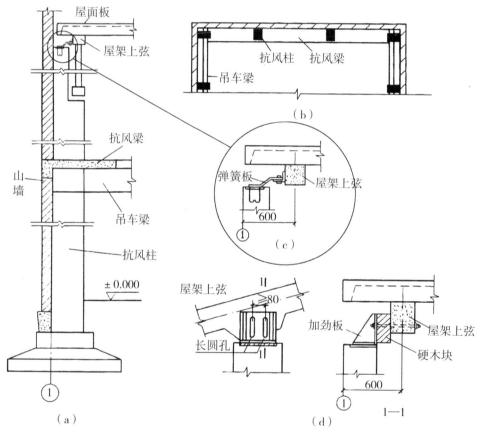

图3.14 抗风柱及其连接构造

抗风柱的柱脚，一般采用插入基础杯口的固接方式。抗风柱上端与屋架的连接必须满足两个要求：一是在水平方向必须与屋架有可靠的连接以保证有效地传递风荷载；二是在竖向脱开，且两者之间能允许一定的竖向相对位移，以防厂房和抗风柱沉降不均匀时产生不利影响。因此，抗风柱一般采用竖向可以移动、水平向又有较大刚度的弹簧板连接，如图3.14(c)所示；当不均匀沉降可能较大时，宜采用有竖向长孔的螺栓连接方案，如图3.14(d)所示。

抗风柱的上柱宜采用矩形截面,其截面尺寸不宜小于 350mm×300mm,下柱宜采用工字形或矩形截面,当柱较高时也可以采用双肢柱。

抗风柱主要承受山墙风荷载,一般情况下其竖向荷载只有自重,故设计时可近似按照受弯构件计算,并考虑正、反两个方向的弯矩。当抗风柱还承受由承重墙梁、墙板及雨篷传来的竖向荷载时,则应按照偏心受压构件来计算。

(2)圈梁、连系梁、过梁和基础梁

当用砌体作为厂房的围护结构时,一般要设置圈梁或连系梁、过梁及基础梁。

圈梁的作用是增强房屋的整体刚度,防止地基的不均匀沉降或较大振动荷载等对厂房产生不利影响。因圈梁不承受墙体重量,故排架柱上下不需要设置圈梁的牛腿,仅需设拉结筋与圈梁连接。一般的布置原则为:对无桥式吊车的厂房,当墙厚 $h \leqslant 240mm$,檐口标高为 5~8m 时,应在檐口附近布置一道,当檐高大于 8m 时,宜增设一道;对有桥式吊车或较大振动设备的厂房,除在檐口或窗顶布置圈梁外,尚宜在吊车梁标高处或其他适当位置增设一道;外墙高度大于 15m 时还应适当增设。

连系梁的作用是联系纵向柱列、增强厂房的纵向刚度并把风荷载传递到纵向柱列上,同时还承受上部墙体的重力。连系梁通常是预制的,两端搁置在排架柱外侧牛腿上,其连接可采用螺栓连接或焊接连接。

过梁设置在门窗洞口上方,承受墙体重力。圈梁可兼做过梁,但其配筋必须由计算确定。

在进行厂房布置时,应尽可能把圈梁、连系梁和过梁结合起来,使一个构件起到两个或三个构件的作用,以节约材料,简化施工。

基础梁顶面至少低于室内底面 50mm,底部距地基土表面应预留 100mm 的孔隙,使梁可以随柱基础一起沉降而不受地基土的约束,同时还可以防止地基土冻结膨胀将梁顶裂。基础梁与柱的相对位置取决于墙体的相对位置,有两种情况:一种突出于柱外(图 3.15(a));另一种是两柱之间(图 3.15(b))。基础梁与柱一般不连接,可以直接搁置在柱基础杯口上,当基础埋置较深时,则放置在混凝土垫块上,如图 3.15(c)、(d)所示。

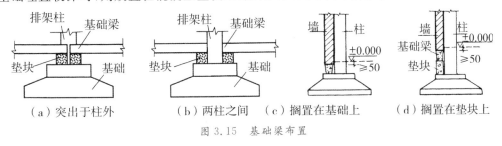

（a）突出于柱外　　（b）两柱之间　　（c）搁置在基础上　　（d）搁置在垫块上

图 3.15　基础梁布置

3.2　排架计算

单层厂房排架结构实际上是空间结构,为了方便,可简化为平面结构进行计算。在横向(跨度方向)按横向平面排架计算,在纵向(柱距方向)按纵向平面排架计算,并且近似地认为,各个横向平面排架之间以各个纵向平面排架都互不影响,各自独立工作。

纵向平面排架由柱列、基础、连系梁、吊车梁和柱间支撑等组成,如图 3.5 所示。由于纵向平面排架的柱较多,抗侧刚度较大,每根柱承受的水平力不大,因此往往不必计算,仅当抗侧刚度较差、柱较少、需要考虑水平地震作用或温度内力时才进行计算。所以本节讲的排架计算是指横向平面排架而言的,以下除说明的以外,简称为排架。

排架计算是为柱和基础设计提供内力数据,主要内容为:确定计算简图、荷载计算、柱控制截面的内力分析和内力组合。必要时,还应验算排架的水平位移值。

3.2.1　计算简图

由相邻柱距的中心线截出的一个典型区段,称为排架的计算单元,如图 3.16(a)中斜线部分所示。除吊车等移动荷载外,斜线部分就是排架的负荷范围,或称荷载的从属面积。

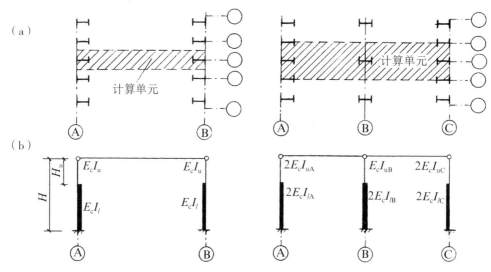

图 3.16　排架的计算单元和计算简图

为了简化计算,根据构造和实践经验,假定:

(1)柱下端固接于基础顶面,上端与屋面梁或屋架铰接;

(2)屋面梁或屋架没有轴向变形。

由于柱插入基础杯口有一定深度,并用细石混凝土与基础紧密地浇捣成一体,而且地基变形是有限制的,基础转动一般较小,因此假定(1)通常是符合实际的。但有些情况,例如地基土质较差、变形较大或者有大面积堆料等比较大的地面荷载时,则应考虑基础位移或转动对排架内力和变形的影响。

由假定(2)可知,屋面梁或屋架两端水平位移相等。假定(2)对于屋面梁或大多数下弦杆刚度较大的屋架是适用的;对于组合式屋架或两铰、三铰拱架则应考虑其轴向变形对排架内力和变形的影响,这种情况称为"跨变"。所以假定(2)实际上是指没有"跨变"的排架计算。

计算简图中,柱的计算轴线分别取上部和下部柱截面形心线。单跨和双跨排架的计算简图如图 3.16(b)所示。

柱总高 H＝柱顶标高＋基础底面标高的绝对值－初步拟定的基础高度；

上部柱高 H_u＝柱顶标高－轨顶标高＋轨道构造高度＋吊车梁支撑处的吊车梁高；

上、下部柱的截面弯曲刚度 E_cI_u、E_cI_l，由混凝土强度等级以及预先假定的柱截面形状和尺寸确定。这里 I_u、I_l 分别为上、下部柱的截面惯性矩。上、下部柱预设的截面尺寸,可参考表 3.4 选取。

3.2.2　荷载计算

作用在排架上的荷载分为恒荷载和活荷载两类。恒荷载一般包括屋盖自重 P_1、上柱自重 P_2、下柱自重 P_3、吊车梁和轨道零件自重 P_4,以及有时支撑在牛腿上的围护结构等重力 P_5 等。活荷载一般包括屋面活荷载 P_6,吊车荷载 T_{max}、D_{max} 和 D_{min},均布风荷载 q_1、q_2,以及作用在屋盖支承处的集中风荷载 W 等。

集中荷载的作用点必须根据实际情况来确定。当采用屋架时,屋盖荷载可以认为是通过屋架上弦与下弦中心线的交点作用于柱上的;当采用屋面梁时,可认为是通过梁端支承垫板的中心线支承于柱顶的。

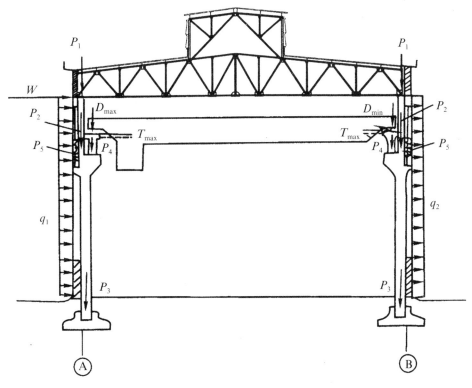

图 3.17　排架荷载示意图

设 P_1 是作用在上部柱顶的竖向偏心压力,它对上柱计算轴线的偏心距为 e_1,则可将 P_1 换算成轴心压力 $\overline{P}_1(=P_1)$ 和力矩 $M_1=P_1e_1$,如图 3.18(a)所示。$\overline{P}_1$ 是对上部柱的轴心压力,但对下部柱却是偏心压力,同样可将其换算成对下部柱的轴心压力 $P_1'(=\bar{P}_1=P_1)$ 和力矩 $M_1'=\bar{P}_1e_0$,e_0 是上、下部柱计算轴线间的距离,如图 3.18(b)所示。这样 P_1 对整个排架柱的作用可归纳为:在上部柱和下部柱内产生轴心压力 $P_1=\bar{P}_1=\bar{P}_1'$,作用在上部柱顶的力矩 $M_1=\bar{P}_1e_1$ 和下部柱的力矩 $M_1'=\bar{P}_1e_0$。排架在轴心压力 $\bar{P}_1$、$\bar{P}_1'$ 作用下,除对柱产生轴向受压变形外,不产生其他内力,因此不需要进行排架内力分析;对于力矩 M_1 和 M_1' 的作用则应进行排架内力分析,如图 3.18(c)所示为它的计算简图。对竖向偏心压力 P_1 采取这样的换算是为了可以分别利用附录 D 进行内力分析。上柱自重、围护结构等重量以及吊车荷载等,均同理换算。

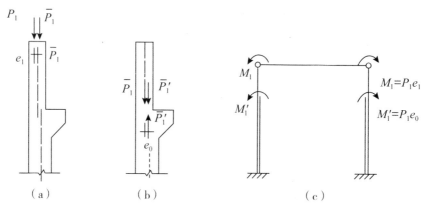

图 3.18　竖向偏心力的换算

1.永久荷载

各种永久荷载的数值可按材料重力密度和结构的有关尺寸由计算得到,标准构件可从标准图上直接查得。上部柱自重和下部柱自重沿柱高分布,作用位置为各自的截面形心轴;屋盖自重包括屋架自重、屋盖支撑自重、屋面板自重及屋面建筑材料自重,以集中荷载形式作用在柱顶屋架竖杆中心线与下弦杆中心线交点处,此交点距离纵向定位轴线 150mm;吊车梁和轨道零件自重以集中荷载的形式作用在柱牛腿上,作用位置距离纵向定位轴线 750mm(或 1000mm)。各项永久荷载作用位置如图 3.19(a)所示。

2.屋面可变荷载

屋面可变荷载包括屋面均布可变荷载、雪荷载和屋面积灰荷载三项,均按水平投影面积计算(计算单元宽度 $B\times$ 厂房跨度的一半),取值按《荷载规范》采用。

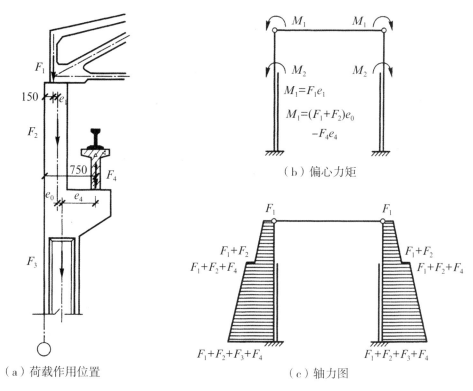

（a）荷载作用位置　　　（b）偏心力矩

（c）轴力图

图 3.19 排架的永久荷载

3.吊车荷载

常用的桥式吊车按工作繁重程度及其他因素分为 A1、A2 至 A8 等 8 个工作级别。一般地,满载机会少、运行速度低以及不需要紧张而繁重工作的场所,如水电站、机械检修站等吊车属于 A1～A3 工作级别;机械加工车间和装配车间的吊车属于 A4、A5 工作级别;普通冶炼车间和直接参加连续生产的吊车属于 A6、A7 或 A8 工作级别。

桥式吊车对排架的作用有竖向荷载和水平荷载两种。

（1）作用在排架上的吊车竖向荷载设计值 D_{max}、D_{min}

桥式吊车由大车和小车组成,大车在吊车梁的轨道上沿厂房纵向行驶,小车在大车桥架的轨道上沿横向运动;带有吊钩的起重卷扬机安装在小车上。

当小车吊有额定起吊质量开到大车某一侧的极限位置时,如图 3.20 所示,在这一侧的每个大车的轮压称为吊车的最大轮压标准值 $P_{max,k}$,在另一侧的轮压称为最小轮压标准值 $P_{min,k}$,$P_{max,k}$ 与 $P_{min,k}$ 同时发生。

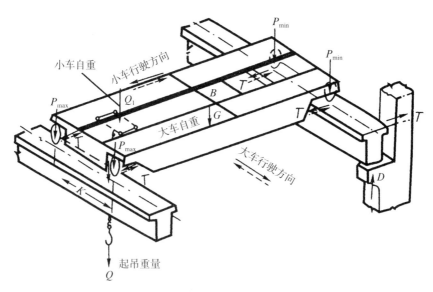

图 3.20 吊车荷载示意图

吊车是移动的,因而吊车轮压在牛腿上产生的竖向集中荷载需要利用吊车梁支座竖向反力影响线来确定,如图 3.21 所示。

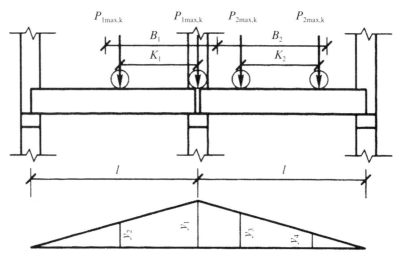

图 3.21 吊车梁支座反力影响线

上图中,B_1、B_2 分别是两台吊车的桥架宽度,K_1、K_2 分别是两台吊车的轮距,可由吊车产品目录查得。由结构力学可知,当某个吊车轮子刚好位于牛腿位置时,反力最大。当作用的轮压为最大轮压 $P_{max,k}$ 时,相应的吊车竖向荷载标准值用 $D_{max,k}$ 表示;作用的轮压为最小轮压 $P_{min,k}$ 时,相应的吊车竖向荷载标准值用 $D_{min,k}$ 表示,即

$$D_{max,k} = \sum_{i=1}^{4} P_{jmax,k} y_i$$

$$D_{min,k} = \sum_{i=1}^{4} P_{jmin,k} y_i = D_{max,k} \frac{P_{min,k}}{P_{max,k}} \tag{3.2}$$

式中：$P_{j\max,k}$——吊车的最大轮压，$j=1$、2；

$\qquad P_{j\min,k}$——吊车的最小轮压，$j=1$、2；

$\qquad y_i$——与吊车轮作用位置相对应的影响线坐标值，$i=1$、2、3、4。

吊车最大轮压的设计值 $P_{\max}=\gamma_Q P_{\max,k}$，吊车最小轮压的设计值 $P_{\min}=\gamma_Q P_{\min,k}$，故作用在排架上的吊车竖向荷载设计值 $D_{\max}=\gamma_Q D_{\max,k}$，$D_{\min}=\gamma_Q D_{\min,k}$。这里 γ_Q 为吊车荷载的分项系数。

由于 $D_{\max}$ 可以发生在左柱，也可以发生在右柱，因此在 $D_{\max}$、$D_{\min}$ 作用下单跨排架的计算应考虑图 3.22(a)、(b)两种荷载情况。$D_{\max}$、$D_{\min}$ 对下部柱都是偏心压力，应把其换成作用在下部柱顶面的轴心压力和力矩。其力矩为

$$M_{\max}=D_{\max}e_4,\quad M_{\min}=D_{\min}e_4 \tag{3.3}$$

式中：e_4——吊车梁支座钢垫板的中心线至下部柱轴线的距离，如图 3.19(a)所示。

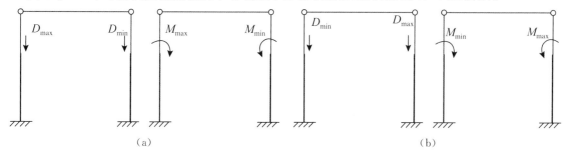

| (a) | (b) |

图 3.22　$D_{\max,k}$、$D_{\min,k}$ 作用下单跨排架的两种荷载情况

（2）作用在排架上的吊车横向水平荷载设计值 $T_{\max}$

吊车的水平荷载有纵向水平荷载与横向水平荷载两种。

吊车纵向水平荷载是由大车的运行机构在刹车时引起的纵向水平惯性力。吊车纵向水平荷载标准值，应按作用在一边轨道上所有刹车轮的最大轮压之和的 10% 采用。对于一般的四轮吊车，它在一边轨道上的刹车轮只有 1 个，所以吊车纵向水平荷载设计值 $T_0=0.1P_{\max}$。该项荷载的作用点位于刹车轮与轨道的接触点，其方向与轨道方向一致，由纵向平面排架的柱间支撑承受。

吊车横向水平荷载是当小车吊有重物时刹车所引起的横向水平惯性力，它通过小车刹车轮与桥架轨道之间的摩擦力传给大车，再通过大车轮在吊车轨顶传给吊车梁，而后由吊车梁与柱的连接钢板传给排架柱，如图 3.23 所示。因此对排架来说，吊车横向水平荷载作用在吊车梁顶面的水平处。

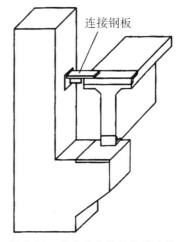

连接钢板

图 3.23　吊车梁与排架柱的连接

总的吊车横向水平荷载标准值，应取横行小车重力标准值与额定起重量的重力标准值之和再乘以百分数 α。吊车横向水平荷载标准值的百分数 α 应按表3.2采用。

$$\sum T_{i,k}=\alpha(G_1+Q) \tag{3.4}$$

式中：G_1——小车自重标准值(t)。

Q——与吊车额定起吊质量相对应的重力标准值(t)。

表 3.2　吊车横向水平荷载标准值的百分数

吊车类型	额定起重量/t	百分数 $\alpha/\%$
软钩吊车	$\leqslant 10$	12
	$16 \sim 50$	10
	$\geqslant 75$	8
硬钩吊车	—	20

软钩吊车是指吊重通过钢丝绳传给小车的常见吊车,硬钩吊车是指吊重通过刚性结构,如夹钳、料粑等传给小车的特种吊车。

吊车横向水平荷载应等分于桥架的两端,分别由轨道上的车轮平均传至轨道,其方向与轨道垂直。通常起吊质量 $Q \leqslant 50t$ 的桥式吊车,其大车总轮数为 4,即每一侧的轮数为 2,因此通过一个大车轮子传递的吊车横向水平荷载标准值 T_k,应按下式计算：

$$T_k = \frac{1}{4} \sum T_{i,k} = \frac{1}{4}\alpha(G_1 + Q) \tag{3.5}$$

由于吊车是移动的,吊车对排架产生的最大的横向水平荷载 $T_{max,k}$ 同样应根据影响线确定,即

$$T_{max,k} = \sum_{i=1}^{4} T_k y_i = \frac{1}{4}\alpha(G_1 + Q) \sum_{i=1}^{4} y_i \tag{3.6}$$

如果两台吊车作用下的 D_{max} 已经求得,则两台吊车作用下的 T_{max} 可直接由 D_{max} 求得,即

$$T_{max,k} = D_{max,k} \frac{T_k}{P_{max,k}} \tag{3.7}$$

因小车沿厂房跨度方向向左、右行驶,有正反两个方向的刹车情况,因此对 $T_{max,k}$ 既要考虑它向左作用又要考虑它向右作用。这样,对单跨排架就有两种荷载情况,对两跨排架就有四种荷载情况,如图 3.24 所示。

(3)多台吊车组合

排架计算中考虑多台吊车竖向荷载时,对单层吊车的单跨厂房的每个排架,参与组合的吊车台数不宜多于 2 台;对单层吊车的多跨厂房的每个排架,不宜多于 4 台。

考虑多台吊车水平荷载时,对单跨或多跨厂房的每个排架,参与组合的吊车台数不应多于 2 台。

多台吊车同时出现 D_{max} 和 D_{min} 的概率,以及同时出现 T_{max} 的概率都不大,因此排架计算时,多台吊车的竖向荷载标准值和水平荷载标准值都应乘以多台吊车的荷载折减系数 β,其取值见表 3.3。

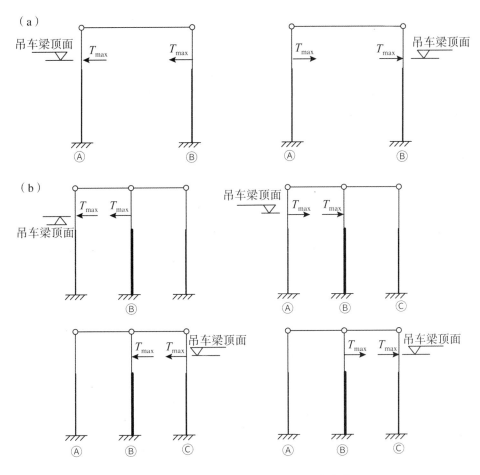

图 3.24　T_{max} 作用下单跨、两跨排架的荷载情况

表 3.3　多台吊车的荷载折减系数 β

参与组合的吊车台数	吊车载荷状态等级	
	A1~A5	A6~A8
2	0.90	0.95
3	0.85	0.90
4	0.80	0.85

【例 3.1】　有一单跨厂房,跨度 24m,柱距 6m,设计时考虑两台 10t、A5 工作级别的桥式吊车,吊车桥架跨度 22.5m,其他相关参数见附录 C。求:$D_{max,k}$、$D_{min,k}$、$T_{max,k}$。

【解】　由吊车产品目录查得,桥架宽度 $B = 5.922$m,轮距 $K = 4.100$m,吊车最大轮压标准值 $P_{max,k} = 127.4$kN,最小轮压 $P_{min,k} = 38.9$kN,小车总质量 4.084t。

查表 3.3,得 $\beta = 0.9$。

吊车梁支座竖向反力影响线及两台吊车布置如图 3.25 所示。

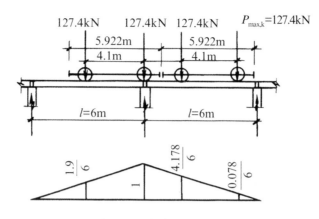

图 3.25 支座反力影响线

由式(3.2)得

$$D_{\max,k} = \sum_{i=1}^{4} P_{\max,k} y_i = 127.4 \times (1 + \frac{1.9 + 4.178 + 0.078}{6}) = 258.1(\text{kN})$$

$$D_{\min,k} = D_{\max,k} \frac{P_{\min,k}}{P_{\max,k}} = 232.3 \times \frac{38.9}{127.4} = 70.93(\text{kN})$$

查表 3.2 得,$\alpha = 0.12$,由式(3.5)与式(3.7)(3.6)得

$$T_k = \frac{1}{4}\alpha(G_1 + Q) = 0.25 \times 0.12 \times (4.084 + 10) \times 9.8 = 4.14(\text{t})$$

$$T_{\max,k} = D_{\max,k} \frac{T_k}{P_{\max,k}} = 258.1 \times \frac{4.14}{127.4} = 8.39(\text{t})$$

4. 风荷载

排架计算时,作用在柱顶以下墙面上的风荷载按均布考虑,其风压高度变化系数可按柱顶标高与室外地坪标高的差值取值,这是偏于安全的。当基础顶面至室外地坪的距离不大时,为了简化计算,风荷载可按柱全高计算。若基础埋置较深,则按实际情况计算。

柱顶至屋脊间屋盖部分的风荷载,仍取为均布的,其对排架的作用则按作用在柱顶的水平集中风荷载 $\overline{W}_k$ 考虑,这时的风压高度变化系数可按屋盖部分的平均高度取值。

《工程结构通用规范》(GB 55001—2021)第 4.6.1 条对于风荷载标准值取值的定义:垂直于建筑物表面上的风荷载标准值,应在基本风压、风压高度变化系数、风荷载体型系数、地形修正系数和风向影响系数的乘积基础上,考虑风荷载脉动的增大效应加以确定。其中提及的地形修正系数和风向影响系数,对于单层厂房取 1.0 即可;单层厂房一般不考虑风荷载脉动的增大效应,故可按式(3.8)计算。

$$\overline{W}_k = (\sum \mu_{si} h_i) \mu_z w_0 B \tag{3.8}$$

式中 μ_{si}——第 i 段屋面坡面上的风载体型系数;

h_i——第 i 段屋面坡面的高度;

μ_z——整个屋面坡面的平均高度处的高度变化系数。风荷载是可以变向的,因此排架计算时,要考虑左风和右风两种情况。

【例 3.2】　某一单层单跨厂房,外形尺寸及部分风载体型系数如图 3.26 所示。基本风压 $w_0=0.45\text{kN/m}^2$,柱顶标高为 $+10.5\text{m}$,基础顶面标高为 -0.8m,室外地坪标高 -0.3m,$h_1=2.1\text{m}$,$h_2=1.2\text{m}$,地面粗糙类型为 B,排架计算宽度 $B=6\text{m}$。

求:作用在排架上风荷载的标准值。

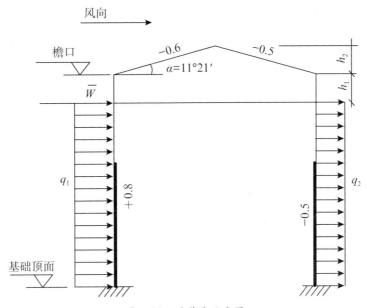

图 3.26　风荷载示意图

【解】　(1)求 q_{1k}、q_{2k}

风压高度变化系数按柱顶离室外天然地坪高度 $10.5+0.3=10.8\text{m}$ 取值。

查《建筑结构荷载规范》得:离底面 10m 时,$\mu_z=1.00$,离底面 15m,时,$\mu_z=1.13$。则

$$\mu_z=1+\frac{1.13-1}{15-10}(10.8-10)=1.021$$

故 $q_{1k}=\mu_s\mu_z\omega_0 B=0.8\times1.021\times0.45\times6=2.21(\text{kN/m})(\rightarrow)$

$q_{2k}=\mu_s\mu_z\omega_0 B=0.5\times1.021\times0.45\times6=1.39(\text{kN/m})(\rightarrow)$

(2)求 $\overline{W}_k$

风压高度变化系数按照平均高度 12.45 取值。

$$\mu_z=1+\frac{1.13-1}{15-10}(12.45-10)=1.0637$$

$$\overline{W}_k=(\sum\mu_{si}h_i)\mu_z\omega_0 B=(0.8\times2.1+0.5\times2.1-0.6\times1.2+0.5\times1.2)\times1.0637\times$$

$0.45\times6=7.50(\text{kN})$

3.2.3　等高排架内力分析——剪力分配法

从排架计算的观点看,柱顶水平位移相等的排架,称为等高排架。等高排架有柱顶标高

相同的以及柱顶标高虽不同但柱顶由斜梁贯通相连的两种,如图 3.27 所示。不等高排架可见图 3.1(b)。由于计算假定(2)规定了横梁的长度是不变的,因此在这两种情况中,柱顶水平位移都相等,都可按等高排架计算。

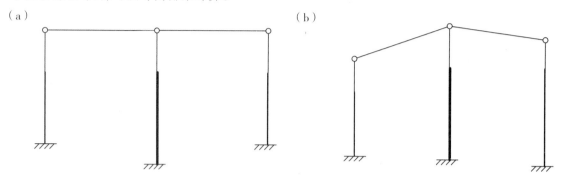

图 3.27　等高排架的两种情况

这里只介绍等高排架的一种简便计算方法 ——剪力分配法。

由结构力学知,当单位水平力作用在单阶悬臂柱时,如图 3.28 所示,柱顶水平位移

$$\Delta u = \frac{H^3}{3E_c I_l}\left[1+\lambda^3\left(\frac{1}{n}-1\right)\right]=\frac{H^3}{C_0 E_c I_l} \tag{3.9}$$

式中:$\lambda=\dfrac{H_u}{H}$,$n=\dfrac{I_u}{I_l}$,$C_0=\dfrac{3}{1+\lambda^3\left(\dfrac{1}{n}-1\right)}$。$H_u$ 和 H 分别是上部柱高和柱总高;I_u、I_l 分别为上、下部柱的截面惯性矩。

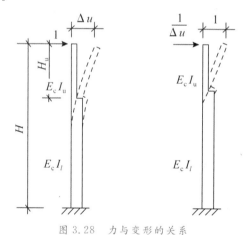

图 3.28　力与变形的关系

因此要使柱顶产生单位水平位移,则需在柱顶施加 $\dfrac{1}{\Delta u}$ 的水平力。显然,当材料相同时,柱越粗壮,需施加的柱顶水平力越大。可见 $\dfrac{1}{\Delta u}$ 反映了柱抵抗侧移的能力,一般称它为柱的抗侧刚度,记作 D_0。

1.柱顶作用水平集中力时的剪力分配

当柱顶作用水平集中力 F 时,如图 3.29 所示,设有 n 根柱,任一柱 i 的抗侧刚度 $D_{0i}=$

$\dfrac{1}{\Delta u_i}$，其分担的柱顶剪力 V_i 可由力的平衡条件和变形条件求得。

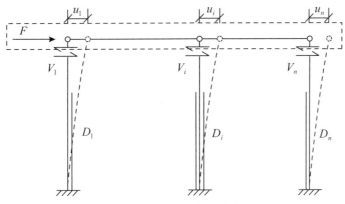

图 3.29　柱顶作用水平集中力时的剪力分配

按抗侧刚度的定义，有

$$V_i = D_{0i} u$$

故

$$\sum_1^n V_i = u \sum_1^n D_{0i}$$

而

$$\sum_1^n V_i = F，则\ u = \dfrac{1}{\displaystyle\sum_1^n D_{0i}} F$$

所以

$$V_i = \dfrac{D_{0i}}{\displaystyle\sum_1^n D_{0i}} F = \eta_i F，\eta_i = \dfrac{D_{0i}}{\displaystyle\sum_1^n D_{0i}}$$

式中：η_i 称为柱 i 的剪力分配系数，它等于柱 i 自身的抗侧刚度与所有柱（包括本身）总的抗侧刚度的比值。可见，在等高排架中，柱顶水平力是按排架柱抗侧刚度分配的，抗侧刚度大的排架柱分到的多些，反之则少些。

2. 任意荷载作用时的剪力分配

当排架上有任意荷载作用时，如图 3.30(a)所示，采用剪力分配法分三个步骤进行：

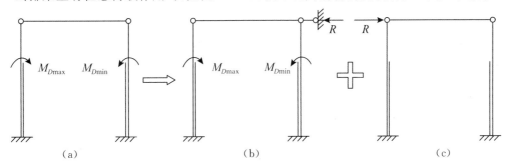

图 3.30　任意荷载下的剪力分配

1)首先在排架柱顶上加上不动铰支座以阻止水平位移,如图 3.30(b)所示,利用附录 B 按一端固定一端铰支构件计算各柱的内力和柱顶支座反力。

2)将各柱柱顶支座反力的合力 R 反向作用于柱顶,如图 3.30(c)所示,按前面介绍的柱顶作用水平集中荷载的剪力分配法计算相应内力。

3)将上述两个受力状态的内力叠加,即为排架的实际内力。

这里规定,柱顶剪力、柱顶水平集中力、柱顶不动铰支座反力,凡是自左向右作用的取为正号,反之取为负号;弯矩以顺时针为正,逆时针为负。

【例 3.3】 某单层厂房的排架计算简图如图 3.31 所示。A 柱与 B 柱形状和尺寸等均相同。求:排架内力。

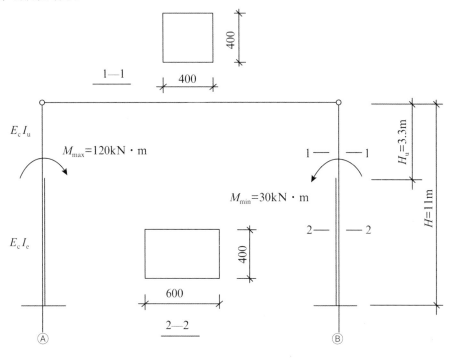

图 3.31 例 3.3 排架计算简图

【解】 (1)计算参数 n 和 λ

上部柱截面惯性矩 $I_u = \dfrac{1}{12} \times 400 \times 400^3 = 2.13 \times 10^9 \text{(mm}^4)$

下部柱截面惯性矩 $I_l = \dfrac{1}{12} \times 400 \times 600^3 = 7.2 \times 10^9 \text{(mm}^4)$

$n = \dfrac{I_u}{I_l} = \dfrac{2.13}{7.2} = 0.296 \qquad \lambda = \dfrac{H_u}{H} = \dfrac{3300}{11000} = 0.3$

(2)在柱顶附加不动铰支座后的内力

在 A 柱和 B 柱的柱顶分别虚加水平不动铰支座,如图 3.32(a)所示。查附录 D 得

$$C_2 = 1.5 \times \frac{1-\lambda^2}{1+\lambda^3\left(\dfrac{1}{n}-1\right)} = 1.5 \times \frac{1-0.3^2}{1+0.3^3\left(\dfrac{1}{0.296}-1\right)} = 1.28$$

因此不动铰支座反力为

$$R_A = -\frac{M_{max}}{H}C_3 = -\frac{120}{11}\times 1.28 = -13.96(kN)(\leftarrow)$$

$$R_B = -\frac{M_{min}}{H}C_3 = -\frac{-30}{11}\times 1.28 = 3.49(kN)(\rightarrow)$$

因此 A 柱柱顶剪力为

$$V_{A,1} = R_A = -13.96kN(\leftarrow)$$

$$V_{B,1} = R_B = 3.49kN(\rightarrow)$$

（3）撤销附加的不动铰支座

为了撤销附加的不动铰支座,需要在排架的柱顶施加水平集中力 $-R_A$ 和 $-R_B$,如图 3.32(b)所示。因为 A 柱与 B 柱相同,故剪力分配系数 $\eta_A = \eta_B = 0.5$,可得分配到柱顶剪力为

$$V_{A,2} = V_{B,2} = \frac{1}{2}\times(-R_A-R_B) = \frac{1}{2}\times(13.96-3.49) = 5.24kN(\rightarrow)$$

（4）叠加（2）和（3）状态

此时,总的柱顶剪力

$$V_A = V_{A,1}+V_{A,2} = -13.96+5.24 = -8.72kN(\leftarrow)$$

$$V_B = V_{B,1}+V_{B,2} = 3.49+5.24 = 8.73kN(\rightarrow)$$

相应的内力图如图 3.32(d)、(e)所示。

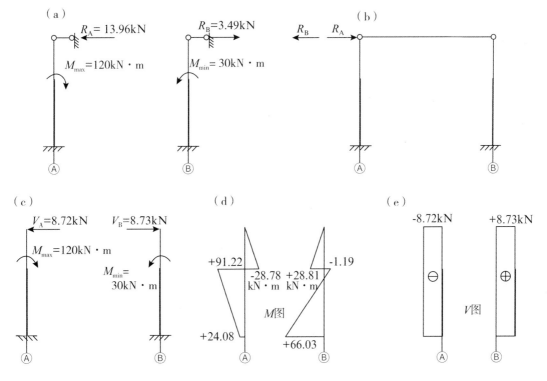

图 3.32　例 3.3 排架内力图

3.2.4 内力组合

1. 控制截面

控制截面是指构件某一区段内对截面配筋起控制作用的那些截面。因此,排架计算应致力于求出控制截面的内力而不是所有截面的内力。

在图 3.33 所示的一般单阶排架柱中,通常上柱各截面配筋是相同的,而在上柱中,上柱底截面 Ⅰ-Ⅰ 内力最大,因此截面 Ⅰ-Ⅰ 为上柱的控制截面。在下柱中,通常各截面配筋也是相同的,而牛腿顶截面 Ⅱ-Ⅱ 和柱底截面 Ⅲ-Ⅲ 的内力较大,因此取截面 Ⅱ-Ⅱ 和 Ⅲ-Ⅲ 为下柱的控制截面。另外,截面 Ⅲ-Ⅲ 的内力值也是设计柱下基础的依据。截面 Ⅰ-Ⅰ 和 Ⅱ-Ⅱ 虽在一处,但截面及内力值却都不同,分别代表上、下柱截面,在设计截面 Ⅱ-Ⅱ 时,不计牛腿对其截面承载力的影响。

如果截面 Ⅱ-Ⅱ 的内力较小,需要的配筋较少,或者当下柱高度较大,下柱的配筋也是可以沿高度变化的。这时应在下部柱的中间再取一个控制截面,以便控制下部柱中纵向钢筋的变化。

2. 内力组合

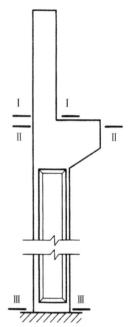

图 3.33 柱的控制截面

构件控制截面的内力有弯矩、剪力和轴力,内力组合要解决的问题是这三种内力如何搭配,才能使截面最不利。立柱是压弯构件,控制内力是弯矩和轴力,因而需组合:

1)$+M_{max}$ 及相应的 N 和 V;

2)$-M_{max}$ 及相应的 N 和 V;

3)N_{max} 及相应的 M 和 V;

4)N_{min} 及相应的 M 和 V。

当柱截面采用对称配筋及对称基础时,第 1)和第 2)种内力组合合并成为一种,即:$+|M_{max}|$ 及相应的 N 和 V。

通常,按上述四种内力组合已能满足设计要求,但在某些情况下,它们可能仍不是最不利的。例如,对大偏心受压的柱截面,偏心距 $e_0 = \dfrac{M}{N}$ 越大(即 M 越大,N 越小)时,配筋量往往越多。因此,有时 M 虽然不是最大值而比最大值略小,而它所对应的 N 若减小很多,那么这组内力所要求的配筋率反而会更大些。

3. 荷载组合

荷载组合要解决的问题是各种荷载如何搭配才能得到最大的内力。例如对于 $+M_{max}$ 及相应的 N 和 V 这一种内力搭配,怎样进行荷载效应的组合,才能得到最大的 $+M_{max}$。

荷载效应的基本组合考虑两种情况:由可变荷载效应控制的组合和由永久荷载效应控制的组合。具体详见《混凝土结构原理》的 3.4.1 小节"承载能力极限状态设计表达式"。其中,可变荷载的组合值系数 ψ_i,对于风荷载取 0.6,对于屋面活荷载、雪荷载及工作级别为 A1~A7 的软钩吊车取 0.7,普通屋面积灰荷载取 0.9,硬钩吊车及工作级别是 A8 的软钩吊车取 0.95,其他详见《荷载规范》。

《荷载规范》规定:对于不上人的屋面均布活荷载,可不与雪荷载和风荷载同时组合。故对于不上人的屋面活荷载,三者可以不同时组合,而只考虑活荷载与风载的组合;也可同时组合。不上人屋面均布活荷载不应与雪荷载同时组合。

4. 内力组合表及注意事项

(1)每次组合以一种内力为目标来决定荷载项的取舍,例如,当考虑第(1)种内力组合时,必须以得到 $+M_{max}$ 为目标,然后得到与它对应的 N、V 值。

(2)每次组合都必须包括恒荷载项。

(3)当取 N_{max} 或 N_{min} 为目标组合时,应使相应的 M 绝对值尽可能地大,因此对于不产生轴向力而产生弯矩的荷载项(风荷载及吊车水平荷载)中的弯矩值也应组合进去。

(4)风荷载项中有左风和右风两种,每次组合只能取其中的一种。

(5)对于吊车荷载应注意两点:

1)注意 D_{max}(或 D_{min})与 T_{max} 间的关系。由于吊车横向水平荷载不可能脱离其竖向荷载而独立存在,因此当取用 T_{max} 所产生的内力时,就应把同跨内 D_{max} 或 D_{min} 产生的内力组合进去,即"有 T 必有 D"。另一方面,吊车竖向荷载却可以脱离吊车横向水平而单独存在,即"有 D 不一定有 T",但是考虑到 T_{max} 既可以向左也可以向右的特性,如果取用了 D_{max} 或 D_{min} 产生的内力,总是要同时取用 T_{max} 才能得到最不利的内力。因此荷载组合时,要遵守"有 T 必有 D,有 D 也应该有 T"的原则。

2)注意取用的吊车荷载项目数。在一般情况下,内力组合时计算的吊车荷载都是表示一个跨度内两台吊车的内力(已乘两台吊车时的吊车荷载折减系数 β)。对于 T_{max},不论单跨还是多跨排架,都只能取用一项。对于吊车的竖向荷载,单跨时在 D_{max}、D_{min} 中两者取一,多跨时取一项或者取两项(在不同跨内各取一项);当取两项时,吊车荷载折减系数 β 应改为四台吊车的值。

(6)由于柱底水平剪力对基础底面将产生弯矩,其影响不能忽略,故在组合截面 Ⅲ-Ⅲ 的内力时,要把相应的水平剪力值求出。

(7)在确定基础尺寸时,应采用内力的标准值,所以对柱底截面 Ⅲ-Ⅲ 还需计算出内力的标准组合值。

3.2.5　考虑厂房整体空间作用的计算

图 3.34 给出了单层厂房在柱顶水平荷载作用下,由于结构或荷载情况的不同所产生的四种柱顶水平位移示意图。在图 3.34(a)中,各排架水平位移相同,互不牵制,因此它实际上与没有纵向构件连系的排架相同,都属于平面排架;在图 3.34(b)中,由于两端有山墙,其侧移刚度很大,水平位移很小,对其他排架有不同程度的约束作用,故柱顶水平位移呈曲线,u_b

$<u_a$。图 3.34(c)中,没有直接承受荷载的排架因受到直接承载排架的牵动也将产生水平位移;图 3.34(d)中,由于山墙,各排架的水平位移都比情况(c)的小,$u_d<u_c$。可见,在后三种情况下,各个排架或山墙之间相互关联的整体作用称为厂房的整体空间作用。产生单层厂房整体空间作用的条件有两个,一是各横向排架(山墙可以理解为广义的横向排架)之间需有纵向构件将它们联系起来,二是各横向排架彼此的情况不同,或者结构不同或者是承受的荷载不同。由此可以理解到,无檩屋盖比有檩屋盖、局部荷载比均布荷载的厂房的整体空间作用大些。由于山墙的抗侧刚度大,对与它相邻的一些排架水平位移的约束亦大,故在厂房整体空间作用中起着相当大的作用。

对于单层厂房整体空间作用的研究,国内外已有不少成果。目前我国规范采用的是"空间体系"理论。由于在相同情况下,局部荷载产生的空间作用比较显著,均布荷载的空间作用较少且还有待于积累更多经验,故我国规范规定,只在吊车荷载作用下才考虑厂房的整体空间作用。

关于吊车荷载下的厂房整体空间作用,其大小取决于空间作用分配系数 μ。μ 由考虑与未考虑空间作用的柱顶水平位移比值决定,因此 $\mu<1$;μ 越小,空间作用越大。$\mu=1$ 时,表示不考虑空间作用。

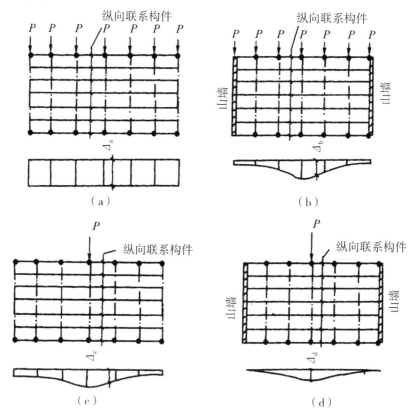

图 3.34　柱顶水平位移的比较

3.2.6 排架的水平位移验算

下节将讲到,在一般情况下,当矩形、工字形截面尺寸满足表 3.2 的要求时,就可以认为排架的抗侧刚度已经得到保证,不必验算它的水平位移值。但在某些情况下,例如吊车吨位较大,为安全起见,尚需对水平位移进行验算。显然,最有实际意义的是验算吊车梁顶与柱连接点 K 的水平位移值。这时,考虑正常的使用情况,即按一台最大吊车的横向水平荷载作用在 K 点时验算 K 点的水平位移值 u_k,见图 3.35。

在计算水平位移限制时,可取柱截面抗弯刚度

$$B = 0.85 E_c I_0$$

式中:I_0——按弹性模量比 E_s/E_c 把钢筋换算成混凝土后的换算截面惯性矩。

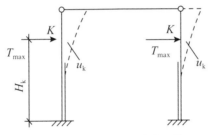

图 3.35 排架水平位移的验算

3.3 单层厂房柱

3.3.1 柱的形式

单层厂房柱的形式很多,有矩形柱、工字形柱、双肢柱等,如图 3.36 所示。矩形柱的混凝土用量多,但外形简单,施工方便,抗震性能好,是目前用得最普遍的。

参照大量的设计经验,目前一般的柱截面高度 h 在 800mm 以下时,可考虑矩形;h 在 600~1500mm 时,可考虑采用工字形;h 在 1300mm 以上时,可考虑双肢柱。

3.3.2 矩形柱的设计

柱的设计内容一般为:确定柱截面尺寸,根据各控制截面的最不利内力组合进行截面设计;施工阶段的承载力和裂缝宽度验算;当有吊车时,还需进行牛腿设计;屋架、吊车梁、柱间支撑等构件的连接构造;绘制施工图等。

(1)截面尺寸

柱的截面尺寸应满足承载力和刚度的要求。柱具有足够的刚度是防止厂房变形过大,导致吊车轮和轨道的过早磨损或墙和屋盖产生裂缝,影响厂房的正常使用。根据刚度要求,对于 6m 柱距的厂房柱截面尺寸,可参考表 3.2。

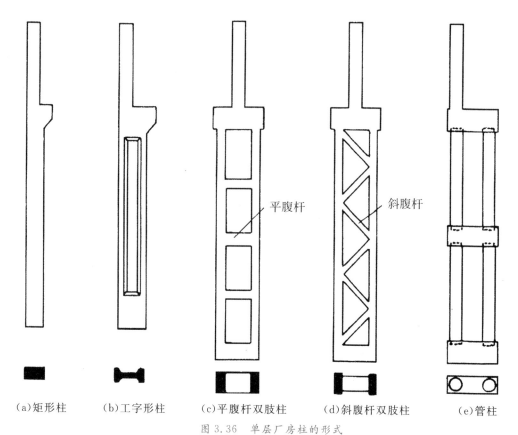

| | (a)矩形柱 | (b)工字形柱 | (c)平腹杆双肢柱 | (d)斜腹杆双肢柱 | (e)管柱 |

图 3.36 单层厂房柱的形式

表 3.2 6m 柱距实腹柱截面尺寸参考表

项目	简图	分项		截面高度 h	截面宽度 b
无吊车厂房	H	单跨		$\geqslant H/18$	$\geqslant H/30$，并 $\geqslant 300\text{mm}$
		多跨		$\geqslant H/20$	
有吊车厂房	H_k	$Q\leqslant 10\text{t}$		$\geqslant H_k/14$	$\geqslant H_l/20$，并 $\geqslant 400\text{mm}$
		$Q=15\sim 20\text{t}$	$H_k\leqslant 10\text{m}$	$\geqslant H_k/11$	
			$10\text{m}<H_k\leqslant 12\text{m}$	$H_k/12$	
		$Q=30\text{t}$	$H_k\leqslant 10\text{m}$	$\geqslant H_k/9$	
			$H_k>12\text{m}$	$H_k/10$	
		$Q=50\text{t}$	$H_k\leqslant 11\text{m}$	$\geqslant H_k/9$	
			$H_k>13\text{m}$	$H_k/11$	
		$Q=75\sim 100\text{t}$	$H_k\leqslant 11\text{m}$	$\geqslant H_k/9$	
			$H_k\geqslant 14\text{m}$	$H_k/8$	

续表

项目	简图	分项		截面高度 h	截面宽度 b
露天栈桥		$Q \leqslant 10t$		$H_k/10$	$\geqslant H_l/25$，并 $\geqslant 500mm$ 管柱 $r \geqslant H_l/70$ 并 $D \geqslant 400mm$
		$Q = 15 \sim 30t$	$H_k \leqslant 12m$	$H_k/9$	
		$Q = 50t$	$H_k \leqslant 12m$	$H_k/8$	

注:1)表中 Q 为吊车起重质量，H 为基础顶至柱顶的总高度，H_k 为基础顶至吊车梁顶的高度，H_l 为基础顶至吊车梁底的高度；

2)表中有吊车厂房的柱截面高度系按吊车工作级别为 A6～A8 考虑的，如吊车工作级别为 A1～A5，应乘以系数 0.95；

3)当厂房柱距为 12m 时，柱的截面尺寸宜乘以 1.1。

（2）截面设计

根据排架计算求得的控制截面最不利的内力组合 M 和 N，按偏心受压构件进行截面计算。对于刚性屋盖的单层厂房排架柱、露天吊车柱和栈桥柱，其计算长度 l_0 可按表 3.3 取用。

表 3.3　刚性屋盖单层厂房排架柱、露天吊车柱和栈桥柱的计算长度

柱的类别		l_0		
		排架方向	垂直排架方向	
			有柱间支撑	无柱间支撑
无吊车房屋柱	单跨	$1.5H$	$1.0H$	$1.2H$
	两跨及多跨	$1.25H$	$1.0H$	$1.2H$
有吊车房屋柱	上柱	$2.0H_u$	$1.25H_u$	$1.5H_u$
	下柱	$1.0H_l$	$0.8H_l$	$1.0H_l$
露天吊车柱和栈桥柱		$2.0H_l$	$1.0H_l$	—

注:1)表中为 H 基础顶面算起的柱子全高；H_l 为从基础顶面至装配式吊车梁底面或现浇式吊车梁顶面的柱子下部高度；H_u 为从装配式吊车梁底面或从现浇式吊车梁顶面算起的柱子上部高度；

2)表中有吊车房屋排架柱的计算长度，当计算中不考虑吊车荷载时，可按无吊车房屋柱的计算长度采用，但上柱计算长度仍可按有吊车房屋采用；

3)表中有吊车房屋排架柱的上柱在排架方向的计算长度，仅适用于 H_u/H_l 不小于 0.3 的情况；当 H_u/H_l 小于 0.3 时，计算长度宜采用 $2.5H_u$。

（3）裂缝验算要求

《设计规范》规定，对于 $e_0/h_0 \leqslant 0.55$ 的偏心受压构件，可不验算裂缝宽度。排架柱是偏心受压构件，当 $e_0/h_0 > 0.55$ 时，应进行裂缝宽度验算，这时应采用荷载准永久组合。具体详见《混凝土结构原理》。

（4）构造要求

单层厂房柱的配筋及布置应满足柱的构造要求，具体详见《混凝土结构原理》。

（5）施工阶段验算

预制柱考虑翻身起吊或平卧起吊，按图 3.37 中的 1-1、2-2、3-3 截面，根据运输、吊装时

混凝土的实际强度,分别进行承载力和裂缝宽度验算。验算时,注意下列问题:

1)柱身自重应乘以动力系数 1.5,柱自身的重力荷载分项系数取 1.35。

2)因吊装验算系临时性,故构件安全等级可较使用阶段的安全等级降低一级。

3)柱的混凝土强度一般按设计强度的 70% 考虑,当吊装验算要求会高于设计强度值的 70% 时,应在施工图上注明。

4)一般宜采用单点绑扎起吊,吊点设在牛腿下部处。当需要多点起吊时,吊装方法应与施工单位协商并进行相应的验算。

5)当柱变阶处截面吊装验算配筋不足时,可在该局部区段加配短钢筋。

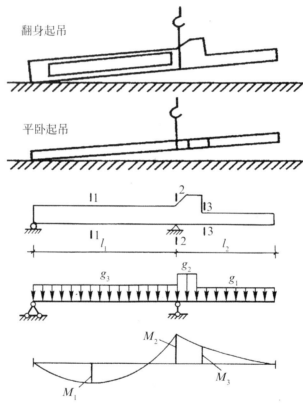

图 3.37　柱吊装验算简图

3.3.3　牛腿

牛腿是支承梁等水平构件的重要部件。根据牛腿竖向力 F_v 的作用点至下柱边缘的水平距离 a 的大小,可以把牛腿分为两类:当 $a \leqslant h_0$ 时为短牛腿,当 $a > h_0$ 时为长牛腿。此处,h_0 为牛腿与下柱交接处的牛腿竖直截面有效高度,如图 3.38 所示。长牛腿的受力特点与悬臂梁相似,可按悬臂梁设计;短牛腿的受力性能与普通悬臂梁不同,其实质是一变截面深梁。下面介绍短牛腿的设计方法。

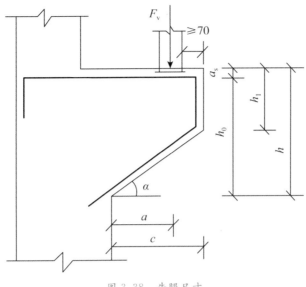

图 3.38　牛腿尺寸

1. 实验研究结果

(1)弹性阶段应力分布

图 3.39 是对 $a/h_0=0.5$ 的环氧树脂牛腿模型进行光弹性实验得到的主应力迹线示意图。

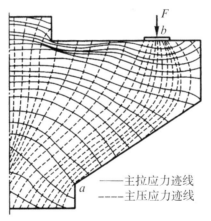

图 3.39　牛腿光弹性实验结果示意图

由图可见,在牛腿上部,主拉应力迹线基本上与牛腿上边缘平行,牛腿上表面的拉应力沿长度方向并不随弯矩的减小而减小,而是比较均匀。牛腿下部的主压应力迹线大致与加载点到牛腿下部转角的连线 ab 相平行。牛腿中下部的主拉应力迹线是倾斜的,因而该部位出现的裂缝将是倾斜的。

(2)裂缝的出现与开展

钢筋混凝土牛腿在竖向力作用下裂缝的出现和发展,如图 3.40 所示。当荷载加载到破坏荷载的 20%～40% 时,首先出现竖向裂缝①,但其开展很小,对牛腿的受力性能影响不大;当荷载继续加大至破坏荷载的 40%～60% 时,在加载板内侧附近出现第一条斜裂缝②;此后,随着荷载的增加,除这条斜裂缝不断发展及可能出现一些微小的裂缝外,几乎不再出现另外的斜裂缝;直到破坏荷载的80%左右,突然出现第二条斜裂缝③,预示牛腿即将破坏。在牛腿使用过程中,所谓不允许出现斜裂缝是指斜裂缝②,它是确定牛腿截面尺寸的主要依据。

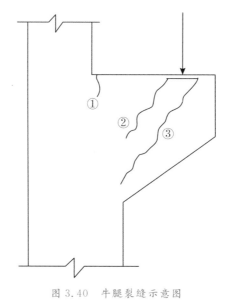

图 3.40　牛腿裂缝示意图

（3）破坏形态

牛腿的破坏形态与 a/h_0 的值有很大关系,主要有以下三种破坏形态:弯曲破坏、剪切破坏和局部受压破坏。

当 $a/h_0 > 0.75$ 和纵向受力钢筋配筋率较低时,一般发生弯曲破坏。其特征是当出现裂缝②后,随荷载增加,该裂缝不断向受压区延伸,水平纵向钢筋应力也随之增大并逐渐达到屈服强度,这时②外侧部分绕牛腿下部与柱的交接点转动,致使受压区混凝土压碎而引起破坏,如图3.41(a)所示。

剪切破坏分直接剪切破坏和斜压破坏。直剪破坏是当 a/h_0 值很小($\leqslant 0.1$)或 a/h_0 值虽较大但边缘高度 h_1 较小时,可能发生沿加载板内侧接近竖直截面的剪切破坏。其特征是在牛腿与下柱交接面上出现一系列短斜裂缝,最后牛腿沿此裂缝从柱上切下而破坏,如图3.41(b)所示。这时牛腿内纵向钢筋应力较低。

斜压破坏大多发生在 $a/h_0 = 0.1 \sim 0.75$ 的范围内,其特征是首先出现斜裂缝②,加载至极限荷载的70%~80%时,在这条斜裂缝外侧整个压杆范围内出现大量短小斜裂缝,最后压杆内混凝土剥落崩出,牛腿即告破坏,如图3.41(c)所示。有时在出现斜裂缝②后,随着荷载的增大,突然在加载板内侧出现一条通长斜裂缝③,然后牛腿沿此裂缝迅速破坏,如图3.41(d)所示。

当垫板过小或混凝土强度过低时,由于很大的局部压应力而导致垫板下混凝土局部压碎破坏,如图3.41(e)所示。

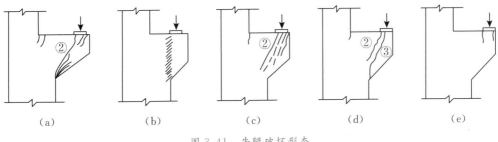

（a）　　　　（b）　　　　（c）　　　　（d）　　　　（e）

图 3.41　牛腿破坏形态

2.截面设计

以上的各种破坏形态,设计中是通过不同的途径解决的。其中,按计算确定纵向钢筋面积针对弯曲破坏;通过局部受压承载力计算避免发生垫板下混凝土的局部受压破坏;通过斜截面抗裂计算,以及按构造配置箍筋和弯起钢筋避免发生牛腿的剪切破坏。

牛腿设计内容包括确定牛腿截面尺寸、配筋计算和构造要求。

（1）截面尺寸的确定

牛腿的截面宽度取与柱同宽;长度由吊车梁的位置、吊车梁在支撑处的宽度及吊车梁外边缘至牛腿外边缘距离等构造要求确定;高度由斜截面抗裂控制,要求满足

$$F_{vk} \leqslant \beta_{cr}\left(1-0.5\frac{F_{hk}}{F_{vk}}\right)\frac{f_{tk}bh_0}{0.5+\dfrac{a}{h_0}} \tag{3.10}$$

式中:F_{vk}——作用于牛腿顶部的竖向力标准组合值;

F_{hk}——作用于牛腿顶部的水平拉力标准组合值;

f_{tk}——混凝土抗拉强度标准值;

β_{cr}——裂缝控制系数:对支撑吊车梁的牛腿,取 $\beta_{cr}=0.65$,其他牛腿,取 $\beta_{cr}=0.8$;

a——竖向力作用点至下柱边缘的水平距离,应考虑安装偏差 20mm,当 $a<0$ 时取 $a=0$;

b——牛腿宽度;

h_0——牛腿截面有效高度,取 $h_0=h_1-a_s+c\times\tan\alpha$,当 $\alpha>45°$ 时,取 $\alpha=45°$,参见图 3.38。

式（3.10）中的 $\left(1-0.5\dfrac{F_{hk}}{F_{vk}}\right)$ 是考虑在水平拉力 F_{hk} 同时作用下对牛腿抗裂度的不利影响;系数 β_{cr} 考虑了不同使用条件对牛腿抗裂度的要求,当取 $\beta_{cr}=0.65$ 时,可使牛腿在正常使用条件下,基本上不出现斜裂缝,当取 $\beta_{cr}=0.8$ 时,可使多数牛腿在正常使用条件下不出现斜裂缝,有的仅出现细微裂缝。

根据试验结果,牛腿的纵向钢筋对斜裂缝出现基本没有影响,弯筋对限制斜裂缝展开有重要作用,但对斜裂缝出现也无明显影响。因此,式（3.10）中未引入与纵向钢筋和弯筋的有关参数。

牛腿外边缘高度不应太小,否则,当 a/h_0 较大而竖向力靠近外边缘时,将会造成斜裂缝不能向下发展到与柱相交,而发生沿加载板内侧边缘的近似垂直截面的剪切破坏。因此,我

国规范规定，h_1 不应小于 $h/3$，且不小于 200mm。

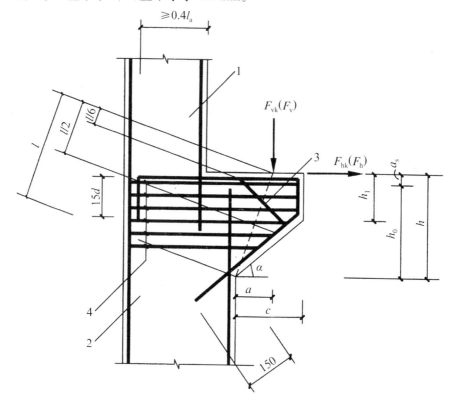

1—上柱；2—下柱；3—弯起钢筋；4—水平箍筋

图 3.42　牛腿尺寸及其配筋

牛腿底面倾斜角 α 不应大于 $45°$（一般取 $45°$），以防止斜裂缝出现后可能引起底面与下柱相交处产生严重的应力集中。

为了防止牛腿顶面垫板下的混凝土局部受压破坏，垫板尺寸应满足下式要求：

$$F_{vk} \leqslant 0.75 f_c A \tag{3.11}$$

式中：A——牛腿支承面上的局部受压面积。

若不满足上式，应采取加大受压面积、提高混凝土强度或设置钢筋网等有效措施。

（2）截面配筋计算

1）计算简图

试验结果指出，在荷载作用下，牛腿中纵向钢筋受拉，在斜裂缝②外侧有一个不宽的压力带；在整个压力带内，斜压力 D 分布比较均匀，如同桁架中的压杆，如图 3.43（a）所示。破坏时混凝土应力可达其抗压强度 f_c，见图 3.43（b）。由于上述受力特点，计算时，可将牛腿简化为一个以纵向钢筋为拉杆和混凝土斜撑为压杆的三角形桁架，其计算简图如图 3.43（c）所示。当竖向力和作用在牛腿顶面的水平拉力共同作用时，其计算简图如图 3.43（d）所示。

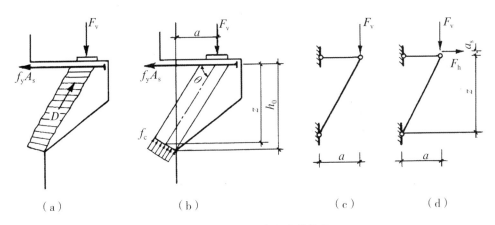

图 3.43　牛腿承载力计算简图

2）纵向受拉钢筋的计算和构造

由图 3.43（d），取力矩平衡条件，可得

$$f_y A_s z = F_v a + F_h(z + a_s) \tag{3.12}$$

若近似值 $z = 0.85 h_0$，则得

$$A_s = \frac{F_v a}{0.85 f_y h_0} + \left(1 + \frac{a_s}{0.85 h_0}\right) \frac{F_h}{f_y} \tag{3.13}$$

式（3.13）中 $a_s / (0.85 h_0)$ 可近似取 0.2，则得

$$A_s = \frac{F_v a}{0.85 f_y h_0} + 1.2 \frac{F_h}{f_y} \tag{3.14}$$

式中：F_v——作用在牛腿顶部的竖向力设计值；

F_h——作用在牛腿顶部的水平拉力设计值；

a——竖向力至下柱边缘的距离，当 $a < 0.3 h_0$ 时，取 $a = 0.3 h_0$。

可见，位于牛腿顶面的水平纵向受拉钢筋由两部分组成：①承受竖向力的抗弯钢筋；②承受水平拉力的抗拉锚筋。

（3）配筋及构造要求

沿牛腿顶部配置的纵向受力钢筋宜采用 HRB400 级或 HRB500 级热轧带肋钢筋。全部纵向受力钢筋及弯起钢筋的一端宜沿牛腿外边缘向下伸入下柱内 150mm 后截断。另一端在柱内应有足够的锚固长度（按梁的上部钢筋的有关规定），以免钢筋未达强度设计值前就被拔出而降低牛腿的承载能力。

承受竖向力所需的水平纵向受拉钢筋的配筋率（按全截面计算）不应小于 0.2% 及 $0.45 f_t / f_y$，也不宜大于 0.6%，且不宜少于 4 根直径 12mm 的钢筋。

当牛腿设于上柱柱顶时，宜将牛腿对边的柱外侧纵向受力钢筋沿柱顶水平弯入牛腿，作为牛腿纵向受拉钢筋使用。当牛腿顶面纵向受拉钢筋与牛腿对边的柱外侧纵向钢筋分开配置时，牛腿顶面纵向受拉钢筋应弯入柱外侧，并符合相关钢筋搭接规定。柱顶牛腿配筋构造如图 3.44 所示。

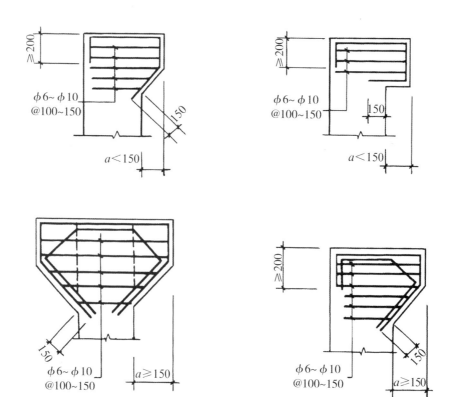

图 3.44　柱顶牛腿的配筋构造

由于式(3.12)的斜裂缝控制条件比斜截面受剪承载力条件严格,所以满足了式(3.12),就不要求进行牛腿的斜截面受剪承载力计算,但应按构造要求设置水平箍筋和弯起钢筋。我国规范规定:水平箍筋直径宜为 6～12mm,间距宜为 100～150mm;在上部 $2h_0/3$ 范围内的箍筋总截面面积不宜小于承受竖向力的受拉钢筋截面面积的 1/2。

实验表明,弯起钢筋虽然对牛腿抗裂的影响不大,但对限制斜裂缝展开的效果较显著。实验还表明,当剪跨比 $a/h_0 \geqslant 0.3$ 时,弯起钢筋可提高牛腿的承载力 10%～30%,剪跨比较小时,牛腿内的弯起钢筋不能充分发挥作用。故我国规范规定:当牛腿的剪跨不小于 0.3 时,宜设置弯起钢筋。弯起钢筋宜采用 HRB400 级或 HRB500 级热轧带肋钢筋,并宜使其与集中荷载作用点到牛腿斜边下端点连线的交点位于牛腿上部 $l/6$～$l/2$ 的范围内(l 是该连线的长度),如图 3.42 所示。弯起钢筋截面面积不宜小于承受竖向力的受拉钢筋截面面积的 1/2,且不宜少于 2 根直径 12mm 的钢筋。

由于水平纵向受拉钢筋的应力沿牛腿上部受拉边全长基本相同,因此不得将其下弯兼做弯起钢筋。

3.4　柱下独立基础

3.4.1　柱下独立基础的形式

柱的基础是单层厂房中的重要受力构件,上部结构传来的荷载都是通过基础传至地基的。按受力形式,柱下独立基础有轴心受压和偏心受压两种,在单层厂房中,柱下独立基础一般是偏心受压的。按施工方法,柱下独立基础可以分为预制柱下独立基础和现浇柱下基础两种。

单层厂房柱下独立基础的常用形式是扩展基础,有阶梯形和锥形两类,如图 3.45 所示。预制柱下基础因与预制柱连接的部分做成杯口,故又称为杯形基础。

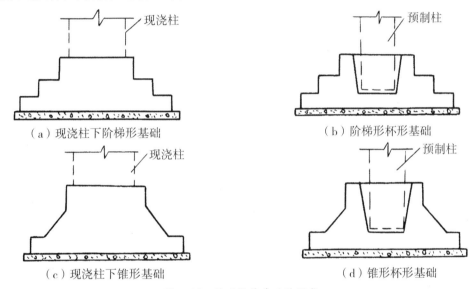

（a）现浇柱下阶梯形基础　　　　　　（b）阶梯形杯形基础

（c）现浇柱下锥形基础　　　　　　　（d）锥形杯形基础

图 3.45　柱下扩展基础的形式

3.4.2　柱下扩展基础的设计

柱下扩展基础的设计内容主要为:确定基础底面尺寸;确定基础高度和变阶处的高度;计算板底钢筋;构造处理及绘制施工图等。

1.确定基础底面尺寸

基础底面尺寸是根据地基承载力条件和地基变形条件确定的。由于柱下扩展基础的底面积不太大,故假定基础是绝对刚性且地基土反力为线性分布。

（1）轴心受压柱下基础

轴心受压时,假定基础底面的压力为均匀分布,如图 3.46 所示。设计时应满足下式要求:

$$p_k = \frac{N_k + G_k}{A} \leqslant f_a \tag{3.15}$$

式中：N_k——相应于荷载效应标准组合时，上部结构传至基础顶面的竖向力值；

G_k——基础及基础上方土的重力标准值；

A——基础底面面积；

f_a——经过深度和宽度修正后的地基承载力特征值。

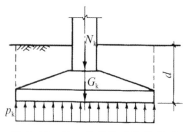

图 3.46　轴心受压基础计算简图

设 d 为基础埋置深度，并设基础及其上土的重力密度的平均值为 γ_m（可近似取 $\gamma_m = 20kN/m^3$），则 $G_k \approx \gamma_m dA$，代入式(3.15)可得

$$A \geqslant \frac{N_k}{f_a - \gamma_m d} \tag{3.16}$$

设计时先按式(3.16)算得 A，再选定基础底面积的一个边长 b，即可求得另一边长 $l = A/b$，当采用正方形时，$b = l = \sqrt{A}$。

(2)偏心受压柱下基础

当偏心荷载作用下基础底面全截面受压时，假定基础底面的压力按线性非均匀分布，如图 3.47 所示。

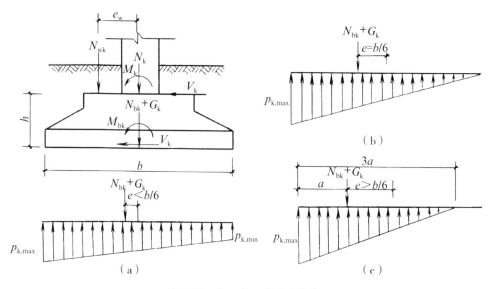

图 3.47　偏心受压基础计算简图

这时基础底面边缘的最大和最小压力可按下式计算：

$$\begin{matrix} p_{k,max} \\ p_{k,min} \end{matrix} = \frac{N_{bk}+G_k}{A} \pm \frac{M_{bk}}{W} \tag{3.17}$$

式中：M_{bk}——作用于基础底面的力矩标准组合值，$M_{bk}=M_k+N_{wk}e_w$；

$\quad\quad N_{bk}$——由柱和基础梁传至基础底面的轴向力标准组合值，$N_{bk}=N_k+N_{wk}$；

$\quad\quad N_{wk}$——基础梁传来的竖向力标准值；

$\quad\quad e_w$——基础梁中心线至基础底面形心的距离；

$\quad\quad W$——基础底面面积的抵抗矩，$W=lb^2/6$；

令 $e=M_{bk}/(N_{bk}+G_k)$，并将 $W=lb^2/6$ 代入上式可得

$$\begin{matrix} p_{k,max} \\ p_{k,min} \end{matrix} = \frac{N_{bk}+G_k}{bl}\left(1\pm\frac{6e}{b}\right) \tag{3.18}$$

由式（3.18）可知，当 $e<b/6$ 时，$p_{min}>0$，这时地基反力图形为梯形，如图 3.47（a）所示；当 $e=b/6$ 时，$p_{min}=0$，地基反力图形为三角形，如图 3.47（b）所示；当 $e>b/6$ 时，$p_{min}<0$，如图3.47（c）所示。这说明基础底面积的一部分将产生拉应力，但由于基础和地基的接触面是不可能受拉的，因此这部分基础底面与地基之间是脱离的，亦即这时承受地基反力的基础底面积不是 bl 而是 $3al$，因此此时 p_{max} 不能按式（3.18）计算，而应按下式计算：

$$p_{k,max}=\frac{2(N_{bk}+G_k)}{3al} \tag{3.19a}$$

$$a=\frac{b}{2}-e \tag{3.19b}$$

式中：a——合力（$N_{bk}+G_k$）作用点至基础底面最大受压边缘的距离；

$\quad\quad l$——垂直于力矩作用方向的基础底面边长。

在确定偏心受压柱下基础底面尺寸时，应符合下列要求：

$$p_k=\frac{p_{k,max}+p_{k,min}}{2}\leqslant f_a \tag{3.20}$$

$$p_{k,max}\leqslant 1.2f_a \tag{3.21}$$

上式中将地基承载力特征值提高 20% 的原因，是因为 $p_{k,max}$ 只在基础边缘的局部范围内出现，而 $p_{k,max}$ 中的大部分是由活荷载而不是恒荷载产生的。

确定偏心受压基础底面尺寸一般采用试算法：先按轴心受压基础所需的底面积增大20%～40%，初步选定长、短边尺寸，然后验算是否符合式（3.20）、（3.21）的要求。如不符合，则需另外假定尺寸重算，直至满足。

2.确定基础高度

基础高度应满足两个条件：①构造要求；②满足柱与基础交接处混凝土受冲切或受剪承载力的要求（对于阶梯形基础还应按相同原则对变阶处的高度进行验算）。

试验结果表明，当基础高度（或变阶处高度）不够时，柱传给基础的荷载将使基础发生如图 3.48 所示的冲切破坏；当基础底面短边尺寸小于或等于柱宽加两倍基础有效高度的柱下独立基础时，可能发生剪切破坏。

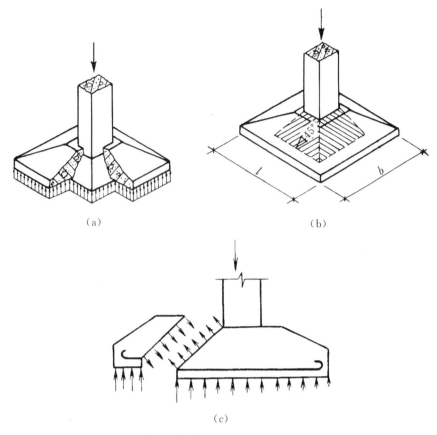

图 3.48　基础冲切破坏示意图

（1）柱下独立基础的受冲切承载力

《建筑地基基础设计规范》（GB 50007—2011）规定，柱下独立基础，在柱与基础交接处以及基础变阶处受冲切承载力可按下式计算：

$$F_l \leqslant 0.7\beta_{hp} f_t a_m h_0 \tag{3.22}$$

$$F_l = p_s A_l \tag{3.23}$$

$$a_m = \frac{a_t + a_b}{2} \tag{3.24}$$

式中：β_{hp}——受冲切承载力截面高度影响系数，当 h 不大于 800mm 时，β_{hp} 取 1.0；当 h 大于或等于 2000mm 时，β_{hp} 取 0.9，其间按线性内插法取用；

f_t——混凝土轴心抗拉强度设计值（kPa）；

h_0——基础冲切破坏锥体的有效高度（m）；

a_m——冲切破坏锥体最不利一侧斜截面的计算长度（m）；

a_t——冲切破坏锥体最不利一侧斜截面的上边长；当计算柱与基础交接处的受冲切承载力时，取柱宽，当计算基础变阶处的受冲切承载力时，取上阶宽；

a_b——冲切破坏锥体最不利一侧斜截面在基础底面积范围内的下边长（m），当冲切破坏锥体的底面落在基础底面以内，如图 3.49（a）、（b），计算柱与基础交接处的冲切承载力时，取

柱宽加两倍基础有效高度;当计算基础变阶处的受冲切承载力时,取上阶宽加两倍该处的基础有效宽度;

p_s——扣除基础自重及其上土重后相应于作用的基本组合时的地基土单位面积净反力(kPa),对偏心受压基础可取基础边缘最大地基土单位面积净反力;

A_l——冲切验算时取用的部分基地面积(m^2),如图 3.49 中的 $ABCDEF$;

F_l——相应于作用的基本组合时作用在 A_l 上的地基土净反力设计值(kPa)。

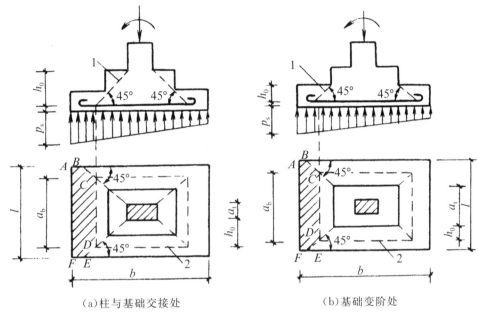

(a)柱与基础交接处　　　　　　　(b)基础变阶处

1—冲切破坏锥体最不利一侧的斜截面;2—冲切破坏锥体的底面线

图 3.49　计算阶形基础的受冲切承载力截面位置

(2)柱下独立基础的受剪切承载力

当基础底面短边尺寸小于或等于柱宽加两倍基础有效高度时,应按下列公式验算柱与基础交接处截面受剪承载力:

$$V_s \leqslant 0.7\beta_{hs} f_t A_0 \tag{3.25}$$

$$\beta_{hs} = (800/h_0)^{1/4} \tag{3.26}$$

式中:V_s——相应于作用的基本组合时,柱与基础相交接处的剪力设计值(kN),为图 3.50 中 $ABCD$ 阴影部分乘以基地平均净反力;

β_{hp}——受剪切承载力高度影响系数,当 $h < 800\text{mm}$ 时,取 $\beta_{hp} = 1.0$;当 $h > 2000\text{mm}$ 时,取 $\beta_{hp} = 0.9$;

A_0——验算截面处基础的有效截面面积(m^2)。当验算截面为阶形或锥形时,可将其截面折算成矩形截面,截面的折算宽度和截面的有效高度按附录 D 计算。

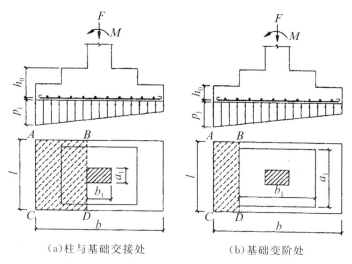

（a）柱与基础交接处　　　　（b）基础变阶处

图 3.50　验算阶形基础受剪切承载力示意图

设计时，一般是根据构造要求先假定基础高度，然后按式（3.22）及式（3.25）验算。当基础底面落在 45°线（即冲切破坏锥体）以内时，可不进行受冲切及受剪验算。

3.计算板底受力钢筋

在计算基础底板受力钢筋时，由于地基土反力的合力与基础及其上方土的自重力相抵消，不对配置受力钢筋产生影响，因此这时地基土的反力中不应计入基础及其上方土的重力，而采用地基净反力设计值 p_s 来计算钢筋。

基础底板在地基净反力设计值作用下，在两个方向都将产生向上的弯曲，因此需在底板两个方向都配置受力钢筋。配筋计算的控制截面一般取在柱与基础交接处或变阶处。计算弯矩时，把基础视作固定在柱周边或变阶处的四面挑出的倒置悬臂板，如图 3.51 所示。

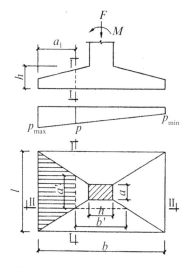

图 3.51　矩形基础底板计算示意

在轴心荷载或单向偏心荷载作用下，当台阶的宽高比不小于或等于 2.5 且偏心距小于等于 1/6 基础宽度时，柱下矩形独立基础任意截面的底板弯矩可按下列方法进行计算：

$$M_{\text{I}} = \frac{1}{12}a_1^2\big[(2l+a')(p_{s,\max}+p_{s,1})+(p_{s,\max}-p_{s,1})l\big] \tag{3.27a}$$

$$M_{\text{II}} = \frac{1}{48}(l-a')^2(2b+b')(p_{s,\max}+p_{s,\min}) \tag{3.27b}$$

式中：M_{I}、M_{II}——相应于作用的基本组合时，任意截面I-I、II-II处的弯矩设计值（kN·m）；

a_1——任意截面 I-I 至基底边缘最大反力处的距离（m）；

l、b——基础底面的边长（m）；

$p_{s,\max}$、$p_{s,\min}$——相应于作用的基本组合时的基础底面边缘最大和最小的地基净反力设计值（kPa）；

$p_{s,1}$——相应于作用的基本组合时在任意截面 I-I 处基础底面地基净反力设计值（kPa）。

为了简化计算，一般沿 b 方向的受拉钢筋截面面积 A_{s1} 可近似按下式计算：

$$A_{s\text{I}} = \frac{M_{\text{I}}}{0.9f_yh_{0\text{I}}} \tag{3.28}$$

式中：$h_{0\text{I}}$——截面 I-I 的有效高度，$h_{0\text{I}}=h-a_{s\text{I}}$，当基础下有混凝土垫层时，取 $a_{s\text{I}}=45$mm，无混凝土垫层时，取 $a_{s\text{I}}=75$mm。

沿短边方向的钢筋一般置于沿长边钢筋的上面，如果两个方向的钢筋直径均为 d，则截面 II-II 的有效高度为 $h_{\text{II}}=h_{0\text{I}}-d$，于是，沿短边 l 方向的受拉钢筋为

$$A_{s\text{II}} = \frac{M_{\text{II}}}{0.9f_y(h_{0\text{I}}-d)} \tag{3.29}$$

对同一方向应取各截面（柱边、变阶处）中配筋最大者配筋。

请注意两点：①确定基础底面尺寸时，为了与地基承载力特征值 f_a 相匹配，应采用内力标准值，而在确定基础高度和配置钢筋时，应按基础自身承载能力极限状态的要求确定，采用内力的设计值；②在确定基础高度和配筋计算时，不应计入基础自身重力及其上方土的重力，即采用地基净反力设计值 p_s。

4.构造要求

轴心受压基础一般做成方形；偏心受压基础一般做成矩形，通常 $b/l\le2$，最大不超过 3；锥形基础的边缘高度不宜小于 200mm，且两个方向的坡度不宜大于 1：3。阶梯形基础的每阶高度，宜为 300～500mm。

扩展基础的混凝土强度不应低于 C20，其受力钢筋最小配筋率不应小于 0.15％，板底受力钢筋的最小直径不应小于 10mm，间距不应大于 200mm，也不应小于 100mm。基础下面通常做混凝土垫层，其厚度不宜小于 70mm，通常采用 100mm，其强度等级不宜低于 C10。当有垫层时，钢筋保护层的厚度不应小于 40mm；无垫层时不应小于 70mm。

当扩展基础的边长大于或等于 2.5m 时，板底受力钢筋的长度可取边长的 0.9 倍，并宜交错布置，如图 3.52 所示。

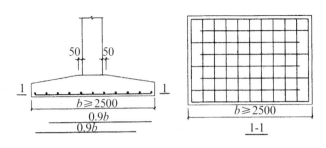

图 3.52　柱下独立基础板底受力钢筋布置

当预制柱的截面为矩形及工字形时,柱基础采用单杯口形式;当为双肢柱时,可采用双杯口,也可采用单杯口形式。杯口构件如图 3.53 所示。

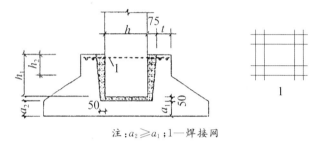

注:$a_2 \geqslant a_1$;1—焊接网

图 3.53　预制钢筋混凝土柱与杯口基础的连接示意图

预制柱插入基础杯口应有足够的深度,使柱可靠地嵌固在基础中,插入深度 h_1 应满足表 3.4 的要求,同时 h_1 还应满足柱纵向受力钢筋锚固长度的要求和柱吊装时稳定性的要求,即应使 $h_1 \geqslant 0.05$ 倍柱长(指吊装时的柱长)。

基础的杯底厚度和杯壁厚度,可按表 3.5 选用。

表 3.4　柱的插入深度 h_1

（单位:mm）

矩形或工字形柱				双肢柱
$h < 500$	$500 \leqslant h < 800$	$800 \leqslant h < 1000$	$h > 1000$	
$h \sim 1.2h$	h	$0.9h$ 且 $\geqslant 800$	$0.8h$ 且 $\geqslant 1000$	$(1/3 \sim 2/3)h_a$ $(1.5 \sim 1.8)h_b$

注:1)h 为柱截面长边尺寸;h_a 为双肢柱全截面长边尺寸;h_b 为双肢柱全截面短边尺寸;

2)当柱轴心受压或小偏心受压时,h_1 可适当减小,当偏心距大于 $2h$ 时,h_1 应适当增大。

当柱为轴心受压或小偏心受压且 $t/h_2 \geqslant 0.65$,或大偏心受压且 $t/h_2 \geqslant 0.75$ 时,杯壁可不配筋;当柱为轴心受压或小偏心受压且 $0.5 \leqslant t/h_2 < 0.65$ 时,杯壁可按表 3.6 构造配筋;其他情况下,应按计算配筋。

表 3.5 基础的杯底厚度和杯壁厚度

（单位：mm）

柱截面长边尺寸 h	杯底厚度 a_1	杯壁厚度 t
$h<500$	$\geqslant 150$	$150\sim 200$
$500\leqslant h<800$	$\geqslant 200$	$\geqslant 200$
$800\leqslant h<1000$	$\geqslant 200$	$\geqslant 300$
$1000\leqslant h<1500$	$\geqslant 250$	$\geqslant 350$
$1500\leqslant h<2000$	$\geqslant 300$	$\geqslant 400$

注：1）双肢柱的杯底厚度值，可适当加大；

2）当有基础梁时，基础梁下的杯壁厚度，应满足其支撑宽度的要求；

3）柱子插入杯口部分的表面应凿毛，柱子与杯口之间的空隙，应用比基础混凝土强度等级高一级的细石混凝土填充密实，当达到材料设计强度 70% 以上时，方能进行上部吊装。

表 3.6 杯壁构造配筋

（单位：mm）

柱截面长边尺寸	$h<1000$	$1000\leqslant h<1500$	$1500\leqslant h<2000$
钢筋直径	$8\sim 10$	$10\sim 12$	$12\sim 16$

注：表中钢筋置于杯口顶部，每边两根，如图 3.53 所示。

 **思考题**

3-1 单层工业厂房的结构类型有哪几种？根据哪些因素的不同来采用？如何确定单层厂房选用何种结构类型？

3-2 何谓等高排架？

3-3 对于钢筋混凝土排架结构，在确定其计算简图时做了哪些假定？

3-4 单层厂房结构通常由哪些结构组成？各部分结构的组成、作用？

3-5 单层厂房变形缝的种类有哪些？设计原则是什么？

3-6 柱网布置的原则是什么？

3-7 单层厂房一般需要设置各种支撑，这些支撑主要起什么作用？支撑的分类有哪些？应布置在什么位置？

3-8 圈梁起什么作用？圈梁与柱子之间如何连接？

3-9 排架柱柱子的插入深度如何确定？与什么因素有关？

3-10 多台吊车荷载作用时，要求进行荷载折减，原因何在？如有两台吊车，吊车荷载如何折减？

3-11 为何要对柱进行吊装验算？

3-12 如何选择柱的截面形式？其特点如何？

第 4 章　预应力混凝土结构设计

知识点：等效荷载的概念，荷载平衡法，部分预应力混凝土，超静定预应力结构，次弯矩的计算方法，预应力连续梁的设计过程，预应力框架结构的设计过程。

重　点：等效荷载及荷载平衡法，次弯矩的计算，连续梁及框架结构的设计过程。

难　点：连续梁及框架结构的设计过程。

　　《混凝土结构原理》教材中的预应力混凝土结构章节介绍了预应力混凝土结构的基本概念以及简支构件的受拉与受弯的计算方法。本章将进一步介绍由预应力引起的荷载效应的等效处理与计算方法，部分预应力混凝土结构的概念与分析方法，以及超静定预应力混凝土结构中的次内力，最后还介绍工程中常见的预应力混凝土连续梁和预应力混凝土框架结构的设计方法。通过本章的学习，读者可以较为系统地了解到常见预应力混凝土结构的计算与设计方法。

4.1　预应力引起的等效荷载

　　根据力学知识可知，预应力筋对梁的作用通常可以用一组等效荷载代替。这种等效荷载常由两部分组成：①在结构锚固区引入的压力和某些集中弯矩；②由预应力筋曲率引起的垂直于束中心线的横向分布力，或由预应力筋转折引起的集中力，该横向力可以抵抗作用在结构上的外荷载，因此也可以称之为反向荷载。

4.1.1　曲线预应力筋的等效荷载

　　曲线预应力筋在预应力连续梁中最为常见，且通常都采用沿梁长曲率固定不变的二次抛物线形。图 4.1(b)所示为一单跨梁，配置一抛物线筋，跨中的偏心距为 f，梁端的偏心距为零。所以由预应力为 N_p 产生的弯矩图也是抛物线的，跨中处弯矩最大值为 $N_p \cdot f$，离左端 x 处的弯矩值为

$$M=\frac{4N_p f}{l^2}(l-x)x \tag{4.1}$$

　　将 M 对 x 求二次导数，即可得到此弯矩引起的等效荷载 q，即

$$q = \frac{\mathrm{d}^2 M}{\mathrm{d}x^2} = \frac{8 N_{\mathrm{p}} f}{l^2} \qquad\qquad (4.2)$$

式中的负号表示方向向上,故曲线筋的等效荷载为向上的均布荷载,如图 4.1(b)所示。

此外,曲线预应力筋在梁端锚固处的作用力与梁纵轴有一倾角,可由曲线筋的抛物线方程求导数得到。

$$y = f\left[\frac{x}{l} - \left(\frac{x}{l}\right)^2\right]$$

$$\left(\frac{\mathrm{d}y}{\mathrm{d}x}\right)_{x=0\text{或}1} = \tan\theta = \pm\frac{4f}{l}$$

由于抛物线的矢高 f 相对于跨度 l 甚小,可近似取

$$\tan\theta \approx \sin\theta\,; \cos\theta \approx 1.0$$

所以,梁端部的水平作用力为 $N_{\mathrm{p}} \cdot \cos\theta \approx N_{\mathrm{p}}$,竖向作用力为 $N_{\mathrm{p}} \cdot \sin\theta \approx \dfrac{4 N_{\mathrm{p}} f}{l}$。

水平作用力 N_{p} 对梁体混凝土为一轴向压力,使梁全截面产生纵向预压力;而端部的竖向作用力直接传入支承结构,可不予考虑。

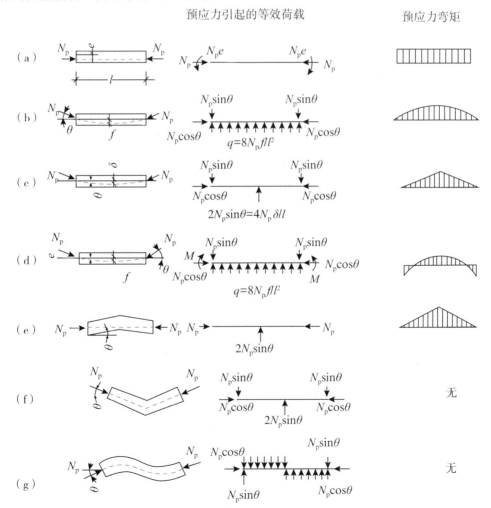

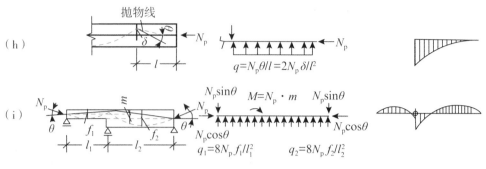

图 4.1　预应力引起的等效荷载及弯矩

4.1.2　折线预应力筋的等效荷载

图 4.1(c)所示为一折点位于跨中的简支梁,预应力筋的两端都通过混凝土截面的形心,其斜率为 θ,预加力为 N_p,从力的平衡可见,预应力筋在两端张力 N_p 作用下,在跨中折点处对梁体混凝土产生一个向上的竖向分力 $2N_p \cdot \sin\theta = 4N_p\delta/l$,在两端锚具处对混凝土端面各产生一个向下的竖向分力 $N_p \cdot \sin\theta$ 和一个水平压力 $N_p \cdot \cos\theta \approx N_p$。如果张拉端作用力不在梁轴线上,与梁轴线尚有偏心 e,则梁端等效荷载中还产生一个弯矩 $N_p \cdot e$。

4.1.3　常用预应力筋线形及等效荷载

常用的预应力筋线形及其引起的等效荷载和弯矩如图 4.1 所示。如果梁形心轴不是直线,而预应力筋为直线,并通过两端混凝土截面的形心,则除梁端面承受的水平力 N_p 外,梁内各截面尚应考虑由于偏心距 e 引起的弯矩,见图 4.1(e)。对截面高度有变化的构件,应计入不同截面重心差在交界处引起的集中弯矩,见图 4.1(h)。

预应力筋张拉式对结构产生的内力和变形,可以用等效荷载求出,此即等效荷载分析法。由于用等效荷载所求得结构中的弯矩已包括了偏心预加力引起的主弯矩和由支座次反力引起的次弯矩在内,所以是预应力所产生的总弯矩 M_r,而主弯矩 M_1 的计算甚为简单,由此可由 M_r 反算次弯矩 M_2,即 $M_2 = M_r - M_1$。

使用等效荷载法可以简化预应力连续结构的分析和设计,该方法与普通钢筋混凝土的计算方法相近,亦便于应用我国现行规范进行工程设计。

4.2　荷载平衡法

4.2.1　基本原理

如 4.1 节所述,预应力的作用可用等效荷载替代,且等效荷载的分布形式可设计为与外荷载的分布形式相同。如外荷载为均布荷载,其弯矩图形为二次抛物线,则预应力束的线形可取抛物线,这样的预应力束产生的等效荷载将与外荷载的作用方向相反,可使梁上一部分以至全部的外荷载被预加力产生的反向荷载所抵消。平衡荷载确定后,可由平衡荷载推求所需的 N_p 值和矢高 f 值。当外荷载为集中荷载时,预应力束应为折线形,其弯折点应在集中荷载作用的截面部位(图 4.2)。如果外荷载在同一跨内既有均布荷载,又有集中荷载作用,则该跨预应力束的线形可取曲线和折线的结合。

当外荷载全部被预应力所平衡时,梁承受的竖向荷载为零。这时的梁如同一根轴心受压的构件,只受到轴心压力 N_p 的作用而没有弯矩,也没有竖向挠度。

荷载平衡法由林同炎教授于 1963 年在美国提出,该法简化了对预应力连续梁的分析。采用这个方法就像分析非预应力结构一样,为预应力混凝土结构设计提供了一种很有用的分析工具。荷载平衡法的基本原理可用图 4.3(a)所示的承受均布荷载的简支梁来进一步说明。在荷载平衡状态下,该梁承受预加力和被平衡掉的荷载 q_b,梁处于平直状态,没有反拱和挠度,梁截面只承受一个均布的压应力 $\sigma = N_p/A_c$ (图 4.3(a))。如果梁承受的荷载超过 q_b,由荷载差额 q_{nb} 引起的弯矩 M_{nb} 引起的应力可用材料力学公式 $\sigma = M_y/I$ 求得(图 4.3(b)),这个应力与 N_p/A 相叠加即可得到在 q 作用下的截面混凝土应力(图 4.3(c))。上述计算说明,在达到平衡状态之后,对预应力梁的分析就变成了对非预应力梁的分析。

应当注意,为了达到荷载平衡,简支梁两端的预应力筋中心线必须通过截面重心,即偏心距应为零,否则该端部弯矩将干扰梁的平衡,使梁仍处于受弯状态。

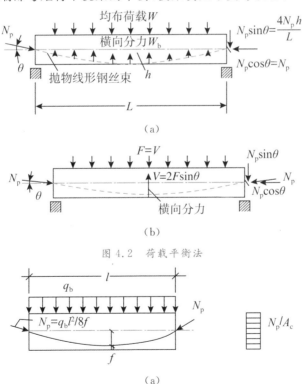

图 4.2　荷载平衡法

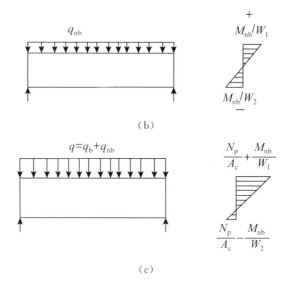

（b）

（c）

图 4.3 简支梁截面在平衡荷载和不平衡荷载下的应力

4.2.2 设计步骤

以下采用如图 4.4 所示具有端跨、中间跨和悬臂跨并承受均布荷载的典型预应力混凝土连续梁说明其设计步骤：

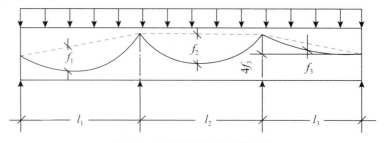

图 4.4 典型的连续梁荷载平衡

（1）首先按经验选择并试算截面尺寸、由高跨比确定截面高度，而截面高度与宽度之比 h/b 约为 2～2.5。

（2）选定需要被平衡的荷载值 q_b，一般取恒载与活荷载的准永久部分之和。这样的取值将使结构长期处于水平状态而不会产生挠度或反拱。

（3）选定预应力筋束形和偏心距。根据荷载特点选定抛物线、折线等合适束形。

（4）根据每跨需要被平衡掉的荷载求出各跨要求的预应力，取各跨中求得最大预应力值 N_p 作为整根连续梁的预加力。调整各跨的垂度使其满足 N_p 与被平衡荷载的关系。

（5）计算未被平衡掉的荷载 q_{nb} 引起的不平衡弯矩 M_{nb}，将梁当作非预应力连续梁按弹性分析方法进行计算。

（6）核算关键截面应力，应力计算公式为

$$\sigma = \frac{N_p}{A} \pm \frac{M_{nb}}{W} \tag{4.3}$$

如求得的顶、底应力都不超过许可限值,设计计算可继续进行。如应力超过规定,则返工,一般可以加大预应力或改变截面。

(7)调整如图 4.4 所示的理论束形,使中间支座处预应力筋的锐角弯折改为反向相接的平缓曲线,并核算这种修正给弯矩带来的影响。

4.3　部分预应力混凝土结构

4.3.1　部分预应力混凝土优点

1939 年,奥地利的工程师 Emperger 建议在钢筋混凝土构件中加一些预应力筋,这是部分预应力混凝土(PPC)的概念第一次出现,其目的不是消除裂缝,而是减少裂缝宽度与挠度。部分预应力是高强钢材用于钢筋混凝土(RC)结构的一种方法,PPC 结构是利用预应力将结构的挠度与裂缝控制在可接受的范围内。

部分预应力混凝土结构诞生后,工程界对其一直存在争议,直到 20 世纪 70 年代,部分预应力才逐渐被纳入各国规范。1970 年召开的 FIP 大会提出了将混凝土结构分为四级的建议:全预应力、限值预应力、部分预应力和钢筋混凝土。1972 年,英国规范将预应力混凝土结构定义为 3 级:全预应力、有限预应力、部分预应力,允许结构工程师根据结构所处的环境、用途、荷载性质选择确定。20 世纪 80 年代至今,部分预应力的应用在国际上又有很大的发展。

目前部分预应力混凝土最常用的方法是采取高强预应力筋与非预应力普通钢筋的混合配筋;由于非预应力筋有利于控制裂缝和挠度的发展,故结构延性好。

相比全预应力混凝土结构和钢筋混凝土结构,部分预应力混凝土结构有以下优点:

(1)按全预应力设计时,构件截面配筋常由工作荷载下不出现拉应力作为条件控制,其受弯承载力安全系数往往偏大,浪费钢材;而部分预应力有利于节省预应力筋材料。

(2)全预应力结构在恒载小、活载大的工作条件下会发生反拱长期增长的现象,不断增长的反拱本质上是预压区混凝土长期处于高压状态下产生的徐变;采用部分预应力结构的预加应力较小,可以避免反拱过大的问题。

(3)部分预应力结构配有普通受力钢筋,其在破坏时的延性和能量吸收能力比全预应力结构更大,对结构抗震更有利。

(4)当构件的支座受到约束时,全预应力构件的纵向变形(收缩/徐变)会引起拉应力,造成开裂,而全预应力混凝土构件纵向非预应力筋较少,对温度作用和收缩等引起的拉应力限制较小;这些问题在配有较多数量非预应力的部分预应力结构中可以得到很好的改善。

(5)过大的预应力容易产生平行于力筋的纵向水平裂缝,这些裂缝可能会比垂直裂缝对结构耐久性的影响更大;部分预应力通常不会出现平行于力筋的纵向裂缝。

(6)部分预应力混凝土具有预加应力,相比于钢筋混凝土结构,其在正常使用条件下,裂缝处于闭合状态,即使所有的活载偶然出现导致构件出现裂缝,这些裂缝也会随着活载的移去而闭合。

（7）部分预应力混凝土结构中预应力筋数量少，可以减少预应力筋的制作和张拉工作量，便于施工。

4.3.2 预应力度

全预应力混凝土结构在整个使用阶段混凝土不应出现拉应力，这种设计方法要求对构件施加较大的预应力，因此预应力钢筋的用量较大，锚头较多，增加了构造钢筋的复杂性从而给施工带来了很多困难，也是不经济的设计方式。此外，过大的预应力可能使横向拉应变超出极限值，沿着钢束的纵向产生水平裂缝，这些裂缝是不可恢复的。预应力过大，还会使徐变增大，形成过大反向拱翘，在桥梁结构中可能需要调整桥面标高，过大的预应力甚至可能导致构件破坏形式变为脆性破坏。

全预应力混凝土所存在的缺点使人们更注重结构混凝土设计的经济性和安全性，并探索如何得到使用性能更好的混凝土结构，在这个背景下提出了预应力度的概念。

预应力度通常有两种定义方法，一是按消压弯矩 M_0 或消压轴力 N_0 占使用荷载下的荷载标准组合 M_{sk} 或 N_{sk} 的比例来定义，二是按预应力筋所承担的抵抗弯矩或抵抗轴力占构件总的抗弯承载力 M_u 或抗拉承载力 N_u 的比例来定义。

（1）按消压状态定义

受弯构件预应力度的表达式为

$$\lambda = \frac{M_0}{M_{sk}} \tag{4.4}$$

式中：M_0——消压弯矩，使构件控制截面荷载下受拉边缘应力抵消到零时的弯矩，可取为 $M_0 = \sigma_{pc} \cdot W_0$，$W_0$ 为换算截面受拉边缘的弹性抵抗矩，近似取为 $M_0 = \sigma_{pc} \cdot W_0$；

M_{sk}——荷载标准组合（不包括预应力）作用下控制截面的弯矩，假定截面不开裂，$M_{sk} = \sigma_{ck} \cdot W_0$。

受拉构件预应力度的表达式为

$$\lambda = \frac{N_0}{N_{sk}} \tag{4.5}$$

式中：N_0——消压轴力，取为 $N_0 = \sigma_{pc} \cdot A_0$，近似取为 $N_0 = \sigma_{pc} \cdot A$；

N_{sk}——荷载标准组合下控制截面轴力，假定截面不开裂，$N_{sk} = \sigma_{ck} \cdot A$。

若受弯构件及受拉构件截面不开裂，式（4.4）及式（4.5）可改为下式表示：

$$\lambda = \frac{\sigma_{pc}}{\sigma_{ck}} \tag{4.6}$$

因此，按预应力度划分混凝土结构类型为全预应力混凝土（$\lambda \geqslant 1$）、部分预应力混凝土（$0 < \lambda < 1$）和钢筋混凝土（$\lambda = 0$）。

（2）按强度比定义

按受弯构件或受拉构件预应力筋承担的承载力占总承载力的比例定义的预应力度表达

式为

$$\lambda = \frac{A_p f_{py}}{A_p f_{py} + A_s f_y}$$ (4.7)

式中：A_p——控制截面处预应力筋截面面积；

A_s——控制截面处普通钢筋截面面积；

f_y——普通钢筋强度设计值；

f_{py}——预应力钢筋强度设计值(取为残余变形为 0.2% 时的条件屈服强度 $\sigma_{0.2}$)。

两种预应力度的定义，第一种以抗裂度为基础，第二种为以承载力为基础，两种定义之间存在一定关系。

我国现行规范就包括了部分预应力混凝土的情况。规范对预应力混凝土的抗裂性能分为三级：严格要求不出现裂缝、一般要求不出现裂缝和容许出现裂缝，前两级的计算方式用应力控制。

对(一级)严格要求不出现裂缝的构件，按荷载标准组合计算时，构件受拉边缘混凝土不应出现拉应力：

$$\sigma_{ck} - \sigma_{pc} \leqslant 0$$ (4.8)

对(二级)一般要求不出现裂缝的构件，按荷载标准组合计算时，构件受拉边缘混凝土的拉应力不应大于混凝土抗拉强度的标准值：

$$\sigma_{ck} - \sigma_{pc} \leqslant f_{tk}$$ (4.9)

式中：σ_{ck}——荷载标准组合下抗裂验算边缘的混凝土法向应力；

σ_{pc}——扣除全部预应力损失后在抗裂验算边缘混凝土的预压应力；

f_{tk}——混凝土抗拉强度标准值。

在我国，工程设计人员将二级、三级抗裂的预应力混凝土称为部分预应力混凝土(PPC)，而二级抗裂称为 PPC 的 A 类，三级抗裂称为 PPC 的 B 类。

A 类：正截面中混凝土拉应力不得超过规定限值。

B 类：允许正截面的拉应力超过混凝土抗拉强度，但裂缝宽度不能超过规定值。

4.3.3 部分预应力混凝土梁应力分析

对于部分预应力混凝土 B 类构件，当外弯矩 $M_{sk} > M_{cr}$ 时，在梁的受拉边会出现毛细裂缝并逐渐向梁中部发展。这与相应的普通钢筋混凝土刚开裂时不同，钢筋混凝土受弯构件一旦外弯矩超过 M_{cr}，裂缝会突然向上扩展。在钢筋混凝土开裂截面的弹性分析中，中性轴位置与外弯矩无关。而在部分预应力混凝土的开裂截面上，中性轴位置是 M_{sk} 的函数。

开裂截面应力分析对预应力混凝土构件的裂缝宽度计算及截面刚度计算非常重要。

试验表明，在使用荷载下，预应力钢束及非预应力钢筋在弹性范围内工作，因而有效预应力 N_{pe} 保持不变。因此，可用一个等效外荷载来代替预应力作用，使得预应力混凝土构件开裂截面的分析转化为钢筋混凝土偏心受压构件的开裂截面分析，该方法称为消压分析法。

在预应力筋合力点处假想施加一个拉力 N_{p0}，使全截面消压，然后将使用外载引起的弯

矩 $M_{\text{外}}$ 看成作用于普通钢筋混凝土截面上。因假想施加一个拉力，故力学等效时应在全截面消压的预应力合力点处加上一个大小相等、方向相反的力，即压力 N_{p0}。此时，受力状态转化为在全截面消压面上作用一个压力 N_{p0} 及弯矩 M_{sk} 的压弯构件的受力状态。随后再将 M_{sk} 及 N_{p0} 合成等效为偏心受压构件，其等效转化过程如图 4.5 所示。

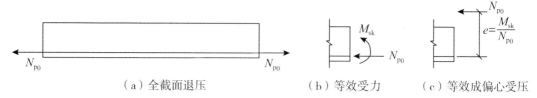

（a）全截面退压　　　　　（b）等效受力　　　（c）等效成偏心受压

图 4.5　预应力混凝土开裂截面消压分析转换过程

压力 N_{p0} 的计算，对先张法和后张法梁有所区别，计算公式如下：

先张法：
$$N_{\text{p0}} = (\sigma_{\text{con}} - \sigma_l) A_{\text{p}} - \sigma_{l5} A_{\text{s}} \tag{4.10}$$

后张法：
$$N_{\text{p0}} = (\sigma_{\text{con}} - \sigma_l) A_{\text{p}} + \alpha_{\text{E}} \sigma_{\text{pe}} A_{\text{p}} - \sigma_{l5} A_{\text{s}} \tag{4.11}$$

式中：σ_{con}——预应力筋张拉控制应力；

σ_l、σ_{l5}——分别为预应力筋在合力点处的预应力总损失（不包括弹性压缩损失）及由混凝土收缩、徐变引起的预应力损失；

σ_{pe}——预应力筋合力点处混凝土的预压应力。

对钢筋混凝土大偏心受压构件做截面的应力计算时，采用下列假设：

（1）混凝土应力、应变沿截面高度呈线性变化；

（2）截面受拉区混凝土的抗拉强度忽略不计。

如图 4.6 所示，T 形截面在偏心力 N_{p0} 作用下，受压翼缘部分混凝土承受的总压力 C_1 为

$$C_1 = (b_{\text{f}}' - b) h_{\text{f}}' \sigma_{\text{f}}' - \frac{(b_{\text{f}}' - b) h_{\text{f}}'}{2} \cdot \frac{h_{\text{f}}'}{C} \cdot \sigma_{\text{c}}' = \frac{1}{2C} (b_{\text{f}}' - b)(2C - h_{\text{f}}') h_{\text{f}}' \sigma_{\text{c}}' \tag{4.12}$$

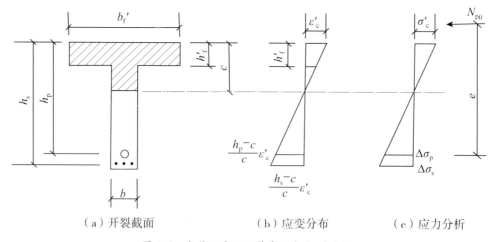

（a）开裂截面　　　　　（b）应变分布　　　　（c）应力分析

图 4.6　大偏心受压开裂截面应力、应变图

腹板所受压力为

$$C_2 = \frac{1}{2}bC\sigma_c' \tag{4.13}$$

预应力筋在全截面消压后增加的拉力为

$$\Delta T_p = A_p \Delta \sigma_p = \alpha_p A_p \left(\frac{h_p - C}{C}\right)\sigma_c' \tag{4.14}$$

非预应力筋所承受的拉力为

$$\Delta T_s = A_s \sigma_s = \alpha_s A_s \left(\frac{h_s - C}{C}\right)\sigma_c' \tag{4.15}$$

根据静力平衡条件,由 $\sum x = 0$,可得

$$\sigma_c' = \frac{2N_{p0} \cdot C}{[bC^2 + (2C - h_f')(b_f' - b)h_f' - 2\alpha_p A_p(h_p - C) - 2\alpha_s A_s(h_s - C)]} \tag{4.16}$$

对偏心压力 N_{p0} 取矩,由 $\sum M = 0$,可得关于中性轴高度 C 的方程:

$$C^3 + aC^2 + bC + d = 0 \tag{4.17}$$

式中: $a = 3(e - h_0)$;

$$b = \frac{6}{b}\left[(b_f' - b)h_f'\left(e - h_p + \frac{h_f'}{2}\right) + \alpha_p A_p e + \alpha_s A_s(e - h_p - h_s)\right];$$

$$d = -\frac{6}{b}\left[(b_f' - b)\left(\frac{h_f'}{2}\right)^2\left(e - h_p + \frac{2}{3}h_f'\right) + \alpha_p A_p h_p e + \alpha_s A_s A_s(e - h_p + h_s)\right].$$

其中: $e = \dfrac{M_{sk}}{N_{pc}}$; $\alpha_s = \dfrac{E_s}{E_c}$; $\alpha_p = \dfrac{E_p}{E_c}$。

对矩形截面:

$a = 3(e - h_0)$;

$$b = \frac{6}{b}\left[\alpha_p A_p e + \alpha_s A_s(e - h_p - h_s)\right];$$

$$d = -\frac{6}{b}\left[\alpha_p A_p h_p e + \alpha_s A_s h_s(e - h_p - h_s)\right]$$

方程(4.17)可用下述方法近似求解:

$$f(C) = C^3 + aC^2 + bC + d = 0 \tag{4.18}$$

令 C_1 为第一次假定值, ΔC_1 为校正值,将 $C = C_1 + \Delta C_1$ 代入 $f(C)$ 并展开:

$$f(C) = f(C_1 + \Delta C_1) = f'(C_1) + \frac{\Delta C_1}{1!}f(C_1) + \frac{\Delta C_1^2}{2!}f''(C_1) + \cdots = 0 \tag{4.19}$$

忽略 ΔC_1 的高阶小量得

$$f(C_1) + \Delta C_1 f'(C_1) = 0 \tag{4.20}$$

$$\Delta C_1 = -f(C_1)/f'(C_1) = C_1 - \frac{C_1^3 + aC_1^2 + bC_1 + d}{3C_1^2 + 2aC_1 + b}$$

将此 C 值代入 $f(C)$,当误差较小时停止计算;若误差较大,可令上述 C 值为第二次假定值,反复进行上述过程,直到方程满足要求为止。

求得中性轴高度 C 后,最外边缘混凝土压应力、预应力钢筋应力增量、非预应力筋应力(σ_c'、$\Delta\sigma_p$ 和 σ_s)分别由式(4.16)、(4.14)和(4.15)求得。

4.4 超静定预应力混凝土结构

4.4.1 结构特点及分析方法

预应力混凝土结构在工程实践的应用初期,多是简单的静定构件。随着预应力混凝土结构在工程中的推广应用,发现在很多情况下采用超静定预应力混凝土结构将更为经济合理。

首先,与静定结构相比,超静定预应力结构有如下优点:

(1)超静定结构的设计弯矩小,使构件尺寸减小,并导致整个结构更轻;

(2)结构的跨中和支座处的弯矩分布相对较均匀;

(3)由于能考虑内力重分布,超静定结构的承载能力更大;

(4)预应力混凝土框架节点采用刚接,将增加结构的刚性和稳定性;

(5)预应力钢束在后张预应力混凝土连续梁或框架梁中可连续布置,使同一束预应力筋既能抵抗跨中弯矩又能抵抗支座弯矩,进一步节约了钢材;

(6)相对于简支结构,可减少锚具数量;

(7)超静定结构的挠度较小。

当然,超静定预应力混凝土结构也有其缺点:

(1)在多跨连续结构中,通常预应力筋随弯矩而连续多波布置,导致摩擦损失较大;

(2)由于温度、徐变及地基的不均匀沉降等因素,将在结构中产生一定的附加内力;

(3)超静定预应力混凝土结构计算较为麻烦,除了像静定预应力混凝土结构那样计算由外载所产生的内力之外,还要计算由预应力产生的结构中的附加应力;

(4)施工较为麻烦。

目前,超静定结构截面内力的分析方法主要有三种:

(1)根据弹性理论确定截面内力,不论内力大小,都假定构件不开裂,用结构力学方法求出相应荷载下的最大内力及其作用截面,并以此作为使用极限状态和承载力极限状态的临界截面。

(2)根据非线性的应力-应变关系考虑截面开裂状态建立非线性的弯矩-曲率关系。它们随荷载或其他作用(温度或不均匀沉降)而变化,用逐次迭代或近似方法确定截面内力,随后校核其使用极限状态和承载力极限状态。

(3)用塑性理论确定承载力极限状态,静力法可以给极限承载力提供一个安全的下限解(lower bound),机动法(kinemafic method)和屈服线法将给出一个不够安全的上限解(upper bound)。

　　尽管塑性极限荷载设计法用于梁、板结构较为成熟,但计算其他结构时存在一定的困难。因而,现阶段结构的内力大多采用弹性理论分析,并根据临界截面进行截面设计。考虑到超静定结构的内力是与结构中各构件的线刚度比有关的,同时,构件的线刚度比是随着荷载的增减而变化的,工程上常用调整弯矩的方法来弥补由弹性分析引起的不足。

　　对简支梁预加应力时,只影响到梁的反拱和截面内的应力,不会产生附加的外部反力;但是,对超静定结构施加预应力时,却会引起附加的支座反力,即次反力,次反力会对超静定结构产生附加弯矩和附加剪力,即次弯矩和次剪力。

4.4.2　次弯矩、主弯矩和综合弯矩

　　对于静定结构以及由先张法预制预应力混凝土梁、柱组成的超静定结构,截面上由预应力引起的弯矩只与预应力值及其对梁轴线偏心距的乘积(即主弯矩)有关;而对于超静定后张预应力混凝土结构中,预应力引起的弯矩不仅仅与预应力值及其偏心距有关。这是因为在超静定结构中,预应力所引起的变形是由节点处所有构件共同承担的。也就是说,张拉同一节点的某一构件或几根构件时,节点所产生的变形受到与之相连接的其他构件的约束或支座的约束,这种约束作用引起次弯矩。所谓次弯矩,是指预应力主弯矩所产生的变形受到约束而引起的弯矩,这不表示次弯矩一定比主弯矩小得多或可不考虑。次弯矩对结构在使用荷载下的应力分布和变形计算及极限承载力有较大的影响,是很重要的。

　　下面,我们用图 4.7 所示的双跨连续梁来说明由预应力所产生的主弯矩、次弯矩和综合弯矩以及它们的计算。

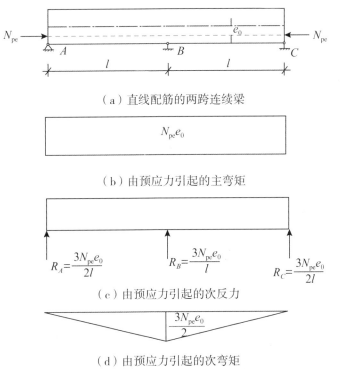

（a）直线配筋的两跨连续梁

（b）由预应力引起的主弯矩

（c）由预应力引起的次反力

（d）由预应力引起的次弯矩

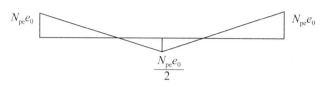

$$\frac{N_{pe}e_0}{2}$$

（e）由预应力引起的综合弯矩

图 4.7　双跨连续梁中预应力产生的主弯矩、次弯矩和综合弯矩计算

图 4.7(b)所示为直线预应力筋连梁中产生的主弯矩，为一常量 $N_{pe}e_0$。在 $N_{pe}e_0$ 作用下，梁将产生反拱变形，当没有中间支座 B 时，B 处的反拱变形最大。但在 B 支座处对梁产生一个向下的附加约束反力，阻止了梁自由地向上变形，这一约束反力抵消了 B 处的自由变形，这一约束反力称为"次反力"，次反力引起的弯矩称为"次弯矩"。

显然，从支座 B 处的位移为零的条件，可以求出次反力。由于主弯矩 $N_{pe}e_0$ 作用下在 B 处产生的向上位移为 $N_{pe}e_0l^2/(2EI)$，而这一位移与由次反力产生的位移应该数值相等，但方向相反。根据这一条件可求得

$$R_B = \frac{3N_{pe}e_0}{l}(\downarrow)$$

$$R_A = R_C = \frac{3N_{pe}e_0}{2l}(\uparrow)$$

在支座 B 截面引起的次弯矩为 $R_A l = 3N_{pe}e_0/2$。应该指出，在两支座之间或两节点之间，次弯矩是线性变化的(图 4.7(d))，它只是支座反力或转角的函数。同时，支座 B 处的次弯矩是主弯矩的 1.5 倍，但符号相反，这也证明次弯矩在量值上不一定比主弯矩小。

在超静定结构中，由于预应力产生的弯矩是主弯矩和次弯矩的叠加，将这叠加值称为综合弯矩，如图 4.7(e)所示。

计算次弯矩的方法有很多，将在下一节中详细介绍。

次剪力等于两支座间或两节点间的次弯矩之差除以跨长。因此，次剪力在跨间是相同的，且其值通常不大。

4.4.3　次弯矩的计算方法

1. 弯矩-面积法计算次弯矩

次弯矩是超静定预应力混凝土结构设计的一项重要内容，次弯矩的计算最常用的是等效荷载法，但概念最清晰的是弯矩-面积法。传统的确定梁的斜率和挠度的弯矩-面积法，可用来求解超静定结构中由于后张预应力产生的次弯矩。

【例 4.1】　有一双跨连续梁，矩形截面，尺寸为 $30cm \times 60cm$，配置曲线连续预应力筋，每跨都为抛物线形，其偏心距如图 4.8 所示。有效预应力为 1000kN，并假定其沿梁全长相等恒定。试用弯矩-面积法求预应力引起的主弯矩、次弯矩和综合弯矩。

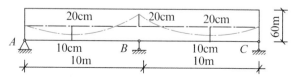

图 4.8　双跨连续梁预应力束轮廓线

【解】 预应力值与其偏心距的乘积即得主弯矩图 4.9(a)。

所给的结构是一次超静定的,故可令中间支座 B 为多余约束。当移去 B 支座后,在预应力引起的主弯矩 M 作用下梁将上移 δ_{b0};而 B 支座处的次反力 R_b 将使梁向下位移 δ_{bb}。因 B 支座处的位移实际上为零,故有 $\delta_{bb}=\delta_{b0}$。

$$\delta_{b0}=\frac{2}{EI}\left[\left(\frac{2}{3}\times10\times300\times2.5\right)-\left(\frac{1}{2}\times10\times200\times\frac{10}{3}\right)\right]$$

$$=\frac{2}{EI}(5000-3333.33)$$

$$=\frac{3333.33}{EI}$$

$$\delta_{bb}=\frac{2}{EI}\left(5R_b\times\frac{1}{2}\times10\times\frac{10}{3}\right)$$

$$=\frac{166.67}{EI}R_b$$

$$\delta_{bb}+\delta_{b0}=0$$

$$R_b=-20\text{kN}(\downarrow)$$

故在该连续梁中,支座反力 R_b 作用下的次弯矩图如图 4.9(c)所示。

将次弯矩图与主弯矩图叠加后得到综合弯矩图 4.9(d)。

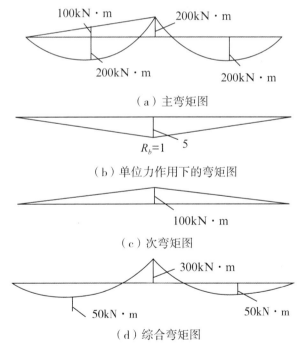

（a）主弯矩图

（b）单位力作用下的弯矩图

（c）次弯矩图

（d）综合弯矩图

图 4.9　用弯矩-面积法分析超静定预应力混凝土梁

2.等效荷载法计算次弯矩

尽管弯矩-面积法计算次弯矩的概念比较清晰而熟悉,但当主弯矩图形较为复杂及超静定结构次数较多时,用弯矩-面积法计算次弯矩是很麻烦的,而等效荷载法的计算相对比较简单。根据4.2节等效荷载的概念,等效荷载产生的效应即是预应力在结构中产生的效应,因而等效荷载在超静定预应力结构中产生的弯矩为综合弯矩。

一般来说,在分析结构内力(弯矩)时将轴力忽略。但是,要强调的是,在用等效荷载法计算超静定结构截面内应力时,不能忘记预应力产生的轴力作用。

仍然采用【例4.1】来说明等效荷载法分析次弯矩的方法和步骤。

(1)求等效荷载

在图4.8中,预应力束为中间对称的两段抛物线,根据荷载平衡法可求得等效荷载如下:

$$q = \frac{8N_{pe}e_0}{l^2} = \frac{8 \times 1000 \times (0.2 + 0.2/2)}{10^2} = 24(\text{kN/m})$$

(2)用弯矩分配法求等效荷载下连续梁的综合弯矩,对于对称的双跨连续梁在对称荷载作用下可分配弯矩等于0。所以,在这特定的情况下,双跨连续梁的弯矩图与一端固定、一端简支的单跨梁相同,见图4.10(b)。

B 处的综合弯矩为

$$M_B = \frac{1}{8}ql^2 = \frac{1}{8} \times 24 \times 10^2 = 300(\text{kN} \cdot \text{m})$$

AB 跨及 BC 跨跨中综合弯矩为

$$M_{AB} = M_{BC} = \frac{1}{2}M_B = 150\text{kN} \cdot \text{m}$$

与图4.9(d)相比,两种计算方法求得的综合弯矩相同。

(3)主弯矩图。如图4.10(d)所示,即主弯矩为预应力值 N_{pe} 与偏心距 e 的乘积。

(4)由综合弯矩减去主弯矩即得次弯矩,结果如图4.10(e)所示。

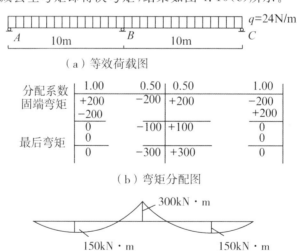

（a）等效荷载图

（b）弯矩分配图

（c）综合弯矩图

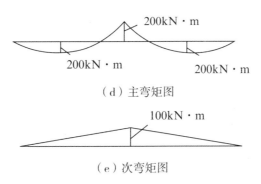

（d）主弯矩图

（e）次弯矩图

图 4.10　用等效荷载法分析超静定梁

下面再举一个框架的例子来说明用等效荷载法求次弯矩的过程。

【例 4.2】　某工业厂房的主体结构为预应力框架结构,底层结构简图如图 4.11 所示。大梁的预应力筋轮廓线由三段抛物线组成,靠两端的抛物线段与中间的抛物段在距边柱中心线 2.7m 处相连并相切。$h_1=312\text{mm}$,$h_2=728\text{mm}$,设有效预应力值为 1000kN。

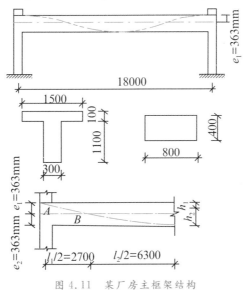

图 4.11　某厂房主框架结构

（1）求等效荷载

框架两端 2.7m 内为向下的等效均布荷载 q_1^*,中间 12.6m 内是向上的等效均布荷载 q_2^*,两端作用的弯矩为 363kN·m。

$$M_e=1000\times0.363=363(\text{kN}\cdot\text{m})$$

等效荷载如图 4.12（a）所示。

（2）用弯矩分配求综合弯矩

在 q_1^* 作用下的两端固定梁 BC 的固端弯矩为

$$M_A=M_B=-\frac{q_1^*\cdot2.7^2}{6}\left(3-2\times\frac{2.7}{18}\right)=-280.8(\text{kN}\cdot\text{m})$$

在 q_2^* 作用下的两端固定梁 BC 的固端弯矩为

$$M_A = M_B = -\frac{q_2 \times 12.6}{24} \times 18 \times \left[3 - \left(\frac{12.6}{18}\right)^2\right] = 870.12 \text{(kN} \cdot \text{m)}$$

利用对称结构,梁和柱的分配系数:

$$\mu_{柱} = \frac{2 \times 1.19}{2 \times 1.19 + 4 \times 0.86} = 0.409$$

$$\mu_{梁} = 0.591$$

弯矩分配过程如图 4.12(b)所示。

跨中综合弯矩为等效荷载作用下简支梁跨中弯矩减去支座弯矩。

跨中综合弯矩为

$$M = \frac{36.684 \times 12.6 \times 18}{8}\left(2 - \frac{12.6}{18}\right) - \frac{85.597}{2} \times 2.7^2 - 496.68$$

$$= 1351.98 - 312 - 496.68 = 543.3 \text{(kN} \cdot \text{m)}$$

在预应力作用下的综合弯矩如图 4.12(c)所示。

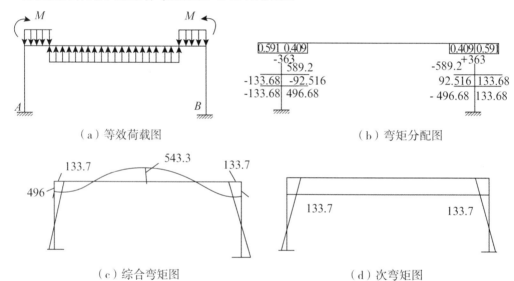

（a）等效荷载图　　　　　　　　　　　　（b）弯矩分配图

（c）综合弯矩图　　　　　　　　　　　　（d）次弯矩图

图 4.12　等效荷载分析超静定框架结构

(3)求主弯矩

支座处及跨中主弯矩分别为

$$M_{11} = N_{pe} \times e_1 = 1000 \times 0.363 = 363 \text{(kN} \cdot \text{m)} \quad (+)$$

$$M_{12} = N_{pe} \times e_2 = 1000 \times 0.677 = 677 \text{(kN} \cdot \text{m)} \quad (-)$$

(4)求次弯矩

支座处次弯矩为

$$M_{21} = 363 - 496.68 = -133.68 \text{(kN} \cdot \text{m)}$$

跨中处次弯矩为

$$M_{21} = -677 - (-543.3) = -133.7 \text{(kN} \cdot \text{m)}$$

可见支座处的次弯矩与跨中次弯矩相同,再次表明节点间的次弯矩为直线变化。

4.5　预应力混凝土连续梁设计

4.5.1　连续梁的结构方案

预应力混凝土连续梁的技术经济指标较高,在工程实践中应用越来越广泛。形成预应力混凝土连续梁的方法有很多,预应力钢筋的布置方法也有很多,一般按施工方法分为现浇和预制装配两种。

现浇预应力混凝土连续梁一般都用于跨度大、自重大、有条件支模现浇的工程中,连续梁中的预应力钢筋大多数是有黏结的。下面简单介绍几种预应力连续梁的结构方案。

(1)采用连续曲线预应力束的等截面连续梁(图 4.13(a))。这种连续梁分析计算简单,模板形状也不复杂,常用于短跨预应力连续梁和单向或双向预应力平板,在平板结构中一般采用无黏结预应力筋,这种连续布置预应力束的多跨连续梁的主要缺点是摩擦损失较大。

(2)跨度较小、荷载较大的连续梁,由于中间支座处的负弯矩一般大于跨中弯矩,故常采取在支座处加腋或将梁底面做成折线或曲线的方法。预应力束稍有弯曲就可以做到沿梁长各界面得到较为优化的预应力偏心距,可减小摩擦损失,也能减轻梁自重。因此,在工程实践中常用到这种方案(图 4.13(b)(c))。

(3)用连接器形成连续梁。一些跨度较大的多跨连续梁,若一起现浇留孔,一是施工用的模板及支撑较多,二是预应力束太长,穿束困难,三是摩擦损失太大。因而采用逐跨浇筑,逐跨张拉,用专用连接器将预应力束连接起来形成连续整体。由于每次只张拉一跨或两跨,摩擦损失小,施工用的模板支撑也便于周转(图 4.13(d))。

预制装配式连续梁,又称为部分连续性的连续梁,适用于中小跨度,预制预应力混凝土连续梁一般采用先张法预应力混凝土简支梁,就位后,用连续的后张预应力束将其拼成整体(图 4.13(e))。

在预应力混凝土大跨度连续梁桥中,一般采用从主桥墩开始,向两边对称悬臂施工,预应力筋逐步张拉锚固,在跨中用一预制的简支梁将两悬臂连接,后用通长的后张预应力束将梁形成整体(图 4.13(f))。

经济合理地设计预应力混凝土连续梁,应考虑配合配筋的方法,根据作用于结构上的长期荷载的比例,在满足使用极限状态的条件下,尽量减小弯矩峰值截面的预应力度,得到连续布置的、合理的预应力束,从而减小由于徐变、收缩、湿度及不均匀沉降等因素产生的内力,使另外一些弯矩较小的截面处不会产生太高的预应力而造成某些不利影响。同时,采用混合配筋的部分预应力混凝土连续梁,可增加结构的延性,并使临界截面形成塑性铰,产生内力重分布,从而可考虑用塑性极限理论来设计连续梁,使计算大为简化并取得良好的经济效果。

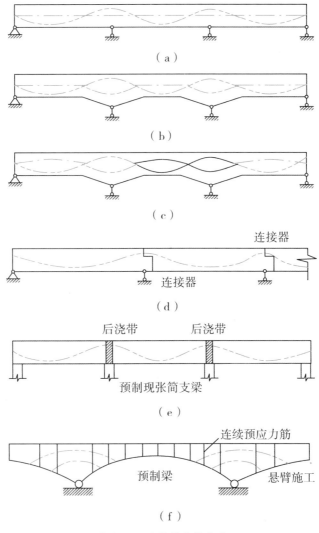

图 4.13　连续梁结构方案

4.5.2　使用荷载下连续梁的设计步骤

预应力混凝土连续梁的设计和其他连续结构一样,是一个试算过程。前述的结构分析方法及预应力混凝土超静定的基本理论为预应力连续梁结构的合理设计提供了基础。下面是设计预应力混凝土连续梁的基本步骤。

(1)假定构件尺寸。预应力混凝土连续梁的跨高比常为 13~25,高宽比在 3~6。预应力混凝土连续梁常与其上面的板现浇在一起,形成 T 形梁。

(2)计算在恒载和活载作用下及各种荷载组合下截面的最大和最小弯矩。

(3)根据这些弯矩及相应的截面高度初步确定预压力的大小。在经常的荷载作用下,最大弯矩截面处可不考虑消压,修改构件截面尺寸,重复第一、二步。

(4)布置预应力束,使预应力束的形状接近于弯矩图。

(5)利用线性变换原理,调整预应力束。

(6)进行弹性分析,校核使用极限状态。

4.5.3　连续梁的极限强度

在极限状态,连续梁发生完全内力重分布,使超静定结构转变为机构,但次弯矩仍然存在,根据试验研究发现,其数值约为原来次弯矩数值的 2/3～3/4,因而在极限状态设计时考虑次弯矩的影响是合理的。但是,由于这时的次弯矩值的大小不易精确确定,因此,精确计算连续梁的极限强度是较为困难的。对于无黏结的预应力连续梁,配筋率较高的连续梁、板类结构,由于结构延性较差,建议采用弹性分析,并考虑次弯矩和次剪力的影响。

【**例 4.3**】　试初步设计一预应力混凝土双跨连续 T 形大梁,有效翼缘宽度为 1500mm,翼缘厚度为 100mm,跨度均为 18m,承受均布恒载为 12kN/m(不包括自重),承受均布活载为 36kN/m。本题中混凝土为 C40,非预应力筋选择 HRB400,预应力筋选择 1×7 的强度 1860MPa 的钢绞线。

(1)选择截面尺寸。

取梁高 $h=l/15=1.2m=1200mm$;

取 $b=300mm$,则截面参数如下:

截面面积 $A=4.8×10^5 mm^2$,形心轴到上边缘的距离 $y=462.5mm$;

截面惯性矩 $I=7.037×10^{10} mm^4$,则大梁自重为:$q=0.48×25=12(kN/m)$;

截面形状如图 4.14 所示。

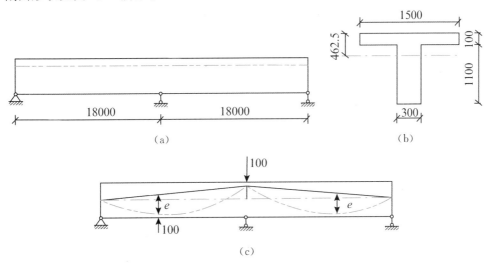

图 4.14　截面形状和预应力束布置

(2)计算由恒载和活载在跨中和支座处产生的弯矩

由恒载产生的内支座弯矩为

$$M=\frac{ql^2}{8}=-\frac{(12+12)}{8}×18^2=-927(kN·m)$$

123

由恒载产生的跨内最大弯矩在 $x=0.375l$ 处(离边支座)

$$M_{max}=\frac{9}{128}ql^2=\frac{9}{128}\times24\times18^2=546(kN\cdot m)$$

由活载产生的内支座弯矩为

$$M=-\frac{36\times18^2}{8}=-1458(kN\cdot m)$$

由活载产生的跨中弯矩为

$$M=-\frac{36\times18^2}{16}=-729(kN\cdot m)$$

由活载产生的跨内最大弯矩(距边支座 $0.375l$ 处)

$$M=\frac{9}{128}\times36\times18^2=820.13(kN\cdot m)$$

(3)估计预应力的大小

假定采用如图 4.14(c)所示的抛物线预应力束。跨中预应力束中心距底面为 $100mm$,支座处预应力钢筋中心离顶面 $100mm$,则等效偏心距为

$$e=637.5+362.5/2=818.75(mm)$$

由荷载平衡法,$N_{p1}=ql^2/8e$

设预应力束引起的均匀等效荷载平衡恒载$+10\%$的活荷载,则要求平衡的均布荷载为

$$24+3.6=27.6(kN\cdot m)$$

故

$$N_{p1}=\frac{27.6\times18^2}{8\times818.75}=1365.25(kN)$$

假设预应力总损失为 $20\%\sigma_{con}$,则

$$0.8N_{con}=N_p=1365.25kN$$

$$N_{con}=1706.56kN$$

选用 $\phi^s1\times7$ 钢绞线,

$$\sigma_{con}=0.65f_{ptk}=0.65\times1860=1209(N/mm^2)$$

则预应力钢筋的面积为

$$A_p=N_{con}=1706.56/1209=1411.5(mm^2)$$

则所需 $D=15.2$ 的钢绞线的根数为:$n=A_p/139=10.15$ 根,取为两束,每束 5 根。实际的预应力钢筋的面积为

$$A_p=10\times139=1390(mm^2)$$

(4)预应力钢筋的布置

按荷载平衡法设计要求预应力钢筋的形状为理想抛物线,在中间支座处有尖角,实际工程中,这种尖角难以施工。实际布置预应力束时常在支座处采用反向抛物线来过渡。实际布置的曲线预应力束在跨中由左右两段抛物线在控制点处相切,并有共同的水平切线。在内支座处,用一反向抛物线,和跨内抛物线相切于反弯点处。反弯点约在支座附近 $0.1l$ 处,反弯点位于预应力束轮廓线的最高点和最低点的连线上,如图 4.15(b)所示。取反弯点距

内支座为 $0.1l$，根据比例关系可求得两段反向抛物线各自的垂度。

最后本题的预应力筋的实际轮廓线由三段半抛物线组成，这些抛物线引起的等效荷载为

$$q_1 = \frac{8N_{pe}e_1}{l_1^2} = \frac{8 \times 0.8 \times 1209 \times 1390 \times 0.6375}{(2 \times 9)^2} = 21.16(\text{kN/m})$$

$$q_2 = \frac{8N_{pe}e_2}{l_2^2} = \frac{8 \times 1.344 \times 10^6 \times 0.8}{(2 \times 7.2)^2} = 41.48(\text{kN/m})$$

$$q_3 = \frac{8N_{pe}e_3}{l_3^2} = \frac{8 \times 1.344 \times 10^6 \times 0.2}{(2 \times 1.8)^2} = 165.93(\text{kN/m})$$

(a)

(b)

(c)

图 4.15　预应力筋引起的等效荷载

由等效荷载产生的综合弯矩如图 4.16(c)所示，由预应力筋产生的主弯矩图如图 4.16 (a)所示，由预应力产生的次弯矩图如图 4.16(b)所示。可见，次弯矩对支座有利，对跨中不利。

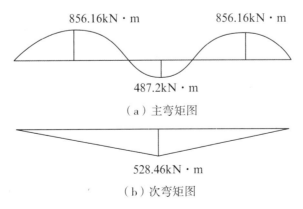

856.16kN·m　856.16kN·m

487.2kN·m

（a）主弯矩图

528.46kN·m

（b）次弯矩图

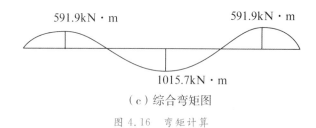

591.9kN·m　　591.9kN·m

1015.7kN·m

（c）综合弯矩图

图 4.16　弯矩计算

若按原等效荷载标准抛物线（图 4.14（c））在内支座处产生的综合弯矩为 1099.5kN·m，与实际的预应力筋产生的综合弯矩 1015.7kN·m 相差只有 7.6%，因而用理想抛物线束来估计预应力筋是可行的。

若考虑 35% 的活载为长期作用活载，则在长期荷载作用下内支座的弯矩为

$$M_{支}=-972-0.35\times1458=-1482.3(kN\cdot m)$$

跨中弯矩为

$$M_{中}=486+0.35\times729=741.15(kN\cdot m)$$

验算在长期荷载下，预应力混凝土梁是否在退压弯矩之内：

①支座截面

$$\frac{1482.3\times10^6\times462.5}{7.037\times10^{10}}-\frac{1015.7\times462.5\times10^6}{7.037\times10^{10}}-\frac{1344\times10^3}{4.8\times10^5}$$

$$=9.742-6.676-2.8=+0.266(N/mm^2)(拉应力)$$

②跨中截面

$$\frac{741.15\times10^6\times737.5}{7.037\times10^{10}}-\frac{591.9\times10^6\times737.5}{7.037\times10^{10}}-\frac{1344\times10^3}{4.8\times10^5}$$

$$=7.767-6.203-2.8=-1.236(N/mm^2)(压应力)$$

③跨内弯矩最大截面（略）

由上验算可知，在经常作用的荷载下，连续梁大体上处于退压弯矩之内，因而可以认为所选的预应力束的数量和布置形式是合适的。

（5）极限正截面强度验算

①按弹性理论计算的弯矩进行极限抗弯承载力验算

按弹性分析进行极限状态设计要考虑次弯矩的作用。但次弯矩的荷载系数为 1，则要求截面满足的抵抗弯矩为

$$M_0\geqslant1.3M_G+1.5M_L\pm M_2$$

内支座截面：

$$1.3M_G+1.5M_L-M_2$$

$$=1.3\times972+1.5\times1458-528.46$$

$$=3450.6-528.46=2922.14(kN\cdot m)$$

设 $h_0=1120mm$，则

$$M/f_{cm}bh_0^2=\frac{2922.14\times10^6}{19.1\times300\times1120^2}=0.406$$

$\zeta=0.41$，受压区高度为

$$0.41\times h_0=0.41\times 1120=459.2(\text{mm})$$

所需非预应力钢筋的面积为

$$A_s=\frac{2922.14\times 10^6-1390\times 1320\times(1100-229.6)}{360\times(1160-229.6)}$$

$$=\frac{(2922.14-1597.01)\times 10^6}{360\times 930.4}=3956.27(\text{mm}^2)$$

选用 $6\,\Phi\,30$，$A_s=4241.03\text{mm}^2$

跨内距边支座 $0.375l$ 处：

$$1.3M_G+1.5M_L+M_2=1.3\times 546+1.5\times 820.13+0.37\times 528.46$$

$$=2135.53(\text{kN}\cdot\text{m})$$

由抛物线方程 $e=4e_0/l^2(l-x)\cdot x$

当 $x=0.375l$ 时，$e=4e_0/l^2\times 0.625l\times 0.375l=0.9375e_l$

于是，在距支座 $0.375l$ 处预应力钢筋的偏心距为

$$0.9375\times 637.5=597.65(\text{mm})$$

根据跨内计算所需非预应力钢筋面积 A_s：

显然为第Ⅰ类 T 形截面：

$$a_s=\frac{2135.53\times 10^6}{19.1\times 1500\times 1120^2}=0.059$$

$$\zeta=0.06$$

$$\zeta h_0=68\text{mm}$$

$$A_s=\frac{2135.53\times 10^6-1390\times 1320\times(1100-40-34)}{360\times(1160-34)}$$

$$=\frac{(2135.53-1882.5)\times 10^6}{360\times 1126}=624.2(\text{mm}^2)$$

按构造可配非预应力筋为 $4\,\Phi\,20$，$A_s=1256\text{mm}^2$。

②按塑性理论进行极限设计

按塑性极限理论进行抗弯承载力设计，不考虑次弯矩的影响，只考虑塑性铰出现位置。

若塑性铰出现在跨中和内支座处，则在极限状态时，连续梁所变成的机构如图 4.17(a) 所示，根据内功与外功相等求出相应的在支座和跨中给定极限弯矩 M_D 及 M_B 下所能承受的极限外荷 q。

M_D 及 M_B 所做的内功为（图 4.17(b)）：

$$W_i=M_D\cdot 2\theta+M_B\cdot\theta$$

q 所做的外功为（图 4.17(c)）：

$$W_e=2\,(2)^{0.5}q\theta x dx=-ql^2\theta$$

$$W_e=W_i$$

$$1/4ql^2=M_B+2M_D，则\ M_D=1/8ql^2-M_B/2$$

假设内支座处配有 6Φ30 的非预应力钢筋，$A_s = 4241.03\text{mm}^2$，则内支座所能承受的极限弯矩计算如下：

混凝土受压区高度

$$x = \frac{f_s A_s + f_p A_p}{f_{cm} b} = \frac{360 \times 4241.03 + 1320 \times 1390}{19.1 \times 300} = 586.7(\text{mm})$$

$$M_B = 360 \times 4241.03 \times (1160 - 586.7/2) + 1320 \times 1390 \times (1100 - 586.7/2)$$
$$= 1323.176 + 1480.041$$
$$= 2803.22(\text{kN} \cdot \text{m})$$

跨中所需的抵抗弯矩为

$$M_D = \frac{1.3 \times 24 + 1.5 \times 36}{8} \times 18^2 - 2803.22/2 = 2048.99(\text{kN} \cdot \text{m})$$

则跨中所需的配筋为

$$\frac{M_D}{f_{cm} b h_0^2} = \frac{2048.99 \times 10^6}{19.1 \times 1500 \times 1120^2} = 0.0570$$

$$\zeta = 0.06 \quad \zeta h_0 = 67.2\text{mm}$$

$$A_s = \frac{2048.99 \times 10^6 - 1390 \times 1320 \times (1100 - 33.6)}{360 \times (1160 - 33.6)} = 227.76(\text{mm}^2)$$

非预应力筋应按构造配筋 4Φ20，$A_s = 1256\text{mm}^2$。

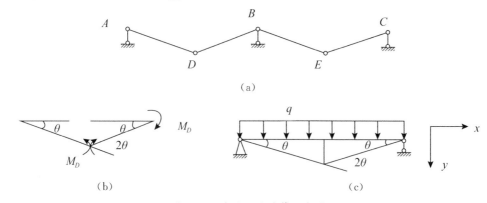

图 4.17 塑性理论计算示意图

同理，若塑性铰出现在跨内最大弯矩截面和内支座处，如图 4.18 所示。

则 $8/3 M_D + M_D = 0.3125 q l^2$

则 $M_D = 0.1171 q l^2 - 3/8 M_B$

若在内支座处同样配有 6Φ30 的非预应力钢筋，则

$$M_B = 2803.22\text{kN} \cdot \text{m}$$

$$M_D = 0.1171 \times (1.3 \times 24 + 1.5 \times 36) \times 18^2 - 3/8 \times 2803.22 = 2181.31(\text{kN} \cdot \text{m})$$

则在 D 截面所需非预应力筋：

$$\alpha_s = 0.0607 \quad \xi = 0.06 \quad \zeta h_0 = 67.2\text{mm}$$

$$A_s = \frac{2181.31 \times 10^6 - 1390 \times 1320 \times (1100 - 40 - 33.6)}{360 \times (1160 - 33.6)} = 735(\text{mm}^2)$$

按构造配 $4\underline{\Phi}20$，$A_s = 1256\text{mm}^2$

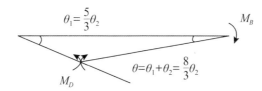

图 4.18　塑性铰出现在跨内最大弯矩截面和内支座处时的计算方法

由于支座弯矩比跨中弯矩大一倍，故按弹性分析设计和按塑性分析进行设计，跨中截面的钢筋都有一些富余，为保证各临界截面安全度基本一致，可考虑在内支处加腋。

按塑性极限设计不需要考虑次弯矩的影响，极限荷载只与临界截面的极限弯矩有关。但是，按塑性极限设计要保证临界截面塑性铰的转动能力，一般采用截面受压区高度与截面有效高度之比小于 0.3 来控制；另外要求弯矩调幅不宜过大，约调整按弹性计算的最大弯矩的 20% 左右。同时，要求截面极限抵抗矩不小于该截面开裂弯矩的 1.2 倍。本题 $x/h_D = 414.67/1120 = 0.3702$，应适当增加该截面的宽度。

（6）斜截面强度验算

① 按弹性理论分析，考虑次反力的影响

本题次反力对边支座处抗剪不利，但对内支座处是有利的。

边支座处的剪力：
$$3/8ql + M_2/l = 3/8(1.3\times24+1.5\times36)\times18 + 528.46/18$$
$$= 575.1 + 29.35 = 604.46(\text{kN})$$

内支座处的剪力：
$$5/8ql - M_2/l = 5/8\times(1.3\times24+1.5\times36)\times18 - 528.46/18$$
$$= 958.5 - 29.35 = 929.15(\text{kN})$$
$$0.25f_cbh_0 = 0.25\times19.1\times300\times1120 = 1604.4(\text{kN}) > 929.15\text{kN}$$

若配 $\phi10@150$ 的箍筋，则由混凝土和箍筋所承受的剪力为
$$0.07bh f_c + A_{sv}/s f_y h_0$$
$$= 0.07\times300\times1120\times19.1 + 1.5\times(2\times78.5/150)\times360\times1120$$
$$= 449.23 + 633.02$$
$$= 1082.25(\text{kN}) > 929.15\text{kN}$$

由于在内支座处、弯矩、剪力都较大，因此混凝土和箍筋足以承受剪力，建议不考虑预应力轴向力向分起预应力钢筋的有利作用，以保证抗剪不发生破坏。

② 按塑性限分析设计

塑性极限分析内支座及边支座的剪力对临界截面的极限弯矩和极限荷载有关。

若按图 4.18 的塑性机构，边支座的剪力为

$$V_A = R_A = \frac{M_D + 1/2q(0.375l)^2}{0.375l}$$

$$= \frac{2181.31 \times 10^6 + 1/2 \times 75.6 \times (0.375 \times 18000)^2}{0.375 \times 18000}$$

$$= 578.31(\text{kN})$$

$$V_B = ql - V_A = 75.6 \times 18 - 578.31 = 782.49(\text{kN})$$

同样配 $\phi10@150$ 的箍筋，由于混凝土和箍筋所承受的剪力大于 V_B，因而抗剪承载力是安全的。

上述 6 步计算只是 T 形连续梁的初步设计。在构件尺寸、配筋给定的情况下，还需要进行精确的预应力损失分析及强度和裂缝宽度的校核，以及采用内支座处大梁加腋等措施。

4.6 预应力混凝土框架设计

4.6.1 设计步骤

部分预应力混凝土多层框架的设计计算一般包括如下内容：

（1）内力计算：除了计算由外荷载和地震作用引起的内力之外，还要计算因施加预应力（后张法）引起的内力，即次弯矩和次剪力，并且要与外载和地震作用引起的内力相叠加。

（2）截面设计：根据叠加后的内力去设计截面、配置预应力筋和非预应力筋；验算正截面和斜截面的抗裂度，计算斜截面承载力，验算局部压力。

（3）变形和其他验算：既要计算外载引起的变形，又要计算预应力产生的反拱，有时还需要进行钢筋应力验算和裂缝开展验算、疲劳验算等。

（4）为准确地完成上列各项设计计算，应计算好各项预应力损失。

4.6.2 框架结构设计

1. 预应力筋的外形及布置

和连续梁一样，在框架结构大梁中设置连续的预应力筋非常有利，可取得明显的经济效益，预应力筋的布置主要与荷载作用下的弯矩图及预应力摩擦损失有关。在框架结构中，除跨度较大的边柱以外，框架柱一般是小偏心受压构件，故预应力混凝土框架结构中的柱常不需配预应力筋，图 4.19 分别列出了常见的单跨框架、两跨框架和三跨框架的预应力筋的结构布置。

若跨度较大，特别对顶层框架，根据大梁和柱的节点不同采用刚接和铰接两种方案，若用刚接，则边柱弯矩较大，在柱中要设置预应力筋。若采用铰接可不设置预应力筋。

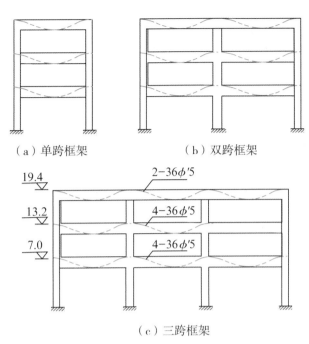

（a）单跨框架　　　　　　　（b）双跨框架

（c）三跨框架

图 4.19　常见的预应力筋结构布置方式

2.张拉预应力引起的框架内力计算

预应力引起的综合弯矩,可根据等效荷载法直接求出,在各层各跨框架上都加上相应的等效荷载,并将它们看成是外载,然后用一般结构力学方法计算出等效荷载引起的综合弯矩,从而得到预应力引起的次弯矩。

通常,在框架结构中,次弯矩在中间支座处和边支座处与荷载引起的次弯矩是相反的,故是有利的;但对跨中是同号的,故是不利的。在极限承载力计算时,若按弹性分析计算,次弯矩的荷载系数为 1。

4.6.3　框架梁的截面设计

框架大梁的截面设计,根据荷载的性质,考虑合适的预应力度。设计步骤如下:

（1）根据结构的使用环境,确定裂缝限制等级。

（2）根据抗裂度要求或裂缝宽度要求,确定在全部使用荷载下的允许名义拉应力,然后用试算法求所需的预应力筋;或用荷载平衡的概念,使预应力产生的等效荷载去平衡总荷载的一部分,再用线性变换原理进行调整。

（3）根据抗弯承载力要求配制非预应力筋:通常预应力混凝土大梁采用混合配筋形式,采用高强钢丝、钢绞线为预应力筋,Ⅱ级钢筋为非预应力筋。若裂缝宽度限制不严,预应力筋数量往往不能保证抗弯承载力要求,还需按规范要求配置非预应力筋。且至少要分别计算跨中、中支座和边支座三处截面。

计算中所取用的弯矩应考虑次弯矩的影响。

对框架梁支座截面:

$$M = 1.3M_G + 1.5M_L - M_2(次) \tag{4.21}$$

对框架梁的跨中截面：

$$M = 1.3M_G + 1.5M_L + M_2(次) \tag{4.22}$$

上述弯矩都将由预应力筋 A_p 和非预应力筋 A_s 共同承担。为保证结构有足够的延性，计算时，截面受压区高度应限制在 $0.4h_0$ 之内。

（4）在框架梁的斜截面抗剪强度计算中，一方面要考虑张拉预应力对超静定结构所产生的影响，应将张拉预应力引起的框架梁上的次剪力叠加到外荷载产生的外剪力中去，另一方面可考虑预应力对抗剪承载力的有利作用。

（5）确定 A_s、A_p 之后，重新准确地计算一遍。

4.6.4 框架的抗震问题

预应力混凝土结构常被认为不宜用于地震区，引起这一种片面看法的主要原因是：全预应力混凝土构件的滞回环小，耗散能量的能力较差。但预应力混凝土构件开裂后，滞回环境变宽，耗散能量的能力会变大。

部分预应力混凝土具有良好的弹性滞回性能。预应力混凝土框架结构的大梁一般采用混合配筋的部分预应力混凝土，框架柱一般用普通钢筋混凝土，若柱的轴压比限定在一定的范围内，它们都具有良好的延性，当采用一定的措施保证节点不产生剪切破坏时，预应力混凝土框架是能满足抗震要求的。部分预应力混凝土大跨度框架结构由于它自身的特点，对其的抗震设计应注意下面三个问题：

（1）大跨度框架结构一般层数较少，以竖向荷载作用为主。抗震设防烈度较低时，横向结构设计不受地震荷载控制。

（2）由于内柱主要承受轴力，弯矩较小，而梁支座处弯矩较大，若一定要求强柱弱梁型，则内柱的配筋比实际所需的配筋要大得多。

（3）纵向框架出于承受竖向荷载小，柱的刚度也小，在地震荷载下的变形有时难以保证，连系梁的配筋也由地震荷载控制，应在设计时给予重视，并进行必要的验算。

一般情况下，一种理想的耗能模型能提供必要的滞后阻尼，如图 4.20(a)所示的强柱弱梁耗能模型是理想形式，它主要通过梁两端形成的塑性铰来耗能。在高层框架结构中，通常由地震荷载组合控制大梁设计，因而这种由地震荷载组合控制的框架结构很容易保证强柱弱梁型的模式。

但是，对于低层大跨度部分预应力框架结构，在中等烈度的地震区，只是恒载组合控制设计，而它与地震荷载的组合就不控制设计。这时，若一定要求柱的抗弯能力大于与之相连的梁的抗弯能力，必然会导致框架的抗侧力比预期的低许多，且梁柱内节点设计非常困难。对于这种竖向荷载控制的大跨度框架，可采用如图 4.20(b)所示的耗能模式。这种模式是在梁柱内节点处，可先在内柱两端产生塑性铰，而在外节点先在大梁上产生塑性铰。这样既形成一个由整个框架一起耗能的模型，又防止产生如图 4.20(c)所示的产生框架突然失效的低耗能模型。防止在外节点处塑性铰出现在柱上是很重要的，一般在框架设计中边节点梁中的预应力筋尽可能向形心线靠近,保证塑性铰在梁上先形成并有相当好的延性。

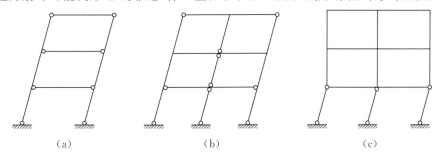

$$（a）\qquad\qquad\qquad（b）\qquad\qquad\qquad（c）$$

图 4.20　预应力框架结构耗能模式

　　采用图 4.20(b)的耗能模式,保证在地震作用下内柱不失去其承载能力和加强其塑性铰的转动能力是必要的,具体的措施是在柱的塑性铰区采用间距较小的密闭箍筋来约束核心区混凝土,并提高混凝土的极限压应变。美国 ACI 建筑规范要求配足够的横向约束箍筋,以保证在混凝土保护层脱落之后,柱的轴向承载力不降低。柱所承受的轴力越大,轴向压应变越大,若要保证框架柱与轴压比较小的柱有相同的延性,则要求增加横向约束箍筋,在框架设计中,建议的轴压比取在 0.6 以下。

◇ 思考题

4-1　如何理解等效荷载?简述典型预应力筋布置下的等效荷载的计算过程。

4-2　荷载平衡法的设计过程是什么?

4-3　部分预应力混凝土结构有何优点?

4-4　预应力度的定义有几种?分别如何定义?请简述。

4-5　超静定预应力结构的优缺点分别是什么?

4-6　超静定结构的次弯矩如何计算?不同方法的优缺点是什么?

4-7　预应力混凝土超静定结构的设计思路是什么?

第 5 章　混凝土结构耐久性设计

5.1　结构耐久性的概念

5.1.1　基本定义

　　《建筑结构可靠性设计统一标准》(GB 50153—2018)将结构的功能要求划分为安全性、适用性、耐久性三个方面,三者构成了结构可靠性分析和设计的核心。显然,与结构的安全性、适用性设计一样,结构的耐久性设计也是结构设计理论的重要组成部分。对处于侵蚀环境下的结构尤其是各类海港工程结构、桥梁结构等,耐久性设计更为重要。要全面系统地研究结构耐久性设计,需要从结构安全性、适用性、耐久性三者之间的关系入手。

　　结构的安全性(safety)是指结构在预定的使用期间内,应能承受正常施工、正常使用情况下可能出现的各种荷载、外加变形(如超静定结构的支座不均匀沉降)、约束变形(如温度和收缩变形受到约束时)等的作用。在偶然事件(如地震、爆炸)发生时和发生后,结构应能保持整体稳定性,不应发生倒塌或连续破坏而造成生命财产的严重损失。安全性是结构工程最重要的质量指标,主要取决于结构的设计与施工水准,也与结构的正确使用(维护、检测)有关,而这些又与土建法规和技术标准的合理规定及正确运用相关联。对结构工程的设计而言,结构的安全性主要体现在结构构件承载能力的安全性、结构的整体牢固性等方面。因此,安全性表征了结构抵御各种作用的能力。

　　结构的适用性(serviceability)是指结构在正常使用期间,具有良好的工作性能。如不发生影响正常使用的过大的变形(挠度、侧移)、振动(频率、振幅),或产生让使用者感到不安的过大的裂缝宽度。我国现行《混凝土结构设计规范》(GB 50010—2010)对适用性要求主要是通过控制变形和裂缝宽度来实现。对变形和裂宽限值的取值,除了保证结构的使用功能要求,防止对结构构件和非结构构件产生不良影响外,还应保证使用者的感觉在可接受的程度之内。由此看来,适用性是指结构适宜的工作性能。

结构的耐久性(durability)是指结构在可能引起其性能变化的各种作用(荷载、环境、材料内部因素等)下,在预定的使用年限和适当的维修条件下,结构能够长期抵御性能劣化的能力。

从结构的安全性、适用性、耐久性的概念可以看出,安全性、适用性、耐久性三者都有明确的内涵。结构的安全性就是结构抵御各种作用的能力;结构的适用性是良好的适宜的工作性能,两者主要表征结构的功能问题。而结构的耐久性则是在长期作用下(环境、荷载等)结构抵御性能劣化的能力。耐久性问题存在于结构的整个生命历程中,并对安全性和适用性产生影响,是导致结构性能退化的最根本原因。

5.1.2　相互关系

应当从全寿命理念出发研究混凝土结构耐久性设计问题,从结构建造、使用、老化的全寿命过程中,分析不同阶段耐久性对结构性能的影响程度。在施工阶段,结构性能受设计、施工质量等众多不确定因素的控制,结构的可靠性问题主要表现在安全性和耐久性两方面。施工期的耐久性问题随结构的建造过程出现,但材料性能的劣化需要时间的积累,相对于结构的整个寿命周期来说,施工期是短暂的,因此耐久性不会影响结构的安全性。施工期的安全性问题主要是来源于设计失误、施工缺陷、管理不善等。在使用前期阶段(结构服役开始→钢筋初锈),结构性能与材料均完好,不需要采取任何修复措施就能满足所需要的适用性与安全性要求,该时段为耐久性的正常状态;使用的中期阶段(钢筋初锈→保护层锈胀开裂),结构性能与材料基本完好,或者虽然有轻微的损伤积累,但基本上能够满足所需要的适用性与安全性要求,仅需采取小修措施来完善其使用功能,该时段为耐久性基本正常状态;使用的后期阶段(保护层锈胀开裂→允许的裂宽),耐久性影响到结构的适用性,必须经过修复(小修或中修)处理才能继续使用。结构进入老化期后,由于劣化程度的加剧和结构性能的快速下降,耐久性对结构的安全性产生较大的影响,必须经过加固处理才能继续使用。由此看来,结构的全寿命过程中,不同的劣化程度或耐久性水平,对结构的适用性和安全性产生不同的影响。耐久性的时变性使得它与适用性、安全性之间相互影响、相互制约,成如图5.1所示的交叉关系。

图 5.1　安全性、适用性与耐久性的交叉关系

5.1.3 耐久性的设计内容

《混凝土结构耐久性设计规范》(GB/T 50476—2019)中规定:混凝土结构的耐久性应根据结构的设计使用年限、结构所处的环境类别及作用等级进行设计。同一结构中的不同构件或同一构件中的不同部位由于所处的局部环境条件有异,应予区别对待。结构的耐久性设计必须考虑施工质量控制与质量保证对结构耐久性的影响,必须考虑结构使用过程中的维修与检测要求。混凝土结构的耐久性设计一般应包括:

(1) 结构的设计使用年限、环境类别及其作用等级;

(2) 有利于减轻环境作用的结构形式、布置和构造;

(3) 混凝土结构材料的耐久性质量要求;

(4) 钢筋的混凝土保护层厚度;

(5) 混凝土裂缝控制要求;

(6) 防水、排水等构造措施;

(7) 严重环境作用下合理采取防腐蚀附加措施或多重防护策略;

(8) 耐久性所需的施工养护制度与保护层厚度的施工质量验收要求;

(9) 结构使用阶段的维护、修理与检测要求。

5.2 环境类别和环境作用等级

5.2.1 环境类别

对于钢筋混凝土结构,结构所处环境按其对钢筋和混凝土材料的腐蚀机理可分为 5 类,并应按表 5.1 进行确定。

表 5.1 环境类别

环境类别	名称	腐蚀机理
Ⅰ	一般环境	保护层混凝土碳化引起钢筋锈蚀
Ⅱ	冻融环境	反复冻融导致混凝土损伤
Ⅲ	海洋氯化物环境	氯盐引起钢筋锈蚀
Ⅳ	除冰盐等其他氯化物环境	氯盐引起钢筋锈蚀
Ⅴ	化学腐蚀环境	硫酸盐等化学物质对混凝土的腐蚀

注:一般环境系指无冻融、氯化物和其他化学腐蚀物质作用。

5.2.2 环境作用等级

环境对配筋混凝土结构的作用程度采用环境作用等级表达,并按表 5.2 的规定进行确定。

表 5.2　环境作用等级

环境类别	环境作用等级					
	A 轻微	B 轻度	C 中度	D 严重	E 非常严重	F 极端严重
一般环境	I-A	I-B	I-C			
冻融环境			II-C	II-D	II-E	
海洋氯化物环境			III-C	III-D	III-E	III-F
除冰盐等其他氯化物环境			V-C	V-D	V-E	
化学腐蚀环境			V-C	V-D	V-E	V

当结构构件受到多种环境类别共同作用时,应分别满足每种环境类别单独作用下的耐久性要求,当研究条件允许时,尚应考虑种环境类别的耦合作用效应。在长期潮湿或接触水的环境条件下,混凝土结构的耐久性设计还应考虑混凝土可能发生的碱-骨料反应、钙矾石延迟反应和软水对混凝土的溶蚀,并在设计中采取相应的措施。除此之外,针对一些特殊的环境作用,混凝土结构的耐久性设计尚应考虑高速流水、风沙以及车轮行驶对混凝土表面的冲刷、磨损作用等实际使用条件对耐久性的影响。

5.3　结构的设计使用年限

在 2000 年第 279 号国务院令颁布的《建设工程质量管理条例》中,规定了基础设施工程、房屋建筑的地基基础工程和主体结构工程的最低保修期限为设计文件规定的该工程的"合理使用年限";在 1998 年国际标准 ISO 2394:1998《结构可靠性总原则》中,提出了"设计工作年限(design working life)",其含义与"合理使用年限"相当。

在原国家标准《建筑结构可靠度设计统一标准》(GB 50068—2001)中,已将"合理使用年限"与"设计工作年限"统一称为"设计使用年限",并规定建筑结构在超过设计使用年限后,应进行可靠性评估,根据评估结果,采取相应措施,并重新界定其使用年限。

设计使用年限是设计规定的一个时段,在这一规定时段内,结构只需进行正常的维护而不需进行大修就能按预期目的使用,完成预定的功能,即建筑结构在正常使用和维护下所应达到的使用年限,如达不到这个年限则意味着在设计、施工、使用与维护的某一或某些环节上出现了非正常情况,应查找原因。所谓"正常维护"包括必要的检测、防护及维修。

我国标准明确规定:建筑结构设计时,应规定结构的设计使用年限。结构的设计使用年限应根据建筑物的用途和环境的侵蚀性确定。通常,结构的设计使用年限宜按表 5.3 规定采用。

表 5.3 建筑结构的设计使用年限

类别	设计使用年限/年	示例
1	5	临时性建筑结构
2	25	易于替换的结构构件
3	50	普通房屋和构筑物
4	100	标志性建筑和特别重要的建筑结构

注:特殊建筑结构的设计使用年限可另行规定。

同时,规定必须定期涂刷的防腐蚀涂层等结构的设计使用年限可为 20～30 年,而对于预计使用时间较短的建筑物,如某些矿区的建筑物等,其结构的设计使用年限不宜小于30 年。

建筑结构设计时应对环境影响进行评估,当结构所处的环境对其耐久性有较大影响时,应根据不同的环境类别采用相应的结构材料、设计构造、防护措施、施工质量要求等,并应制定结构在使用期间的定期检修和维护制度,使结构在设计使用年限内不致因材料的劣化而影响其安全或正常使用。

一般环境下的民用建筑在设计使用年限内无需大修,其结构构件的设计使用年限应与结构整体设计使用年限相同。对于严重环境作用下的桥梁、隧道等混凝土结构,其部分构件可设计成易于更换的形式,或能够经济合理地进行大修。可更换构件的设计使用年限可低于结构整体的设计使用年限,并应在设计文件中明确规定。

5.4 结构耐久性的极限状态

5.4.1 耐久性的性能极限状态

我国混凝土结构耐久性设计的研究近年来有了很大的发展。一部分学者认为:混凝土结构耐久性设计应依据构件所处的工作环境来进行;确定结构的设计使用寿命是耐久性设计所要进行的首要工作;混凝土结构耐久性设计应根据结构工作环境的情况确定耐久性极限状态及标志。耐久性设计就是根据混凝土结构破损的规律来验算结构在设计使用寿命期内抵抗环境作用的能力是否大于环境对结构的作用。这种理论来源于欧洲 CEB 耐久性设计规范,仅解决了耐久性设计的构造要求部分。另一部分学者认为:混凝土结构耐久性设计应包括两部分,即计算与验算部分和构造要求部分;其中计算与验算部分是混凝土结构耐久性设计的关键,它要求分析出抗力与荷载随时间变化的规律,使新设计的结构有明确的目标使用期,使改建或扩建的结构具有同原结构相同的使用寿命,达到安全、经济和实用的建设目的。

结构的安全性、适用性和耐久性是结构可靠性的三个基本方面。在结构的全寿命周期中,结构是以可靠(安全、适用、耐久)和失效(不安全、不适用、不耐久)两种状态存在的。为了能够描述结构的工作状态,就必须明确定义结构可靠和失效的界限,国家标准(GB 50153—2008)中明确界定了安全性对应于结构的承载能力极限状态,适用性对应于结构的正常使用极限状态,而结构的耐久性却未能明确其判别标准,对结构耐久性的研究,不能仅仅局限于材料的性能劣化和损耗的结果上,必须考虑结构耐久性损伤对结构安全性、适用性及其他性能的影响。由于标准中没有耐久性极限状态的规定,结构耐久性设计就缺少了目标,也无法形成用失效概率表述的极限状态方法。因此,确定结构耐久性的极限状态是耐久性设计最为关键的环节之一。

从结构性能变化发展的过程以及耐久性对安全性和适用性的影响来看,结构耐久性是结构的综合性能,耐久性就是要反映结构性能(包括安全性、适用性等)的变化程度,从这个意义上来说,考虑一种基于性能设计的耐久性极限状态是可行的,也是合理的。这种耐久性的性能极限状态具有以下特点:

(1)动态性:在结构全寿命性能变化过程中,每一个特定的时间点所对应的结构性能都是不同的,使用者对结构的目标期望性能可以根据需要而变化,即可以定义不同的性能极限状态。每一种性能极限状态,体现了业主或使用者对结构某项性能的要求。因此,性能极限状态是动态的性能状态。

(2)性能极限状态包含了安全性、适用性以及其他性能的关键点。由于性能极限状态可以根据使用者的需要来定义,而这些需要可以是安全性的,也可以是适用性的,还可能是其他如混凝土碳化、钢筋锈蚀等方面的。如若以混凝土碳化达到钢筋表面作为结构使用寿命终结的标准,那么混凝土碳化到钢筋表面的深度这一事件便是相应的性能极限状态。因此,性能极限状态不仅仅局限于与安全性、适用性有关的性能,还可以是其他方面的性能。

(3)性能极限状态可根据用户的特殊要求来确定。如结构的振动、视觉、采光、噪声、外观等性能的特殊要求。

(4)性能极限状态可通过经济与技术的可行性比较确定。如某结构当采取维修、加固、更换等措施已经不经济或技术上难以实现时,即可认为该结构达到了经济或技术性能指标的性能极限状态。

5.4.2 耐久性的性能极限状态的时变性

对同一结构构件而言,若采用不同的耐久性性能极限状态,结构的失效概率或使用寿命会有较大的差别。如图 5.2 中性能极限状态 1、性能极限状态 2 等曲线。图 5.2 中 t 的第一个下标表示所选择的耐久性性能极限状态,第二个下标表示目标允许值。如 t_{11} 表示性能极限状态 1 达到目标允许值 1 时的使用年限。

在实际结构设计中,可根据业主或使用者对结构的具体要求、环境状况、结构的重要性、可修复性等方面的要求选择相应的性能极限状态,确定出性能极限状态函数及可接受的最大失效概率(目标失效概率)。有了性能极限状态函数及失效概率,就可采用以失效概率或可靠指标表述的可靠度方法对耐久性极限状态进行设计。

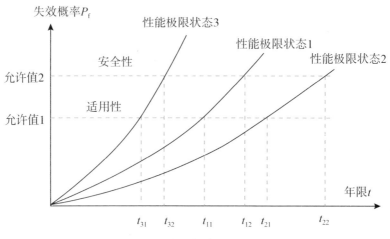

图 5.2　结构失效概率与时间的关系

5.4.3　混凝土结构耐久性极限状态

事实上,结构耐久性就是指在服役环境作用和正常使用维护条件下,结构抵御结构性能劣化(或退化)的能力。因此,在结构全寿命性能变化过程中,原则上结构劣化过程的各个阶段均可以选作耐久性极限状态的基准。理论上讲,足够的耐久性要求已包含在一段时间内的安全性和适用性要求中。然而,出于实用的原因,增加与耐久性方面有关的极限状态内容或针对一定(非临界)条件的极限状态是有用的(见 ISO 2394 和 ISO 13823)。因此,广义上来说,对于极限状态可定义以下 3 个状态(图 5.3)。

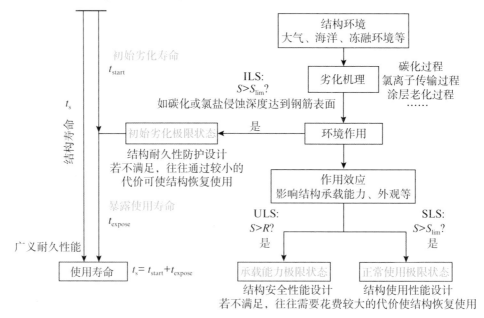

图 5.3　结构耐久性的极限状态

第(1)类极限状态:影响结构初始耐久性能的状态(如碳化或氯盐侵蚀深度达到钢筋表

面导致钢筋开始脱钝等);

第(2)类极限状态:影响结构正常使用的状态(如混凝土表面裂缝宽度限制等);

第(3)类极限状态:影响结构安全性能的状态(如混凝土保护层的脱离等)。

5.5　混凝土结构耐久性设计方法

结构的耐久性一般可采用下列方法进行设计:1)经验的方法;2)半定量的方法;3)定量控制耐久性失效概率的方法。

对缺乏侵蚀作用或作用效应统计规律的结构或结构构件,宜采取经验方法确定耐久性的系列措施。由于耐久性的作用效应与构件承载力的作用效应不同,其作用效应是环境影响强度和作用时间跨度与构件抵抗环境影响能力的结合体。对于缺少或者不存在这种规律的构配件,需要采取经验的设计方法。所谓经验的方法就是,从成功的结构中取得经验,从失效的事例中汲取教训。

具有一定侵蚀作用和作用效应统计规律的结构构件,可采取半定量的耐久性极限状态设计方法。半定量的耐久性极限状态设计方法宜按下列步骤确定环境的侵蚀性:1)环境等级宜按侵蚀性种类划分;2)环境等级之内,可按度量侵蚀性强度的指标分成若干个级别。

具有相对完善的侵蚀作用和作用效应相应统计规律的结构构件且具有快速检验方法予以验证时,可采取定量的耐久性极限状态设计方法。当充分考虑了环境影响的不定性和结构抵抗环境影响能力的不定性时,定量的设计应使预期出现耐久性极限状态标志的时间不小于结构的设计使用年限。环境影响的不定性是指每一固定的时间段环境影响的强度会存在差异,充分考虑其不定性是指要选取最强时间段环境影响的强度作为基准。构件抵抗环境影响能力的不定性是指材料性能的离散性和截面尺寸的施工偏差等。

同时,结构构件的耐久性极限状态设计,应包括保证构件质量的预防性处理措施、减小侵蚀作用的局部环境改善措施、延缓构件出现损伤的表面防护措施和延缓材料性能劣化速度的保护措施。

采取经验方法保障的结构构件耐久性宜包括下列的技术措施:1)保障结构构件质量的技术措施;2)避免物理性作用的表面抹灰和涂层等技术措施;3)避免雨水等冲淋和浸泡的遮挡和排水等技术措施;4)保障结构构件处于干燥状态的通风和防潮等技术措施;5)推迟电化学反应的镀膜和防腐涂层等技术措施以及阴极保护等技术措施;6)做出定期检查规定的技术措施等。

半定量设计方法的耐久性措施宜按下列方式确定:1)结构构件抵抗环境影响能力的参数或指标,宜结合环境级别和设计使用年限确定;2)结构构件抵抗环境影响能力的参数或指标,应考虑施工偏差等不定性的影响;3)结构构件表面防护层对于构件抵抗环境影响能力的实际作用,可结合具体情况确定。混凝土结构耐久性设计规范基本采用这种设计方法。在考虑构件抵抗环境影响的能力时,一般不考虑构件装饰层的有利作用,特定情况下可以适当考虑其作用。

当结构的耐久性设计采用极限状态设计方法时,应使结构构件出现耐久性极限状态标志或限值的年限不小于其设计使用年限。

5.5.1　基于极限状态方程的方法

在进行结构承载力设计时,荷载与抗力变量的定义是明确的,荷载变量如雪、风和机械荷载,抗力变量为材料参数,如混凝土抗压强度和钢筋屈服强度。

与结构规范中设计的概念相似,这种定义也可以用于耐久性设计,材料变量表示抗力变量,而描述环境的变量即为荷载变量。

基于极限状态方程的方法应当基于以下的相关信息:

(1)根据所考虑的劣化类型,实际、精确地定义环境作用;

(2)混凝土和钢筋的材料参数;

(3)劣化过程的计算模型。

在以上信息的基础上按如下步骤进行耐久性设计:

(1)定义要求的结构性能。要求委托人或业主详细说明要求的目标使用寿命和认为是使用寿命终点的失效事件。

图 5.4 表示了与钢筋锈蚀有关的混凝土结构性能和相关的失效事件。通常用来识别结构使用寿命的失效事件(寿命终结准则)有:钢筋脱钝、混凝土保护层锈胀开裂、锈胀裂缝达到一定宽度及倒塌。

(2)环境作用分析,确定环境荷载如氯离子荷载的取值标准。

(3)劣化模型选择。判别结构的劣化机理,选择相应的数学模型描述与时间相关的劣化过程和材料抗力,这些模型使设计者能够根据材料和环境条件估计随时间变化的性能。所有模型都包含有设计参数如结构尺寸、环境参数、材料性能,它们相当于结构设计中的设计变量。

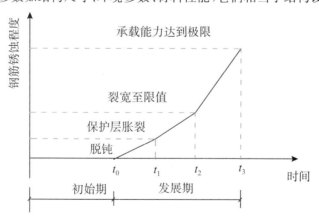

图 5.4　混凝土结构钢筋锈蚀程度

(4)可靠度分析。可靠度分析是确定一定失效事件的概率,这个事件标志着使用寿命的终点。失效事件用一个极限状态函数 $g(x,t)$ 描述,可以写作

$$g(x,t)=R(t)-S(t) \tag{5.1}$$

式中：x 为基本变量的矢量，t 表示时间，$R(t)$ 和 $S(t)$ 分别表示随时间而变的抗力和荷载变量。

在时间段 $[0, T]$ 内的失效概率 $p_f(T)$ 为

$$p_f(T) = P[R(t) - S(t) < 0] \leqslant p_{target} = \Phi(-\beta_{target}) \tag{5.2}$$

式中：p_{target} 为目标失效概率；$\Phi(\cdot)$ 为标准正态分布函数；β_{target} 为目标可靠指标。

耐久性设计必须在考虑环境作用与结构性能概率分析的基础上做出，特别是环境因素对劣化过程、材料与几何性能等的影响，可能使它们产生显著的变异。

1. 一般大气环境

一般大气环境主要指混凝土碳化引起的钢筋锈蚀环境，不存在冻融和盐、酸等化学物质的作用。一般大气环境下，影响混凝土结构耐久性的因素众多。混凝土碳化是造成一般大气环境下钢筋锈蚀的主要原因。

(1)耐久性极限状态

由前述分析可知，从材料学的角度来看，一般大气环境下混凝土的碳化是 CO_2 气体扩散到混凝土的孔结构中，并与混凝土中的水泥水化产物发生化学反应的一个物理化学过程。混凝土碳化的详细分解步骤如下：①大气中 CO_2 扩散；②CO_2 气体在混凝土孔隙内渗透；③CO_2 气体在孔隙液中溶解为游离 CO_2；④游离 CO_2 与水分子反应生成 H_2CO_3；⑤H_2CO_3 与水泥水化产物 $C-S-H$ 凝胶、$Ca(OH)_2$ 反应生成 $CaCO_3$。虽然混凝土碳化有利于改善混凝土孔结构、提高混凝土材料的密实性，但是混凝土碳化的负面作用是降低了混凝土孔隙液的 pH 值。当 pH 值下降到 11.5 时，钝化膜不再稳定，当 pH 值降至 9～10 时，钝化膜的作用完全破坏，钢筋处于脱钝状态，钢筋发生锈蚀。

从结构工程的角度来看，混凝土碳化使混凝土材料的强度有所提高，进而提高了混凝土构件的承载力，这是有利的一面。但另一方面，当混凝土构件的碳化深度达到钢筋表面时，钢筋开始脱钝锈蚀，进而钢筋截面面积减小、强度降低、钢筋与混凝土的黏结力降低。随着钢筋锈蚀的发展，锈蚀产物体积膨胀使得混凝土表面胀裂、剥落，最终导致混凝土构件的承载力降低。

因此，一般选择混凝土结构碳化深度达到混凝土构件保护层厚度作为一般大气环境下的耐久性极限状态。

(2)可靠度计算

根据国内外学者的研究成果，混凝土结构的碳化深度与时间的平方根成正比的关系已经得到公认：

$$x_c = k_c \sqrt{t_c} \tag{5.3}$$

式中：t_c 为碳化时间，x_c 为碳化深度，k_c 为碳化速度系数。

由上述给定的一般大气环境下的耐久性极限状态可得

$$Z^1 = d_{cover} - x_c \tag{5.4}$$

式中：Z^1 是一般大气环境下混凝土碳化过程的耐久性极限状态功能函数；d_{cover} 为混凝土构件保护层厚度。当 $Z^1 > 0$ 时，为可靠状态；当 $Z^1 \leqslant 0$ 时，为失效状态。该耐久性极限状态针对成

分为碳钢的普通钢筋。

在混凝土构件保护层厚度已知的情况下,碳化系数是确定碳化时间的关键参数,一般通过快速碳化试验、室外暴露试验和实际工程调研等方式来确定。确定碳化系数之后,可以确定构件的预期使用寿命,用于结构的耐久性评估当中。

2. 冻融环境

冻融环境主要指混凝土可能遭受冻蚀的环境。冻融循环作用是引起寒冷地区混凝土损伤破坏的主要原因之一。冻融环境下,影响混凝土结构耐久性的因素众多,冻融循环作用是导致混凝土疲劳损伤的主要原因。

(1)耐久性极限状态

由前述分析可知,从材料学的角度来看,冻融环境下混凝土的损伤是在一定饱和水情况下,由温度作用导致孔隙中水发生相变、浓度差和孔隙蒸气压差,进而产生水的流动对混凝土施加静水压和渗透压所造成的。多次的冻融循环使损伤累积,犹如疲劳作用,使微裂纹不断扩大,发展成相互连通的大裂缝,使得混凝土性能逐渐降低而破坏。

从结构工程的角度来看,冻融环境下混凝土的抗拉强度、抗压强度、弹性模量随冻融循环次数的增加而降低,混凝土表层混凝土逐渐破坏脱落,混凝土与钢筋的黏结性能随冻融循环次数的增加而降低,最终导致混凝土构件的承载力的降低。

因此,一般选择混凝土结构遭受到的冻融疲劳损伤达到临界冻融疲劳损伤作为冻融环境下的耐久性极限状态。

(2)可靠度计算

由上述给定的冻融环境下的耐久性极限状态可得

$$Z^{II} = D_{cr} - D_E \tag{5.5}$$

式中:Z^{II}是冻融环境下混凝土冻融过程的耐久性极限状态功能函数;D_{cr}为临界冻融疲劳损伤;D_E为冻融疲劳损伤。当$Z^{II} > 0$时,为可靠状态;当$Z^{II} \leqslant 0$时,为失效状态。

3. 海洋氯化物环境

海洋氯化物环境主要指来自海水的氯盐引起的钢筋锈蚀的环境。海洋氯化物环境下,影响混凝土结构耐久性的因素众多。钢筋表面的混凝土孔隙液中的氯离子浓度超过一定限值时,钢筋表面钝化膜破坏,钢筋就会发生锈蚀。

(1)耐久性极限状态

由前述可知,从材料学的角度来看,海洋氯化物环境下氯离子在混凝土中的输运过程是带电粒子在多孔介质孔隙液中的传质过程。氯离子的输运过程中包括扩散、对流、渗透、绑定等一系列物理化学过程。随着氯离子的输运,混凝土中氯离子含量不断增加,当钢筋表面的混凝土孔隙液中的氯离子浓度超过一定限值时,即使在碱度较高、pH值大于11.5时,氯离子也能破坏钢筋钝化膜,从而使钢筋发生锈蚀。

从结构工程的角度来看,当混凝土构件中钢筋表面的氯离子浓度超过一定限值时,钢筋开始脱钝锈蚀,钢筋截面积减小、强度降低、钢筋与混凝土的黏结力降低。随着钢筋锈蚀的发展,锈蚀产物体积膨胀使得混凝土表面胀裂、剥落,最终导致混凝土构件的承载力的降低。

因此,一般选择钢筋表面氯离子浓度达到临界氯离子浓度作为海洋氯化物环境下的耐久性极限状态。

(2)可靠度计算

由上述给定的海洋氯化物环境下的耐久性极限状态可得

$$Z^{\text{III}} = C_{\text{cr}} - C(d_{\text{cover}}, t) \tag{5.6}$$

式中:Z^{III} 是海洋氯化物环境下氯离子输运过程的耐久性极限状态功能函数;C_{cr} 为临界氯离子浓度;d_{cover} 为混凝土构件保护层厚度;$C(d_{\text{cover}}, t)$ 为 t 时刻钢筋表面氯离子浓度。当 $Z^{\text{III}} > 0$ 时,为可靠状态;当 $Z^{\text{III}} \leqslant 0$ 时,为失效状态。当采用其他指标如电通量等间接表征氯离子输运过程时,应采用相应合适的耐久性极限状态。

5.5.2　参数控制型设计

1.材料要求

混凝土材料应根据结构所处的环境类别、作用等级和结构设计使用年限,按同时满足混凝土最低强度等级、最大水胶比和混凝土原材料组成的要求确定。

对重要工程或大型工程,应针对具体的环境类别和作用等级,分别提出抗冻耐久性指数、氯离子在混凝土中的扩散系数等具体量化耐久性指标。

结构构件的混凝土强度等级应同时满足耐久性和承载能力的要求。

配筋混凝土结构满足耐久性要求的混凝土最低强度等级应符合表5.4的规定。

表5.4　满足耐久性要求的混凝土最低强度等级

环境类别与作用等级	设计使用年限		
	100 年	50 年	30 年
Ⅰ-A	C30	C25	C25
Ⅰ-B	C35	C30	C25
Ⅰ-C	C40	C35	C30
Ⅱ-C	Ca35,C45	Ca30,C45	Ca30,C40
Ⅱ-D	Ca40	Ca35	Ca35
Ⅱ-E	Ca45	Ca40	Ca40
Ⅲ-C,Ⅳ-C,Ⅴ-C,Ⅲ-D,Ⅳ-D,Ⅴ-D	C45	C40	C40
Ⅲ-E,Ⅳ-E,Ⅴ-E	C50	C45	C45
Ⅲ-F	C55	C50	C50

注:1 预应力混凝土构件的混凝土最低强度等级不应低于C40;
　　2 如能加大钢筋的保护层厚度,大截面墩、柱的混凝土强度等级可以低于表中规定的数值,但不应低于规定的素混凝土最低强度等级;
　　3.Ca30 为强度等级 C30 的引气混凝土。

2.构造设计

不同环境作用下钢筋主筋、箍筋和分布筋,其混凝土保护层厚度应满足钢筋防锈、耐火以及与混凝土之间黏结力传递的要求,且混凝土保护层厚度设计值不得小于钢筋的公称直径。

工厂预制的混凝土构件,其普通钢筋和预应力钢筋的混凝土保护层厚度可比现浇构件减少5mm。

在荷载作用下配筋混凝土构件的表面裂缝最大宽度计算值不应超过表5.5中的限值。对裂缝宽度无特殊外观要求的,当保护层设计厚度超过30mm时,可将厚度取为30mm计算裂缝的最大宽度。

表5.5　表面裂缝计算宽度限值　　　　　　　　　　　　　（单位:mm）

环境作用等级	钢筋混凝土构件	有黏结预应力混凝土构件
A	0.40	0.20
B	0.30	0.20(0.15)
C	0.20	0.10
D	0.20	按二级裂缝控制或按部分预应力A类构件控制
E,F	0.15	按一级裂缝控制或按全预应力类构件控制

注:1 括号中的宽度适用于采用钢丝或钢绞线的先张预应力构件;

2 裂缝控制等级为二级或一级时,按现行国家标准《设计规范》计算裂缝宽度;部分预应力A类构件或全预应力构件按现行行业标准《公路钢筋混凝土及预应力混凝土桥涵设计规范》JTG 3362 计算裂缝宽度;

3 有自防水要求的混凝土构件,其横向弯曲的表面裂缝计算宽度不应超过0.20mm。

◆ 思考题

5-1　结构安全性、适用性与耐久性三者的关系如何?

5-2　对于混凝土结构来说,耐久性的设计内容有哪些?

5-3　一般环境、氯盐环境和冻融环境的特点是什么?

5-4　当多种环境共同作用时,应该如何考虑混凝土结构的耐久性?

5-5　常见的耐久性极限状态有哪几种?

5-6　结构的耐久性一般可采用哪些方法进行设计?

5-7　基于极限状态方程的耐久性设计方法有哪些步骤?

5-8　请分别给出一般环境、氯盐环境和冻融环境的耐久性极限状态功能函数。

第6章　混凝土结构加固设计

本章知识点

知识点：混凝土结构性能劣化的机理及检测、评估基本方法，混凝土结构裂缝、缺陷修复方法及其优缺点，混凝土结构修复、加固、补强方法及其优缺点，混凝土结构加固设计方法。

重　点：混凝土受拉、受弯构件的正截面加固设计，混凝土受拉、受弯构件的斜截面加固设计。

难　点：加固构件二次受力问题及设计方法，剥离破坏机理及针对设计方法。

钢筋混凝土结构在使用过程中，会受到物理老化、化学腐蚀、作用效应提高等各种因素影响，出现结构功能性降低，不足以满足结构正常使用状态要求或承载力要求，产生各种安全隐患。2017 年 3 月，美国土木工程协会（ASCE）发布了 2017 年基础设施成果报告。根据该报告，美国整体基础设施的等级为 D+。数据分析公司 Transit Labs 曾称，仅美国 50 个国会选区就有 300 多座桥梁存在"结构缺陷"，其他 133 个选区中还有 80~300 座年久失修的桥梁。2017 年夏季日本国土交通省公布的老化问题排查结果显示，2014—2016 年间日本共有 396 处桥梁、27 处隧道及人行天桥等附属类设施 13 处被评估认定为"需采取紧急措施"，这是四级评估中最严重的级别。我国自改革开放以来，经济快速发展，基础设施建设规模更是成为世界第一，交通运输部发布的《2018 年交通运输行业发展统计公报》中数据显示全国公路桥梁已达 85.15 万座、5568.59 万米。与此同时，目前我国公路路网中在役桥梁约 40% 服役超过 20 年，技术等级为三、四类的带病桥梁达 30%，超过 10 万座桥梁为危桥，安全隐患不容忽视。另外一方面，近年来旧城改造几乎成了我国各大中小城市的共同课题，相当大数量的旧有建筑亟须进行加固改造升级。

如何保障建筑的安全性、耐久性和使用功能，已成为目前全球范围内的巨大挑战。相比于重建，对既有结构进行修复加固更为经济环保，具有重要的社会经济效益，受到工程界学术界的广泛关注。

6.1 概述

6.1.1 基本定义

现有工程上传统加固方法主要可分为两大类：直接加固法和间接加固法。其中直接加固法是指通过一定的技术措施，直接提高构件截面刚度及承载力，主要有增大截面加固法、预应力加固法、外部粘贴加固法、注浆加固法等。与直接加固相反，间接加固法是指在原有结构体系的基础上，不直接改变受力构件截面特性，而是通过一定措施改变受力路径，进而减小在被加固构件上的荷载，目前主要有增设构件加固法、增设支点加固法等。

6.1.2 加固方法

1. 增大截面加固法

增大截面加固法是一种最传统的加固方法，简单来说，就是增大构件的截面面积（浇筑新混凝土和增设一定数量的钢筋），从而达到增加构件承载力的目的，目前已广泛应用于混凝土结构、砖混结构的加固中。这种加工方法具有工程成本相对比较低、技术成熟、可靠性高、应用场景广泛等优点。其缺点主要来自两个方面：首先，现场施工湿作业工作量大，养护时间长，对人们的生产和生活会造成一定的影响；其次，由于该方法增加了原构件的截面面积和尺寸大小，会受限于实际结构的空间条件。

2. 预应力加固法

预应力加固法就是在构件体外，增设预应力拉杆或撑杆，进而对构件进行加固的一种方法。此种方法的原理是，通过对后加的拉杆或撑杆施加预应力，承担了部分荷载，改变了原结构的内力分布，进而提高整体的承载力。由于该方法基本不增加原构件的截面尺寸，相较于增大截面加固法，对作业空间的要求不是很高。与此同时，该方法还能有效提高构件的刚度和抗裂性能，改善加固构件在使用阶段的性能。不过该方法的施工难度相对较大，使用过程中还会出现应力松弛的现象，对预应力张拉设备要求较高，需要可靠的锚固措施。目前主要应用于大跨度结构的加固，如桥梁等。

3. 外贴钢板加固法

外贴钢板加固法是最早应用的外贴加固法之一，始于 19 世纪 60 年代，是将钢板用结构胶或螺栓固定在钢筋混凝土结构受拉侧表面，达到加固和增强原结构强度和刚度的目的。该工艺的具体流程包括以下几个步骤：黏结剂配置，构件和钢板表面处理，表面涂胶，粘贴钢板，固定加压，固化等。这种加固方法具有坚固耐用、简捷可靠等优点。但是，使用外贴钢板加固也有一些缺点，包括重量大带来的运输、搬运、安装上的不便，钢板锈蚀问题，钢板长度不足带来的节点处理问题，粘贴施工需要支撑和框架等。

4.外贴纤维复合材料加固法

纤维复合材料(fibre reinforced polymer,FRP)最开始是应用于汽车、航天航空等领域,随着材料科学的进步,后被应用于土木工程领域修复加固之中。外贴 FRP 加固法与外贴钢板加固法类似,通过黏结剂或者铆钉将 FRP 固定在钢筋混凝土梁受拉表面,形成一个整体,进而提高结构整体承载力。FRP 的材料类型包括玻璃纤维 FRP(GFRP)、芳纶纤维 FRP(AFRP)、碳纤维 FRP(CFRP)和玄武岩纤维 FRP(BFRP)等;材料形式包括板材、布材、筋材、网格等。相比于钢材,FRP 具有轻质高强、耐腐蚀、维护成本低等优势。以 CFRP 布为例,材料比重仅为 $1.7 \sim 2.19 \mathrm{g/cm^3}$,而抗拉强度一般在 3000MPa 以上,最高可达 7000MPa,是同截面钢材的 $7 \sim 10$ 倍,弹性模量略高于普通钢筋,粘贴 CFRP 布每平方米重量不到 1.0kg,几乎不会额外增加结构重量。由于材性稳定,具有很好的耐腐蚀性能,已有研究结果表明,经 CFRP 布加固的结构可以抵抗各种酸、碱、等的腐蚀,适用于需抵抗酸碱盐腐蚀的跨海工程、地下工程中。另外由于 CFRP 布是一种柔性材料,而且可以随意弯曲剪裁,并且不会改变结构外观,所以可被应用于各种结构类型、结构形状。正因如此,外贴 FRP 加固法基本可以完全取代外贴钢板加固法,在土木工程领域得到了广泛的关注和发展。

5.纤维织物增强水泥基复合材料加固法

FRP 是由纤维增强材料和有机高分子聚合物胶凝材料复合而成,虽然纤维本身有很好等耐久性、抗腐蚀性等优点,但是作为基体的高分子胶凝材料在高温及紫外线作用下容易发生降解,导致 FRP 力学性能和耐久性能的劣化。考虑到 FRP 的耐久性问题,纤维织物增强水泥基复合材料(fabric reinforced cementitious matrix,FRCM)逐渐得到关注。FRCM 作为一种新型复合材料,总体上属于纤维织物增强混凝土(textile reinforced concrete,TRC)或者纤维织物增强砂浆(textile reinforced mortar,TRM)的一种,但其具有一定的区别。根据国际标准评估委员会(ICC-ES)AC434 标准中的定义,FRCM 是由一到两层有机成分含量不大于 5% 的砂浆基胶凝材料和网状或者织物状干纤维(dry fiber)组成的复合材料。由于所采用的干纤维编织网和无机水泥基胶凝材料,纤维材料如碳纤维等具有耐腐蚀、防止化学侵蚀等优点,结构单元的厚度主要取决于增强纤维编织网所需的锚固厚度,而非混凝土保护层厚度。因此,FRCM 可作为一种轻质、高强、耐久的薄壁材料。同时具有纤维几何可变、与混凝土相容性好、受温度影响较小、渗透性好、不易燃、可在低温和浸水环境应用等优点,已被证明可以成功应用于高温环境、湿热环境或者水下环境中结构的修复和加固。

6.增设构件加固法

增设构件加固法就是在原有的构件体系里增加新的构件,从而改善结构受力情况,保护受损构件或者薄弱构件的一种方法。比如:在两根横梁之间再增加一根新梁,在两根柱子之间增加一个新柱子等,改变荷载传递路径,减少荷载效应,达到结构加固的目的。这种加固方法的优点是不破坏原有结构构件,施工简易,并能较好地改善结构的整体性与抗震性能。缺点是由于增设构件,对建筑物的使用功能可能会有所影响,一般适用于厂房以及增设构件对使用要求不会产生影响的结构构件加固。

7. 增设支点加固法

增设支点加固法是在结构构件上增设支撑点,比如:在梁、板等构件上增设支点,在柱子、屋架之间增加柱间支撑或者屋架支撑,从而减少构件的计算跨度。减小了荷载对结构弯曲及剪力,增加结构的稳定性,以此来达到结构加固的目的。

总的来说,应用 FRP、FRCM 等新型复合材料对土木工程结构进行加固属于较新型的加固方法,相较于传统加固方法虽然发展得较晚,还有费用较高、施工技术较不完善等缺点,但具有传统加固法不可比拟的优势,具有更广阔的应用前景。

6.2 增大截面法加固混凝土结构设计方法

6.2.1 设计规定

增大截面法适用于钢筋混凝土受弯和受压构件的加固。采用增大截面法时,按现场检测结果确定的原构件混凝土强度等级不应低于 C13。当被加固构件界面处理及其黏结质量符合规范规定时,可按整体截面计算。采用增大截面加固钢筋混凝土结构构件时,其正截面承载力应按现行国家标准《设计规范》的基本假定进行计算。采用增大截面加固法对混凝土结构进行加固时,应采取措施卸除或大部分卸除作用在结构上的活荷载。

6.2.2 受弯构件正截面加固

采用增大截面加固受弯构件时,应根据原结构构造和受力的实际情况,选用在受压区或受拉区增设现浇钢筋混凝土外加层的加固方式。当仅在受压区加固受弯构件时,其承载力、抗裂度、钢筋应力、裂缝宽度及挠度的计算和验算,可按现行国家标准《设计规范》关于叠合式受弯构件的规定进行。当验算结果表明,仅需增设混凝土叠合层即可满足承载力要求时,也应按构造要求配置受压钢筋和分布钢筋。

(1)当在受拉区加固矩形截面受弯构件时(图 6.1),其正截面受弯承载力应按下列公式确定:

$$M \leqslant \alpha_s f_y A_s \left(h_0 - \frac{x}{2} \right) + f_{y0} A_{s0} \left(h_{01} - \frac{x}{2} \right) + f'_{y0} A'_{s0} \left(\frac{x}{2} - a' \right) \tag{6.1}$$

$$\alpha_1 f_{c0} b x = f_{y0} A_{x0} + \alpha_s f_y A_s - f'_{y0} A'_{x0} \tag{6.2}$$

$$2a' \leqslant x \leqslant \xi_b h_0 \tag{6.3}$$

式中:M——构件加固后弯矩设计值(kN·m);

$\quad\quad \alpha_s$——新增钢筋强度利用系数,取 $\alpha_s = 0.9$;

$\quad\quad f_y$——新增钢筋的抗拉强度设计值(N/mm²);

$\quad\quad A_s$——新增受拉钢筋的截面面积(mm²);

h_0、h_{01}——构件加固后和加固前的截面有效高度(mm);

x——混凝土受压区高度(mm);

f_{y0}、f'_{y0}——原钢筋的抗拉、抗压强度设计值(N/mm^2);

A_{s0}、A'_{s0}——原受拉钢筋和原受压钢筋的截面面积(mm^2);

A_{x0}、A'_{x0}——混凝土受压区高度内受拉钢筋和受压钢筋的截面面积(mm^2);

a'——纵向受压钢筋合力点至混凝土受压区边缘的距离(mm);

α_1——受压区混凝土矩形应力图的应力值与混凝土轴心抗压强度设计值的比值;当混凝土强度等级不超过 C50 时,取 $\alpha_1 = 1.0$;当混凝土强度等级为 C80 时,取 $\alpha_1 = 0.94$;其间按线性内插法确定;

f_{c0}——原构件混凝土轴心抗压强度设计值(N/mm^2);

b——矩形截面宽度(mm);

ξ_b——构件增大截面加固后的相对界限受压区高度。

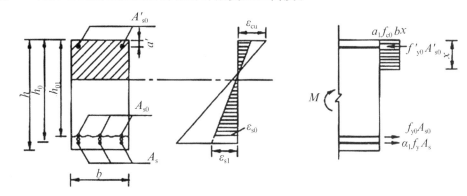

图 6.1　矩形截面受弯构件正截面加固计算简图

(2)受弯构件增大截面加固后的相对界限受压区高度 ξ_b,应按下列公式确定:

$$\xi_b = \frac{\beta_1}{1 + \dfrac{\alpha_s f_y}{\varepsilon_{cu} E_s} + \dfrac{\varepsilon_{s1}}{\varepsilon_{cu}}} \tag{6.4}$$

$$\varepsilon_{s1} = \left(1.6 \frac{h_0}{h_{01}} - 0.6\right)\varepsilon_{s0} \tag{6.5}$$

$$\varepsilon_{s0} = \frac{M_{0k}}{0.85 h_{01} A_{s0} E_{s0}} \tag{6.6}$$

式中:β_1——计算系数,当混凝土强度等级不超过 C50 时,β_1 值取为 0.80;当混凝土强度等级为 C80 时,β_1 值取为 0.74,其间按线性内插法确定;

ε_{cu}——混凝土极限压应变,取 $\varepsilon_{cu} = 0.0033$;

ε_{s1}——新增钢筋位置处,按平截面假设确定的初始应变值;当新增主筋与原主筋的连接采用短钢筋焊接时,可近似取 $h_{01} = h_0$,$\varepsilon_{s1} = \varepsilon_{s0}$;

M_{0k}——加固前受弯构件验算截面上原作用的弯矩标准值;

ε_{s0}——加固前,在初始弯矩 M_{0k} 作用下原受拉钢筋的应变值。

(3)当按公式(6.1)及(6.2)算得的加固后混凝土受压区高度 x 与加固前原截面有效高

度 h_{01} 之比 x/h_{01} 大于原截面相对界限受压区高度 ξ_{b01} 时,应考虑原纵向受拉钢筋应力 σ_{s0} 尚达不到 f_{y0} 的情况。此时,应将上述两公式中的 f_{y0} 改为 σ_{s0},并重新进行验算。验算时,σ_{s0} 值可按下式确定:

$$\sigma_{s0} = \left(\frac{0.8h_{01}}{x} - 1 \right) \varepsilon_{cu} E_s \leqslant f_{y0} \tag{6.7}$$

对翼缘位于受压区的 T 形截面受弯构件,其受拉区增设现浇配筋混凝土层的正截面受弯承载力,应按本节(1)至(3)的计算原则和现行国家标准《设计规范》关于 T 形截面受弯承载力的规定进行计算。

6.2.3 受弯构件斜截面加固

(1)受弯构件加固后的斜截面应符合下列条件:

当 $h_w/b \leqslant 4$ 时

$$V \leqslant 0.25\beta_c f_c b h_0 \tag{6.8}$$

当 $h_w/b \geqslant 6$ 时

$$V \leqslant 0.20\beta_c f_c b h_0 \tag{6.9}$$

当 $4 < h_w/b < 6$ 时,按线性内插法确定。

式中:V——构件加固后剪力设计值(kN);

β_c——混凝土强度影响系数;按现行国家标准《设计规范》的规定值采用;

b——矩形截面的宽度或 T 形、I 形截面的腹板宽度(mm);

h_w——截面的腹板高度(mm);对矩形截面,取有效高度;对 T 形截面,取有效高度减去翼缘高度;对 I 形截面,取腹板净高。

(2)采用增大截面法加固受弯构件时,其斜截面受剪承载力应符合下列规定:

当受拉区增设配筋混凝土层,并采用 U 形箍与原箍筋逐个焊接时

$$V \leqslant \alpha_{cv} \left[f_{t0} b h_{01} + \alpha_c f_1 b (h_0 - h_{01}) \right] + f_{yw0} \frac{A_{sw}}{s_0} h_0 \tag{6.10}$$

当增设钢筋混凝土三面围套,并采用加锚式或胶锚式箍筋时

$$V \leqslant \alpha_{cv} (f_{t0} b h_{01} + \alpha_c f_t A_c) + \alpha_s f_{yv} \frac{A_{sv}}{s} h_0 + f_{yw0} \frac{A_{sv0}}{s_0} h_{01} \tag{6.11}$$

式中:α_{cv}——斜截面混凝土受剪承载力系数,对一般受弯构件取 0.7;对集中荷载作用下(包括作用有多种荷载,其中集中荷载对支座截面或节点边缘所产生的剪力值占总剪力的 75% 以上的情况)的独立梁,取 α_{cv} 为 $1.75/(\lambda+1)$,λ 为计算截面的剪跨比,可取 λ 等于 a/h_0,当 λ 小于 1.5 时,取 1.5;当 λ 大于 3 时,取 3;a 为集中荷载作用点至支座截面或节点边缘的距离;

α_c——新增混凝土强度利用系数,取 $\alpha_c = 0.7$;

f_t、f_{t0}——新、旧混凝土轴心抗拉强度设计值(N/mm²);

A_c——三面围套新增混凝土截面面积(mm^2)；

α_s——新增箍筋强度利用系数,取 $\alpha_s = 0.9$；

f_{yv}、f_{yv0}——新箍筋和原箍筋的抗拉强度设计值(N/mm^2)；

A_{sv}、A_{sv0}——同一截面内新箍筋各肢截面面积之和及原箍筋各肢截面面积之和(mm^2)；

s、s_0——新增箍筋或原箍筋沿构件长度方向的间距(mm)。

6.2.4　受压构件正截面加固

(1)采用增大截面加固钢筋混凝土轴心受压构件(图 6.2)时,其正截面受压承载力应按下式确定：

$$N \leqslant 0.9\varphi[f_{c0}A_{c0} + f'_{y0}A'_{s0} + \alpha_{cs}(f_cA_c + f'_yA'_s)]　\qquad (6.12)$$

式中：N——构件加固后的轴向压力设计值(kN)；

φ——构件稳定系数,根据加固后的截面尺寸,按现行国家标准《设计规范》的规定值采用；

A_{c0}、A_c——构件加固前混凝土截面面积和加固后新增部分混凝土截面面积(mm^2)；

f'_y、f'_{y0}——新增纵向钢筋和原纵向钢筋的抗压强度设计值(N/mm^2)；

A'_s——新增纵向受压钢筋的截面面积(mm^2)；

α_{cs}——综合考虑新增混凝土和钢筋强度利用程度的降低系数,取 α_{cs} 值为 0.8。

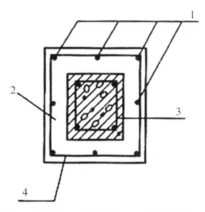

1—新增纵向受力钢筋；2—新增截面；3—原柱截面；4—新加箍筋

图 6.2　轴心受压构件增大截面加固

(2)采用增大截面加固钢筋混凝土偏心受压构件时,其矩形截面正截面承载力应按下列公式确定(图 6.3)：

$$N \leqslant \alpha_1 f_{cc}bx + 0.9f'_yA'_s + f'_{y0}A'_{s0} - \sigma_sA_s - \sigma_{s0}A_{s0}　\qquad (6.13)$$

$$Ne \leqslant \alpha_1 f_{cc}bx\left(h_0 - \frac{x}{2}\right) + 0.9f'_yA'_s(h_0 - a'_x)$$
$$+ f'_{y0}A'_{s0}(h_0 - a'_{s0}) - \sigma_{s0}A_{s0}(a_{s0} - a_s)　\qquad (6.14)$$

$$\sigma_{s0} = \left(\frac{0.8h_{01}}{x} - 1\right)E_{s0}\varepsilon_{cu} \leqslant f_{y0}　\qquad (6.15)$$

$$\sigma_{s0} = \left(\frac{0.8h_0}{x} - 1 \right) E_s \, \varepsilon_{cu} \leqslant f_y \tag{6.16}$$

式中：f_{cc}——新旧混凝土组合截面的混凝土轴心抗压强度设计值（N/mm²），可近似按 $f_{cc} = \frac{1}{2}(f_{c0} + 0.9f_c)$ 确定；若有可靠试验数据，也可按试验结果确定；

f_c、f_{c0}——分别为新旧混凝土轴心抗压强度设计值（N/mm²）；

σ_{s0}——原构件受拉边或受压较小边纵向钢筋应力，当为小偏心受压构件时，图中 σ_{s0} 可能变向；当算得 $\sigma_{s0} > f_{y0}$ 时，取 $\sigma_{s0} = f_{y0}$；

σ_s——受拉边或受压较小边的新增纵向钢筋应力（N/mm²）；当算得 $\sigma_s > f_y$ 时，取 $\sigma_s = f_y$；

A_{s0}——原构件受拉边或受压较小边纵向钢筋截面面积（mm²）；

A'_{s0}——原构件受压较大边纵向钢筋截面面积（mm²）；

e——偏心距，为轴向压力设计值 N 的作用点至纵向受拉钢筋合力点的距离，按本节第（3）条确定（mm）；

a_{s0}——原构件受拉边或受压较小边纵向钢筋合力点到加固后截面近边的距离（mm）；

a'_{s0}——原构件受压较大边纵向钢筋合力点到加固后截面近边的距离（mm）；

a_s——受拉边或受压较小边新增纵向钢筋合力点至加固后截面近边的距离（mm）；

a'_s——受压较大边新增纵向钢筋合力点至加固后截面近边的距离（mm）；

a'_x——在受压区内受压较大边新增纵向钢筋合力点至加固后截面近边的距离（mm）；

h_0——受拉边或受压较小边新增纵向钢筋合力点至加固后截面受压较大边缘的距离（mm）；

h_{01}——原构件截面有效高度（mm）。

（3）轴向压力作用点至纵向受拉钢筋的合力作用点的距离（偏心距）e，应按下列规定确定：

$$e = e_i + \frac{h}{2} - a \tag{6.17}$$

$$e_i = e_0 + e_a \tag{6.18}$$

式中：e_i——初始偏心距；

a——纵向受拉钢筋的合力点至截面近边缘的距离；

e_0——轴向压力对截面重心的偏心距，取为 M/N；当需要考虑二阶效应时，M 应按国家标准《设计规范》第 6.2.4 条规定的 $C_m\eta_{ns}M_2$，乘以修正系数 ψ 确定，即取 M 为 $\psi C_m \eta_{ns} M_2$；

ψ——修正系数，当为对称形式加固时，取 ψ 为 1.2；当为非对称加固时，取 ψ 为 1.3；

e_a——附加偏心距，按偏心方向截面最大尺寸 h 确定；当 $h \leqslant 600$mm 时，取 e_a 为 20mm；当 $h > 600$mm 时，取 $e_a = h/30$。

6.2.5　构造规定

采用增大截面加固法时，新增截面部分，可用现浇混凝土、自密实混凝土或喷射混凝土浇筑而成,也可用掺有细石混凝土的水泥基灌浆料灌注而成。原构件混凝土表面应经处理,设计文件应对所采用的界面处理方法和处理质量提出要求。一般情况下,除混凝土表面应予打毛外,尚应采取涂刷结构界面胶、种植剪切销钉或增设剪力键等措施,以保证新旧混凝土共同工作。新增混凝土层的最小厚度,板不应小于 40mm;梁、柱,采用现浇混凝土、自密实混凝土或灌浆料施工时,不应小于 60mm,采用喷射混凝土施工时,不应小于 50mm。加固用的钢筋,应采用热轧钢筋。板的受力钢筋直径不应小于 8mm;梁的受力钢筋直径不应小于 12mm;柱的受力钢筋直径不应小于 14mm;加锚式箍筋直径不应小于 8mm;U 形箍直径应与原箍筋直径相同;分布筋直径不应小于 6mm。

新增受力钢筋与原受力钢筋的净间距不应小于 25mm,并应采用短筋或箍筋与原钢筋焊接;其构造应符合下列规定:

(1)当新增受力钢筋与原受力钢筋的连接采用短筋(图 6.3(a))焊接时,短筋的直径不应小于 25mm,长度不应小于其直径的 5 倍,各短筋的中距不应大于 500mm。

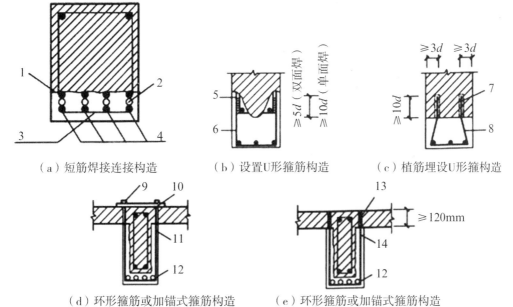

（a）短筋焊接连接构造　　　（b）设置U形箍筋构造　　　（c）植筋埋设U形箍构造

（d）环形箍筋或加锚式箍筋构造　　　（e）环形箍筋或加锚式箍筋构造

1—原钢筋;2—连接短筋;3—φ6 连系钢筋,对应在原箍筋位置;4—新增钢筋;5—焊接于原箍筋上;6—新加 U 形箍;7—植箍筋用结构胶锚固;8—新加箍筋;9—螺栓,螺帽拧紧后加点焊;10—钢板;11—加锚式箍筋;12—新增受力钢筋;13—孔中用结构胶锚固;14—胶锚式箍筋;d—箍筋直径

图 6.3　增大截面配置新增箍筋的连接构造

(2)当截面受拉区一侧加固时,应设置 U 形箍筋(图 6.3(b)),U 形箍筋应焊在原有箍筋上,单面焊的焊缝长度应为箍筋直径的 10 倍,双面焊的焊缝长度应为箍筋直径的 5 倍;当用混凝土围套加固时,应设置环形箍筋或加锚式箍筋(图 6.3(d)或(e));当受构造条件限制而需采用植筋方式埋设 U 形箍(图 6.3(c))时,应采用锚固型结构胶种植,不得采用未改性的环氧类胶黏剂和不饱和聚酯类的胶黏剂种植,也不得采用无机锚固剂(包括水泥基灌浆料)种植。梁的新增纵向受力钢筋,其两端应可靠锚固;柱的新增纵向受力钢筋的下端应伸入基

础并应满足锚固要求;上端应穿过楼板与上层柱脚连接或在屋面板处封顶锚固。

6.3 粘贴钢板法加固混凝土结构设计方法

粘贴钢板法适用于对钢筋混凝土受弯、大偏心受压和受拉构件的加固。本方法不适用于素混凝土构件,包括纵向受力钢筋一侧配筋率小于 0.2% 的构件加固。被加固的混凝土结构构件,其现场实测混凝土强度等级不得低于 C15,且混凝土表面的正拉黏结强度不得低于 1.5MPa。粘贴钢板加固钢筋混凝土结构构件时,应将钢板受力方式设计成仅承受轴向应力作用。粘贴在混凝土构件表面上的钢板,其外表面应进行防锈蚀处理。表面防锈蚀材料对钢板及胶黏剂应无害。采用规定的胶黏剂粘贴钢板加固混凝土结构时,其长期使用的环境温度不应高于 60℃;处于特殊环境(如高温、高湿、介质侵蚀、放射等)的混凝土结构采用本方法加固时,除应按国家现行有关标准的规定采取相应的防护措施外,尚应采用耐环境因素作用的胶黏剂,并按专门的工艺要求进行粘贴。采用粘贴钢板对钢筋混凝土结构进行加固时,应采取措施卸除或大部分卸除作用在结构上的活荷载。当被加固构件的表面有防火要求时,应按现行国家标准《建筑设计防火规范》(GB 50016—2014(2018 版))规定的耐火等级及耐火极限要求,对胶黏剂和钢板进行防护。

6.3.1 受弯构件正截面加固

(1)采用粘贴钢板对梁、板等受弯构件进行加固时,除应符合现行国家标准《设计规范》正截面承载力计算的基本假定外,尚应符合下列规定:

构件达到受弯承载能力极限状态时,外贴钢板的拉应变 ε_{sp} 应按截面应变保持平面的假设确定;钢板应力 σ_{sp} 取等于拉应变 ε_{sp} 与弹性模量 E_{sp} 的乘积;当考虑二次受力影响时,应按构件加固前的初始受力情况,确定粘贴钢板的滞后应变;在达到受弯承载能力极限状态前,外贴钢板与混凝土之间不致出现黏结剥离破坏。受弯构件加固后的相对界限受压区高度 $\xi_{b,sp}$ 应按加固前控制值的 0.85 倍采用,即

$$\xi_{b,sp} = 0.85\xi_b \tag{6.19}$$

式中:ξ_b——构件加固前的相对界限受压区高度,按现行国家标准《设计规范》的规定计算。

(2)在矩形截面受弯构件的受拉面和受压面粘贴钢板进行加固时(图 6.4),其正截面承载力应符合下列规定:

$$M \leqslant \alpha_1 f_{c0} bx \left(h - \frac{x}{2}\right) + f'_{y0} A'_{s0}(h - a')$$
$$+ f'_{sp} A'_{sp} h - f_{y0} A_{s0}(h - h_0) \tag{6.20}$$

$$\alpha_1 f_{c0} bx = \psi_{sp} f_{sp} A_{sp} + f_{y0} A_{s0}$$
$$- f'_{y0} A'_{s0} - f'_{sp} A'_{sp} \tag{6.21}$$

$$\psi_{sp} = \frac{(0.8\varepsilon_{cu} h/x) - \varepsilon_{cu} - \varepsilon_{sp,0}}{f_{sp}/E_{sp}} \tag{6.22}$$

$$x \leqslant 2a' \tag{6.23}$$

式中：M——构件加固后弯矩设计值（$kN \cdot m$）；

　　　χ——混凝土受压区高度（mm）；

　　　b、h——矩形截面宽度和高度（mm）；

　　　f_{sp}、f'_{sp}——加固钢板的抗拉、抗压强度设计值（N/mm^2）；

　　　A_{sp}、A'_{sp}——受拉钢板和受压钢板的截面面积（mm^2）；

　　　A_{s0}、A'_{s0}——原构件受拉和受压钢筋的截面面积（mm^2）；

　　　a'——纵向受压钢筋合力点至截面近边的距离（mm）；

　　　h_0——构件加固前的截面有效高度（mm）；

　　　ψ_{sp}——考虑二次受力影响时，受拉钢板抗拉强度有可能达不到设计值而引用的折减系数；当 $\psi_{sp} > 1.0$ 时，取 $\psi_{sp} = 1.0$；

　　　ε_{cu}——混凝土极限压应变，取 $\varepsilon_{cu} = 0.0033$；

　　　$\varepsilon_{sp,0}$——考虑二次受力影响时，受拉钢板的滞后应变，应按式（6.27）的规定计算；若不考虑二次受力影响，取 $\varepsilon_{sp,0} = 0$。

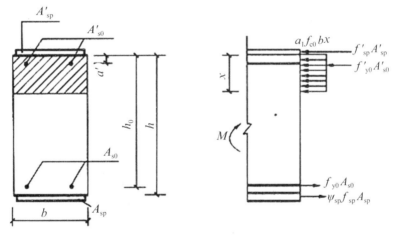

图 6.4　矩形截面正截面受弯承载力计算

当受压面没有粘贴钢板（即 $A'_{sp} = 0$）时，可根据式（6.20）计算出混凝土受压区的高度 χ，按式（6.22）计算出强度折减系数 ψ_{sp}，然后代入式（6.21），求出受拉面应粘贴的加固钢板量 A_{sp}。

（3）对受弯构件正弯矩区的正截面加固，其受拉面沿轴向粘贴的钢板的截断位置，应从其强度充分利用的截面算起，取不小于按下式确定的粘贴延伸长度：

$$l_{sp} \geqslant (f_{sp} t_{sp} / f_{bd}) + 200 \tag{6.24}$$

式中：l_{sp}——受拉钢板粘贴延伸长度（mm）；

　　　t_{sp}——粘贴的钢板总厚度（mm）；

　　　f_{sp}——加固钢板的抗拉强度设计值（N/mm^2）；

　　　f_{bd}——钢板与混凝土之间的黏结强度设计值（N/mm^2），取 $f_{bd} = 0.5 f_t$；f_t 为混凝土抗

拉强度设计值,按现行国家标准《设计规范》的规定值采用;当 f_{bd} 计算值低于 0.5MPa 时,取 f_{bd} 为 0.5MPa;当 f_{bd} 计算值高于 0.8MPa 时,取 f_{bd} 为 0.8MPa。

(4)对框架梁和独立梁的梁底进行正截面粘钢加固时,受拉钢板的粘贴应延伸至支座边或柱边,且延伸长度 l_{sp} 应满足式(6.24)的规定。当受实际条件限制无法满足此规定时,可在钢板的端部锚固区加贴 U 形箍板(图 6.5)。此时,U 形箍板数量的确定应符合下列规定:

当 $f_{sv}b_1 \leqslant 2f_{bd}h_{sp}$ 时

$$f_{sp}A_{sp} \leqslant 0.5f_{bd}l_{sp}b_1 + 0.7nf_{sv}b_{sp}b_1 \tag{6.25}$$

当 $f_{sv}b_1 > 2f_{bd}h_{sp}$ 时

$$f_{sp}A_{sp} \leqslant 0.5f_{bd}l_{sp}b_1 + nf_{bd}b_{sp}h_{sp} \tag{6.26}$$

式中:f_{sv}——钢对钢黏结强度设计值(N/mm²),对 A 级胶取为 3.0MPa,对 B 级胶取为 2.5MPa;

A_{sp}——加固钢板的截面面积(mm²);

n——加固钢板每端加贴 U 形箍板的数量;

b_1——加固钢板的宽度(mm);

b_{sp}——U 形箍板的宽度(mm);

h_{sp}——U 形箍板单肢与梁侧面混凝土黏结的竖向高度(mm)。

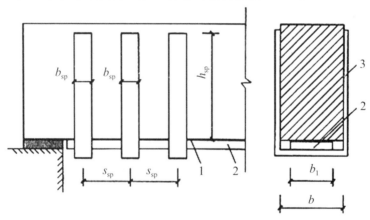

1—胶层;2—加固钢板;3—U 形箍板

图 6.5　梁端增设 U 形箍板锚固

对受弯构件负弯矩区的正截面加固,钢板的截断位置距充分利用截面的距离,除应根据负弯矩包络图按公式(6.24)确定外,尚宜按构造规定进行设计。对翼缘位于受压区的 T 形截面受弯构件的受拉面粘贴钢板进行受弯加固时,应按 6.3.1 节原则和现行国家标准《设计规范》中关于 T 形截面受弯承载力的计算方法进行计算。

(5)当考虑二次受力影响时,加固钢板的滞后应变 $\varepsilon_{sp,0}$ 应按下式计算:

$$\varepsilon_{sp,0} = \frac{\alpha_{sp}M_{0k}}{E_sA_sh_0} \tag{6.27}$$

式中:M_{0k}——加固前受弯构件验算截面上作用的弯矩标准值(kN·m);

α_{sp}——综合考虑受弯构件裂缝截面内力臂变化、钢筋拉应变不均匀以及钢筋排列影响的计算系数,按表 6.1 的规定采用。

表 6.1　计算系数 α_{sp} 值

ρ_{te}	≤0.007	0.010	0.020	0.030	0.040	≥0.060
单排钢筋	0.70	0.90	1.15	1.20	1.25	1.30
双排钢筋	0.75	1.00	1.25	1.30	1.35	1.40

注:ρ_{te} 为原有混凝土有效受拉截面的纵向受拉钢筋配筋率,即 $\rho_{te}=A_s/A_{te}$;A_{te} 为有效受拉混凝土截面面积,按现行国家标准《设计规范》的规定计算。

当原构件钢筋应力 σ_{s0}≤150MPa,且 ρ_{te}≤0.05 时,表中 α_{sp} 值可乘以调整系数 0.9。当钢板全部粘贴在梁底面(受拉面)有困难时,允许将部分钢板对称地粘贴在梁的两侧面。此时,侧面粘贴区域应控制在距受拉边缘 1/4 梁高范围内,且应按下式计算确定梁的两侧面实际需粘贴的钢板截面面积 $A_{sp,1}$。

$$A_{sp,1}=\eta_{sp}A_{sp,b} \tag{6.28}$$

式中:$A_{sp,b}$——按梁底面计算确定的、但需改贴到梁的两侧面的钢板截面面积;

η_{sp}——考虑改贴梁侧面引起的钢板受拉合力及其力臂改变的修正系数,应按表 6.2 采用。

表 6.2　修正系数 η_{sp} 值

h_{sp}/h	0.05	0.10	0.15	0.20	0.25
η_{sp}	1.09	1.20	1.33	1.47	1.65

注:h_{sp} 为从梁受拉边缘算起的侧面粘贴高度;h 为梁截面高度。

钢筋混凝土结构构件加固后,其正截面受弯承载力的提高幅度,不应超过 40%,并应验算其受剪承载力,避免受弯承载力提高后而导致构件受剪破坏先于受弯破坏。粘贴钢板的加固量,对受拉区和受压区,分别不应超过 3 层和 2 层,且钢板总厚度不应大于 10mm。

6.3.2　受弯构件斜截面加固

受弯构件斜截面受剪承载力不足,应采用胶粘的箍板进行加固,箍板宜设计成加锚封闭箍、胶锚 U 形箍或钢板锚 U 形箍的构造方式(图 6.6(a)),当受力很小时,也可采用一般 U 形箍。箍板应垂直于构件轴线方向粘贴(图 6.6(b));不得采用斜向粘贴。

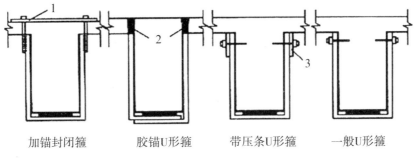

| 加锚封闭箍 | 胶锚U形箍 | 带压条U形箍 | 一般U形箍 |

(a)构造方式

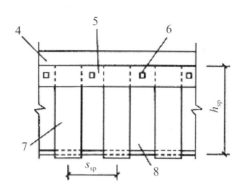

（b）U 形箍加纵向钢板压条

1—扁钢；2—胶锚；3—粘贴钢板压条；4—板；5—钢板底面空鼓处应加钢垫板；6—钢板压条附加锚栓锚固；7—U 形箍；8—梁

图 6.6 扁钢抗剪箍及其粘贴方式

（1）受弯构件加固后的斜截面应符合下列规定：

当 $h_w/b \leqslant 4$ 时

$$V \leqslant 0.25\beta_c f_{c0} bh_0 \tag{6.29}$$

当 $h_w/b \geqslant 6$ 时

$$V \leqslant 0.20\beta_c f_{c0} bh_0 \tag{6.30}$$

当 $4 < h_w/b < 6$ 时，按线性内插法确定。

式中：V——构件斜截面加固后的剪力设计值；

β_c——混凝土强度影响系数，按现行国家标准《设计规范》规定值采用；

b——矩形截面的宽度；T 形或 I 形截面的腹板宽度；

h_w——截面的腹板高度：对矩形截面，取有效高度；对 T 形截面，取有效高度减去翼缘高度；对 I 形截面，取腹板净高。

（2）采用加锚封闭箍或其他 U 形箍对钢筋混凝土梁进行抗剪加固时，其斜截面承载力应符合下列公式规定：

$$V \leqslant V_{b0} + V_{b,sp} \tag{6.31}$$

$$V_{b,sp} = \phi_{vb} f_{sp} A_{b,sp} h_{sp}/s_{sp} \tag{6.32}$$

式中：V_{b0}——加固前梁的斜截面承载力（kN），按现行国家标准《设计规范》计算；

$V_{b,sp}$——粘贴钢板加固后，对梁斜截面承载力的提高值（kN）；

ϕ_{vb}——与钢板的粘贴方式及受力条件有关的抗剪强度折减系数，按表 6.3 确定；

$A_{b,sp}$——配置在同一截面处箍板各肢的截面面积之和（mm^2），即 $2b_{sp}t_{sp}$，此处：b_{sp} 和 t_{sp} 分别为箍板宽度和箍板厚度；

h_{sp}——U 形箍板单肢与梁侧面混凝土黏结的竖向高度（mm）；

s_{sp}——箍板的间距（mm）（图 6.6（b））。

表 6.3　抗剪强度折减系数 ψ_{vb} 值

箍板构造		加锚封闭箍	胶锚或钢板锚 U 形箍	一般 U 形箍
受力条件	均布荷载或剪跨比 $\lambda \leqslant 3$	1.00	0.92	0.85
	剪跨比 $\lambda \geqslant 1.5$	0.68	0.63	0.58

注:当 λ 为中间值时,按线性内插法确定 ψ_{vb} 值。

6.4　粘贴纤维增强复合材料加固设计方法

6.4.1　受压构件正截面加固

(1)轴心受压构件可采用沿其全长无间隔地环向连续粘贴纤维织物的方法(简称环向围束法)进行加固。

(2)采用环向围束加固轴心受压构件适用于下列情况:

1)长细比 $l/d \leqslant 12$ 的圆形截面柱;

2)长细比 $l/b \leqslant 14$,截面高宽比 $h/b \leqslant 1.5$,截面高度 $h \leqslant 600\text{mm}$,且截面棱角经过圆化打磨的正方形或矩形截面柱。

当 $l/d \geqslant 12$(圆形截面柱)或 $l/b \geqslant 14$(正方形或矩形截面柱),构件的长细比已经比较大,有可能因纵向弯曲而导致纤维材料不起作用;与此同时,若矩形截面边长过大,也会使纤维材料对混凝土的约束作用明显降低,故明确规定了采用此方法加固时的适用条件。

(3)采用环向围束的轴心受压构件,其正截面承载力应符合下列规定:

$$N \leqslant 0.9 \left[(f_{c0} + 4\sigma_l) A_{cor} + f'_{y0} A'_{s0} \right] \tag{6.33}$$

$$\sigma_l = 0.5 \beta_c k_c \rho_f E_f \varepsilon_{fe} \tag{6.34}$$

式中:N——轴向压力设计值;

f_{c0}——原构件混凝土轴心抗压强度设计值;

σ_l——有效约束应力;

A_{cor}——环向围束内混凝土面积;对圆形截面 $A_{cor} = \pi d^2/4$;对正方形和矩形截面:$A_{cor} = bh - (4-\pi)r^2$;

d——圆形截面柱的直径;

b——正方形截面边长或矩形截面宽度;

h——矩形截面高度;

r——截面棱角的圆化半径(倒角半径);

β_c——混凝土强度影响系数;当混凝土强度等级不大于 C50 时,$\beta_c = 1.0$;当混凝土强度等级为 C80 时,$\beta_c = 0.8$;其间按线性内插法确定;

k_c——环向围束的有效约束系数,按照《混凝土结构加固设计规范》(GB 50367—2013)第 10.4.3 条的规定采用;

ρ_f——环向围束体积比,按《混凝土结构加固设计规范》(GB 50367—2013)第 10.4.3 条的规定计算;

E_f——纤维复合材的弹性模量;

ε_{fe}——纤维复合材的有效拉应变设计值;对重要构件取 $\varepsilon_{fe}=0.0035$;对一般构件取 $\varepsilon_{fe}=0.004$。

(4)环向转束的计算参数 k_c 和 ρ_f,应按下列规定确定:

1)有效约束系数 k_c 值的确定

对圆形截面柱:$k_c=0.95$;

对正方形和矩形截面柱,应按下列公式计算:

$$k_c=1-\frac{(b-2r)^2+(h-2r)^2}{3A_{cor}(1-\rho_s)} \tag{6.35}$$

式中:ρ_s——柱中纵向钢筋的配筋率。

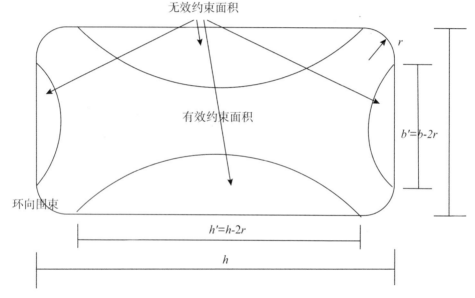

图 6.7 环向围束内矩形截面有效约束面积

2)环向围束体积比 ρ_f 值的确定

对圆形截面柱:

$$\rho_f=4n_ft_f/D$$

对正方形和矩形截面柱:

$$\rho_f=2n_ft_f(b+h)/a_{cor}$$

式中:n_f 和 t_f——纤维复合材的层数及每层厚度。

6.4.2 受压构件斜截面加固

采用环形箍加固的柱,其斜截面受剪承载力应符合下列规定:

$$V\leqslant V_{co}+V_{cf}$$

$$V_{cf} = \varphi_{vc} f_f a_f h / s_f \qquad (6.36)$$

$$a_f = 2n_f b_f t_f$$

式中：V——构件加固后剪力设计值；

V_{co}——加固前原构件斜截面受剪承载力，按现行国家标准《设计规范》的规定计算；

V_{cf}——粘贴纤维复合材加固后，对柱斜截面承载力的提高值；

φ_{vc}——与纤维复合材受力条件有关的抗剪强度折算系数，按表 6.6 的规定值采用；

f_f——受剪加固采用的纤维复合材抗拉强度设计值，按表 6.4 和表 6.5 规定的抗拉强度设计值乘以调整系数 0.5 确定；

a_f——配置在同一截面处纤维复合材环形箍的全截面面积；

n_f、b_f 和 t_f——纤维复合材环形箍的层数、宽度和每层厚度；

s_f——环形箍的中心间距。

表 6.4　碳纤维复合材设计计算指标

性能项目		单向织物（布）		条形板	
		高强度Ⅰ级	高强度Ⅱ级	高强度Ⅰ级	高强度Ⅱ级
抗拉强度设计值 f_f/MPa	重要构件	1600	1400	1150	1000
	一般构件	2300	2000	1600	1400
弹性模量设计值 E_f/MPa	重要构件	2.3×10^5	2×10^5	1.6×10^5	1.4×10^5
	一般构件				
拉应变设计值 ε_f	重要构件	0.007	0.007	0.007	0.007
	一般构件	0.01	0.01	0.01	0.01

注：L 形板按高强度Ⅱ级条形板的设计计算指标采用。

表 6.5　玻璃纤维复合材（单向织物）设计计算指标

类别	抗拉强度设计值 f_f/MPa		弹性模量 E_f/MPa		拉应变设计值 ε_f	
	重要结构	一般结构	重要结构	一般结构	重要结构	一般结构
S 玻璃纤维	500	700	7×10^5	0.007	0.01	
E 玻璃纤维	350	500	5×10^5	0.007	0.01	

表 6.6　φ_{vc} 值

	轴压比	≤0.1	0.3	0.5	0.7	0.9
受力条件	均布荷载或 $\lambda_r \geqslant 3$	0.95	0.84	0.72	0.62	0.51
	$\lambda_r \leqslant 1$	0.9	0.72	0.54	0.34	0.16

注：λ_r 为柱的剪跨比。对框架柱 $\lambda_r = h_0/2h_0$，H_0 为柱的净高，h_0 为柱截面有效高度；中间值按线性内插法确定。

6.4.3 大偏心受压构件加固

矩形截面大偏心受柱的加固，其正截面承载力应符合下列规定：

$$N \leqslant \alpha_1 f_{c0} bx + f'_{y0} A'_{s0} - f_{y0} A_{s0} - f_f A_f \tag{6.37}$$

$$Ne \leqslant \alpha_1 f_{c0} bx \left(h - \frac{x}{2}\right) + f'_{y0} A'_{s0}(h_0 - a')$$

$$- f_f A_f (h - h_0) \tag{6.38}$$

$$e = e_i + \frac{h}{2} - a \tag{6.39}$$

$$e_i = e_0 + e_a \tag{6.40}$$

式中：e——轴向压作用点到纵向受拉钢筋 A_s 合力点的距离（mm）；

e_i——初始偏心距（mm）；

e_0——轴向压力对截面重心的偏心距（mm），取为 M/N；当需要考虑二阶效应时 M 应按照《混凝土结构加固设计规范》(GB 50367—2013)第 5.4.3 条确定；

e_a——附加偏心距（mm），按偏心方向截面最大尺寸 h 确定；当 $h \leqslant 600$mm 时，$e_a = 20$mm；当 $h > 600$mm 时，$e_a = h/30$；

a、a'——纵向受拉钢筋合力点、纵向受压钢筋合力点至截面近边的距离（mm）；

f_f——纤维复合材抗拉强度设计值（N/mm²），应根据其品种，分别按表 6.4 和表 6.5 采用。

6.4.4 受拉构件正截面加固

当采用外贴纤维复合材加固钢筋混凝土受拉构件（如水塔、水池等环形或其他封闭形结构）时，应按原构件纵向受拉钢筋的配置方式，将纤维织物粘贴于相应位置的混凝土表面上，且纤维方向应与构件受拉方向一致，并处理好围拢部位的搭接和锚固（图 6.8）。

由于非预应力的纤维复合材在受拉杆件（如桁架弦杆、受拉腹杆等）端部锚固的可靠性很差，因此一般仅用于环形结构的方形封闭结构的加固，而且仍然要处理好围拢部位的搭接与锚固问题。由此可见，其适用范围是很有限的，应事先做好可行性论证。

（1）轴心受拉构件的加固，其正截面承载力应按下式确定：

$$N \leqslant f_{y0} A_{s0} + f_f A_f \tag{6.41}$$

式中：N——轴向拉力设计值；

f_f——纤维复合材抗拉强度设计值，应根据其品种，分别按表 6.4 和表 6.5 采用。

（2）矩形截面大偏心受拉构件的加固，其正截面承载力应符合下列规定：

$$N \leqslant f_{y0} A_{s0} + f_f A_f - \alpha_1 f_{c0} bx - f'_{y0} A'_{s0} \tag{6.42}$$

$$Ne \leqslant \alpha_1 f_{c0} bx \left(h_0 - \frac{x}{2}\right) + f'_{y0} A'_{s0}(h_0 - a'_s) + f_f A_f (h - h_0) \tag{6.43}$$

式中：N——轴向力拉力设计值；

e——轴向拉力作用点至纵向受拉钢筋合力点的距离；

f_f——纤维复合材抗拉强度设计值，应根据其品种，分别按表 6.4 和表 6.5 采用。

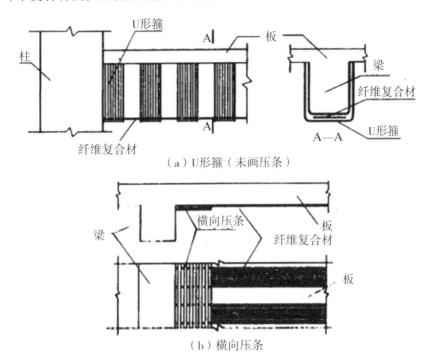

（a）U形箍（未画压条）

（b）横向压条

图 6.8　梁、板纤维复合材端部锚固措施

6.4.5　受弯构件正截面加固

（1）采用纤维复合材对梁、板等受弯构件进行加固时，除应遵守现行国家标准《设计规范》正截面承载力计算的基本假定外，尚应遵守下列规定：

1）纤维复合材的应力与应变关系取直线式，其拉应力 σ_f 取等于拉应变 ε_f 与弹性模量 E_f 的乘积；

2）当考虑二次受力影响时，应按加固前的初始受力情况，确定纤维复合材的滞后应变；

3）在达到受弯承载能力极限状态前，加固材料与混凝土之间不致出现黏结剥离破坏。

（2）受弯加固后的界限受压区高度 ξ_{fb} 应按下列规定确定：

采用构件加固前控制值的 0.85 倍，即 $\xi_{fb}=0.85\,\xi_b$；式中，ξ_b 为构件加固前的相对界限受压区高度，按现行国家标准《设计规范》的规定计算。

（3）在矩形截面受弯构件的受拉边混凝土表面上粘贴纤维复合材进行加固时，其正面承载力应按下列公式确定（图 6.9）：

$$M \leqslant \alpha_1 f_{c0} bx\left(h-\frac{x}{2}\right)+f_{y0}'A_{s0}'(h-a')-f_{y0}A_{y0}(h-h_0) \tag{6.44}$$

$$\alpha_1 f_{c0}bx=f_{y0}A_{s0}+\varphi_f f_f A_{fe}-f_{y0}'A_{s0}' \tag{6.45}$$

$$\varphi_f = \frac{\dfrac{0.8\,\varepsilon_{cu}h}{x} - \varepsilon_{cu} - \varepsilon_{f0}}{\varepsilon_f} \qquad (6.46)$$

$$x \geqslant 2a' \qquad (6.47)$$

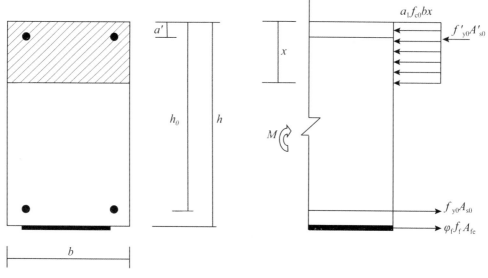

图 6.9　矩形截面构件正截面受弯承载力计算

式中：M——构件加固后弯矩设计值；

x——等效矩形应力图形的混凝土受压区高度，简称混凝土受压区高度；

b、h——矩形截面宽度和高度；

f_{y0}、f_{y0}'——原截面受拉钢筋和受压钢筋的抗拉、抗压强度设计值；

A_{s0}、A_{s0}'——原截面受拉钢筋和受压钢筋的截面面积；

a'——纵向受压钢筋合力点至截面近边的距离；

h_0——构件加固前的截面有效高度；

f_f——纤维复合材的抗拉强度设计值，应根据纤维复合材的品种，分别按表 6.4 及表 6.5 采用；

A_{fe}——纤维复合材的有效截面面积；

φ_f——考虑纤维复合材实际抗拉应变达不到设计值而引入的强度利用系数，当 $\varphi_f > 1.0$ 时，取 $\varphi_f = 1.0$；

ε_{cu}——混凝土极限压应变，取 $\varepsilon_{cu} = 0.0033$；

ε_f——纤维复合材拉应变设计值，应根据纤维复合材的品种，分别按表 6.4 和表 6.5 采用；

ε_{f0}——考虑二次受力影响时，纤维复合材的滞后应变，应按《混凝土结构加固设计规范》（GB 50367—2013）第 10.2.8 条的规定计算，若不考虑二次受力影响取 $\varepsilon_{f0} = 0$。

（4）实际粘贴的纤维复合材截面面积 A_f，应按下列公式计算：

$$A_f = A_{fk}/k_m \qquad (6.48)$$

纤维复合材厚度折减系数 k_m,应按下列规定确定:

当采用预成形板时,$k_m=1.0$;

当采用多层粘贴的纤维强物时,k_m 值按下式计算:

$$k_m = 1.16 - \frac{n_f E_f t_f}{308000} \leqslant 0.90$$

式中:E_f——纤维复合材弹性模量设计值(MPa),应根据纤维复合植物材的品种,分别按表 6.4 和表 6.5 采用;

n_f、t_f——纤维复合材(单向纤维)层数和单层厚度。

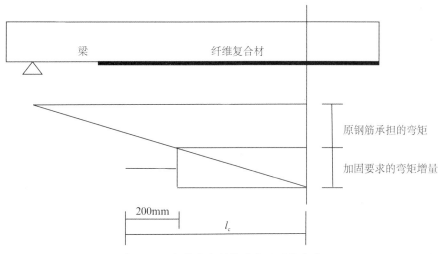

图 6.10　纤维复合材料的粘贴延伸长度

(5)对受弯构件正弯矩区的正截面加固,其粘贴纤维复合材的截断位置应从其充分利用的截面算起,取不小于按下式确定的粘贴延伸长度:

$$l_c = \frac{\varphi_1 f_f A_f}{f_{f,v} b_f} + 200 \tag{6.49}$$

式中:l_c——纤维复合材料粘贴延伸长度(mm);

b_f——对梁为受拉面粘贴的纤维复合材的总宽度(mm),对板为 1000mm 板宽范围内粘贴的纤维复合材总宽度;

f_f——纤维复合材抗拉强度设计值,分别按表 6.4 和表 6.5 采用;

$f_{f,v}$——纤维与混凝土之间的强度设计值(MPa),取 $f_{f,v}=0.4f_t$;f_t 为混凝土抗拉强度设计值,按现行国家标准《设计规范》的规定值采用,当 $f_{f,v}$ 计算值低于 0.40MPa 时,取 $f_{f,v}=0.4$MPa;当 $f_{f,v}$ 计算值高于 0.70MPa 时,取 $f_{f,v}=0.70$MPa;

φ_1——修正系数,对重要构件,取 $\varphi_1=1.45$,对一般构件取 $\varphi_1=1.0$。

(6)当考虑二次受力影响时,纤维复合材的滞后应变 ε_{f0} 应按下式计算:

$$\varepsilon_{f0} = \frac{\alpha_f M_{0k}}{E_s A_s h_0} \tag{6.50}$$

式中:M_{0k}——加固前受弯构件验算截面上原作用的弯矩标准值;

α_f——综合考虑受弯构件裂缝截面内力臂变化、钢筋拉应变不均匀以及钢筋排列影响等的计算系数,应按表 6.7 采用。

表 6.7 计算系数 α_f 值

ρ_{te}	$\leqslant 0.007$	0.010	0.020	0.030	0.040	$\geqslant 0.060$
单排钢筋	0.70	0.90	1.15	1.20	1.25	1.30
双排钢筋	0.75	1.00	1.25	1.30	1.35	1.40

注:表中 ρ_{te} 为混凝土有效受拉截面的纵向受拉钢筋配筋率,即 $\rho_{te}=A_n/A_{te}$,A_{te} 为有效受拉混凝土截面面积,按现行国家标准《设计规范》的规定计算;当原构件钢筋应力 $\sigma_{s0}\leqslant150\text{MPa}$,且 $\rho_{te}\leqslant0.05$ 时,表中的数值可乘以调整系数 0.9。

(7)当纤维复合材全部粘贴在梁底面(受拉面)有困难时,允许将部分纤维复合材对称地粘贴在梁的两侧面。此时,侧面粘贴区域应控制在距受拉区边缘 1/4 梁高范围内,且应按下式计算确定梁的两侧面实际粘贴的纤维复合材截面面积 $A_{f,1}$:

$$A_{f,1}=\eta_f A_{f,b} \tag{6.51}$$

式中:$A_{f,b}$——按梁底面计算确定的,但需改贴到梁的两侧面的纤维复合材截面面积;

η_f——考虑贴梁侧面引起的纤维复合材受拉合力及其力臂改变的修正系数,就按表 6.8 采用。

表 6.8 修正系数 η_f 值

h_f/h	0.05	0.10	0.15	0.20	0.25
η_f	1.09	1.19	1.3	1.43	1.59

注:表中 h_f 为从梁受拉边缘算起的侧面粘贴高度,h 为梁截面高度。

6.4.6 受弯构件斜截面加固

对斜截面加固的纤维粘贴方式做了统一的规定,并且在构造上,只允许采用环形箍、加锚封闭箍、胶锚 U 形箍和加织物压条的一般 U 形箍,不允许仅在侧面粘贴条带受剪,因为试验表明,这种粘贴方式受力不可靠。

(1)受弯构件加固后的斜截面应符合下列条件:

当 $h_w/b\leqslant4$ 时

$$V\leqslant0.25\beta_c f_c bh_0 \tag{6.52}$$

当 $h_w/b\geqslant6$ 时

$$V\leqslant0.20\beta_c f_c bh_0 \tag{6.53}$$

当 $4<h_w/b<6$ 时,按线性内插法确定。

式中:V——构件斜截面加固后的剪力设计值(kN);

β_c——混凝土强度影响系数,按现行国家标准《设计规范》的规定值采用;

f_c——原构件混凝土轴心抗压强度设计值(N/mm²);

b——矩形截面的宽度、T 形或 I 形截面的腹板宽度(mm);

h_0——截面有效高度(mm);

h_w——截面的腹板高度(mm);对矩形截面,取有效高度;对 T 形截面,取有效高度减去翼缘高度;对 I 形截面,取腹板净高。

(2)当采用条带构成的环形(封闭)箍或 U 形箍对钢筋混凝土梁进行抗剪加固时,其斜截面承载力应符合下列规定:

$$V \leqslant V_{b0} + V_{bf} \tag{6.54}$$

$$V_{bf} = \Psi_{vb} f_f A_f h_f / S_f \tag{6.55}$$

式中:V_{b0}——加固前梁的斜截面承载力(kN),按现行国家标准《设计规范》计算;

V_{bf}——粘贴条带加固后,对梁斜截面承载力的提高值(kN);

Ψ_{vb}——与条带回锚方式及受力条件有关的抗剪强度折减系数,按表 6.9 取值;

f_f——受剪加固采用的纤维复合材抗拉强度设计值(N/mm²),按表 6.4 和表 6.5 规定的抗拉强度设计值乘以调整系数 0.56 确定;当为框架梁或悬挑构件时,调整系数改取 0.28;

A_f——配置在同一截面处构成环形或 U 形箍的纤维复合材条带的全部截面面积(mm²);$a_f = 2n_f b_f t_f$,此处 n_f 为条带粘贴的层数,b_f 和 t_f 分别为条带宽度和条带单层厚度;

h_f——梁侧面粘贴的条带竖向高度(mm),对环形箍,$h_f = h$;

S_f——纤维复合材条带的间距(mm)。

表 6.9　抗剪强度折减系数 Ψ_{vb} 值

条带加锚方式		环形箍及加锚封闭箍	胶锚或钢板锚 U 形箍	加织物压条的一般 U 形箍
受力条件	均布荷载或剪跨比 $\lambda \geqslant 3$	1.00	0.88	0.75
	$\lambda \leqslant 1.5$	0.68	0.60	0.50

注:当 λ 为中间值时,按线性内插法确定 Ψ_{vb} 值。

6.4.7　提高柱的延性的加固

当采用环向围束作为附加箍筋时,应按下列公式计算柱箍筋加密区加固后的箍筋体积配筋率 ρ_v,且应满足现行国家标准《设计规范》的规定。

$$\rho_v = \rho_{v.e} + \rho_{v.f} \tag{6.56}$$

$$\rho_{v.f} = k_c \rho_f \frac{b_f f_f}{s_f f_{yv0}} \tag{6.57}$$

式中:$\rho_{v.e}$——被加固柱原有箍筋的体积配筋率,当需重新复核时,应按箍筋范围内的核心面进行计算;

$\rho_{v.f}$——环向围束作为附加箍筋算得的箍筋体积配筋率的增量;

ρ_f——环向围束体积比,按《混凝土结构加固设计规范》(GB 50367—2013)第 10.4.4 条规定计算;

k_c——环向围束的有效约束系数;圆形截面,$k_c = 0.90$;正方形截面,$k_c = 0.66$;矩形截面,$k_c = 0.42$。

b_f——环向围束纤维条带的宽度;

s_f——环向围束纤维条带的中心间距;

f_f——环向围束纤维复合材的抗拉强度设计值,应根据其品种,分别按表 6.4 和表6.5 采用;

f_{yv0}——原箍筋抗拉强度设计值。

6.4.8　构造设计

(1)对钢筋混凝土受弯构件正弯矩区进行正截面加固时,其受拉面沿轴向粘贴的纤维复合材应延伸至支座边缘,且应在纤维复合材的端部(包括截断处)及集中荷载作用点的两侧,设置纤维复合材的 U 形箍(对梁)或横向压条(对板)。

(2)当纤维复合材延伸至支座边缘仍不满足《混凝土结构加固设计规范》(GB 50367—2013)第 10.2.5 条延伸长度的要求时,应采取下列锚固措施:

1)对梁,应在延伸长度范围内均匀设置 U 形箍锚固,并应在延伸长度端部设置一道,U形箍的粘贴高度应为梁的截面高度,若梁有翼缘或有现浇楼板,应伸至其底面。U 形箍的宽度,对端箍不应小于加固纤维复合材宽度的 2/3,且不应小于 150mm;对中间箍不应小于加固纤维复合材宽度的 1/2,且不应小于 100mm。U 形箍的厚度不应小于受弯加固纤维复合材厚度的 1/2。

2)对板,应在延伸长度范围内通长设置垂直于受力纤维方向的压条。压条采用纤维复合材制作。压条除应在延伸长度端部布置一道外,尚宜在延伸长度范围内再均匀布置 1~2道。压条的宽度不应小于受弯加固纤维复合材条带宽度的 3/5,压条的厚度不应小于受弯加固纤维复合材厚度的 1/2。

3)当纤维复合材延伸至支座边缘,遇到下列情况,应将端箍(或端部压条)改为钢材制作、传力可靠的机械锚固措施:

①可延伸长度小于按公式(6.39)计算长度的一半;

②加固用的纤维复合材为预成型板材。

(3)当采用纤维复合材对受弯构件负弯矩区进行正截面承载力加固时,应采取下列构造措施:

1)支座处无障碍时,纤维复合材应在负弯矩包络图范围内连续粘贴;其延伸长度的截断点应位于正弯矩区,且距正弯矩转换点不应小于1m。

2)支座处虽有障碍,但梁上有现浇板,且允许绕过柱位时,宜在梁侧 4 倍板厚(h_b)范围内,将纤维复合材粘贴于板面上(图 6.11)。

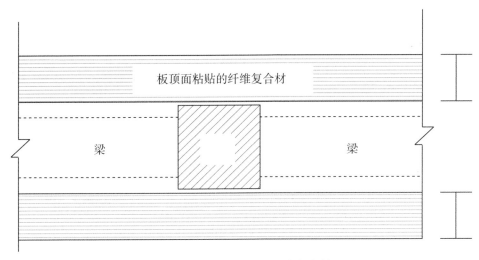

图 6.11　绕过柱位粘贴纤维复合材

3)在框架顶层梁柱的端节点处,纤维复合材只能贴至柱边缘而无法延伸时,应加贴 L 形钢板及 U 形钢箍板进行锚固(图 6.12),L 形钢板的总截面面积应按下式进行计算:

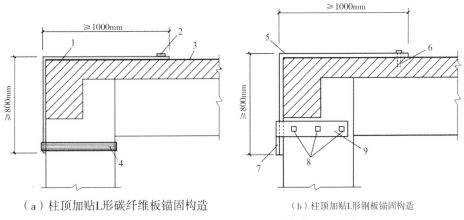

（a）柱顶加贴L形碳纤维板锚固构造　　　（b）柱顶加贴L形钢板锚固构造

图 6.12　柱顶加贴 L 形碳纤维板或钢板锚固构造

$$A_{a,1} = 1.2\,\varphi_f f_f A_f / f_y \qquad (6.58)$$

式中：$A_{a,1}$——支座处需粘贴的 L 形钢板截面面积；

φ_f——纤维复合材的强度利用系数,按《混凝土结构加固设计规范》(GB 50367—2013)第10.2.3条采用；

f_f——纤维复合材抗拉强度设计值,分别按表 6.4、表 6.5 采用；

A_f——支座处实际粘贴的纤维复合材截面面积；

f_y——L 形钢板抗拉强度设计值。

L 形钢板总宽度不宜小于 90% 的梁宽,且宜由多条钢板组成,钢板厚度不宜小于 3mm。

(4)当梁上无现浇板,或负弯矩区的支座处需采取加强的锚固措施时,可采取如图 6.13 所示的构造方式。

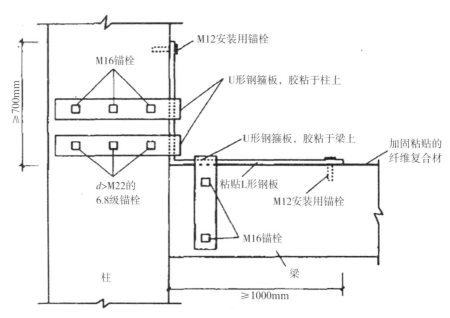

图 6.13　柱中部加贴 L 形钢板及 U 形钢箍板的锚固构造示例

　　若梁上有现浇板,也可采取这种构造方式进行锚固,其 U 形钢箍板穿过楼板处,应采用半重叠钻孔法,在板上钻出扁形孔以插入箍板,再用结构胶予以封固。

　　(5)当加固的受弯构件为板、壳、墙和筒体时,纤维复合材应选择多条密布的方式进行粘贴,每一条带的宽度不应大于 200mm;不得使用未经裁剪成条的整幅织物满贴。

　　(6)当受弯构件粘贴的多层纤维织物允许截断时,相邻两层纤维织物宜按内短外长的原则分层截断;外层纤维织物的截断点宜越过内层截断点 200mm 以上,并应在截断点加设 U 形箍。

　　(7)当采用纤维复合材对钢筋混凝土梁或柱的斜截面承载力进行加固时,其构造应符合下列规定:

　　1)宜选用环形箍或加锚的 U 形箍;仅按构造需要设箍时,也可采用一般 U 形箍。

　　2)U 形的纤维受力方向应与构件轴向垂直。

　　3)当环形箍或 U 形箍采用纤维复合材带时,其净间距 $s_{f,n}$(图 6.14)不应大于现行国家标准《设计规范》规定的最大箍筋间距的 0.7 倍,且不应大于梁高的 0.25 倍。

　　4)U 形箍的粘贴高度应符合《混凝土结构加固设计规范》(GB 50367—2013)第 9.9.2 条的要求;U 形箍的上端应粘贴纵向压条予以锚固。

　　5)当梁的高度 $h \geqslant 600$mm 时,应在梁的腰部增设一道纵向腰压带(图 6.14)。必要时,也可在腰压带端部增设自锁装置。

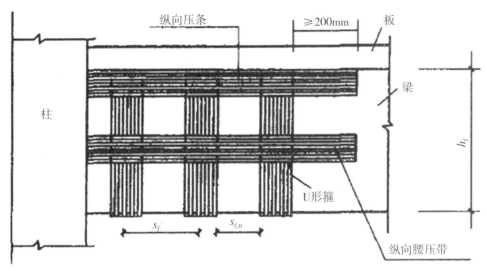

图 6.14　纵向腰压带

(8)当采用纤维复合材的环向围束对钢筋混凝土柱进行正截面加固或提高延性的抗震加固时,其构造应符合下列规定:

1)环向围束的纤维织物层数,对圆形截面柱不应少于 2 层,对正方形和矩形截面柱不应少于 3 层。当有可靠经验时,对采用芳纶纤维织物加固的矩形截面柱,其最少层数也可取为 2 层。

2)环向围束上下层间的搭接宽度不应小于 50mm,纤维织物环向截断点的延伸长度不应小于 200mm,且各条带搭接位置应相互错开。

(9)当沿柱轴向粘贴纤维复合材对大偏心受压柱进行正截面承载力加固时,纤维复合材应避开楼层梁,沿柱脚穿越楼层,且纤维复合材宜采用板材;其上下端部锚固构造应采用机械锚固。同时,应设法避免在楼层处截断纤维复合材。

(10)当采用 U 形箍、L 形纤维板或环向围束进行加固而需要在构件阳角处绕过时,其截面棱角应在粘贴前通过打磨加以圆化处理(图 6.15);梁的圆化半径 r,对碳纤维不应小于 20mm,对玻璃纤维不应小于 15mm;柱的圆化半径,对碳纤维不应小于 25mm,对玻璃纤维不应小于 20mm。

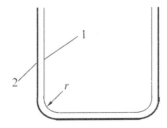

图 6.15　构件截面棱角的圆化打磨

根据粘贴纤维复合材的受力特性,在使用该方法加固混凝土结构构件时,还应注意以下几点:

(1)该加固方法不推荐用于小偏心受压构件的加固。由于纤维复合材仅适合于承受拉应力作用,而且小偏心受压构件的纵向受拉钢筋达不到屈服强度,采用粘贴纤维将造成材料的极大浪费。

(2)该加固方法不适用于素混凝土构件(包括配筋率不符合现行国家标准《设计规范》最小配筋率构造要求的构件)的加固。据此,提请注意:对于梁板结构,若曾经在构件截面的受压区采用增大截面法加大了其混凝土厚度,而今又拟在受拉区采用粘贴纤维的方法进行加固时,应首先检查其最小配筋率能否满足现行国家《设计规范》的要求。

(3)在实际工程中,经常会遇到原结构的混凝土强度低于现行设计规范规定的最低强度等级的情况。如果原结构混凝土强度过低,它与纤维增强复合材的黏结强度也必然很低,易发生呈脆性的剥离破坏。此时,纤维复合材不能充分发挥作用,所以使用该加固方法时,被加固的混凝土结构构件,其现场实测混凝土强度等级不得低于 C15,且混凝土表面的正拉黏结强度不得低于 1.5MPa。

(4)纤维复合材料不能设计为承受压力,而只能考虑抗拉作用,所以应将纤维受力方式设计成仅随拉应力作用。

(5)粘贴在混凝土构件表面上的纤维复合材,不得直接暴露于阳光或有害介质中,其表面应进行防护处理。表面防护材料应对纤维及胶黏剂无害,且应与胶黏剂有可靠的黏结强度及相互协调的变形性能。

(6)根据常温条件下普通型结构胶黏剂的性能,采用该方法加固的结构,其长期使用的环境温度不应高于 60℃;处于特殊环境(如高温、高湿、介质侵蚀、放射等)的混凝土结构采用本方法加固时,除应按国家现行有关标准的规定采取相应的防护措施外,尚应采用耐环境因素作用的胶黏剂,并按专门的工艺要求进行粘贴。

(7)粘贴纤维复合材的胶黏剂一般是可燃的,故应按照现行国家标准《建筑设计防火规范》(GB 50016—2014)规定的耐火等级和耐火极限要求,对纤维复合材进行防护。

(8)采用纤维复合材加固时,应采取措施尽可能地卸载。其目的是减少二次受力的影响,亦即降低纤维复合材的滞后应变,使得加固后的结构能充分利用纤维材料的强度。

思考题

6-1 请举出身边发生的或者媒体中得知的建筑物劣化、补修、加固等相关的事例。

6-2 什么是混凝土结构的全寿命管理及全寿命费用?

6-3 混凝土结构劣化的主要原因有哪些? 如何根据混凝土结构外观初步判断劣化原因?

6-4 混凝土裂缝修复的主要方法及材料各有何优缺点?

6-5 混凝土结构加固的主要方法及材料各有何优缺点?

6-6 什么是应力滞后问题? 在加固设计中如何考虑该问题的影响?

6-7 修复、加固后新老界面的剥离的主要原因有哪些? 如何避免剥离发生?

第7章 混凝土结构设计示例

> 本章知识点
>
> **知识点:** 混凝土整体式梁板楼盖结构布置和构件设计及配筋,双向板按弹性和塑性计算的设计方法,单层混凝土排架厂房方案设计及结构分析,预应力混凝土框架结构内力计算和设计方法,粘贴纤维增强复合材料加固法设计示例,肋梁楼盖和单层厂房设计练习。
>
> **重 点:** 整体式单向板梁板结构设计,单层混凝土厂房排架设计。
>
> **难 点:** 楼盖结构布置及配筋计算,厂房荷载计算和内力组合,排架柱设计及配筋。

7.1 整体式梁板结构设计示例

某设计使用年限为 50 年的工业厂房楼盖,环境类别为一类,试分别采用整体式钢筋混凝土单向板肋梁楼盖和双向板肋梁楼盖进行结构布置及设计。

7.1.1 单向板

1.设计资料

(1)楼面构造层做法:20mm 厚水泥砂浆面层,20mm 厚混合砂浆天棚抹灰。

(2)活荷载:标准值为 6kN/m²。

(3)恒载分项系数为 1.3;活荷载分项系数为 1.5(因工业厂房楼盖楼面活荷载标准值大于 4kN/m²)。

(4)材料选用:

混凝土 采用 C25($f_c=11.9\text{N/mm}^2$,$f_t=1.27\text{N/mm}^2$)。

钢筋 梁中受力纵筋采用 HRB335 级($f_y=300\text{N/mm}^2$);

其余采用 HPB300 级($f_y=270\text{N/mm}^2$)。

2.结构平面布置

主梁沿横向布置,次梁沿纵向布置。主梁的跨度为 6.9m,次梁的跨度为 6.0m,主梁每跨内布置两根次梁,板的跨度为 $2.3\mathrm{m}$,$l_{02}/l_{01}=6.0/2.3=2.6<3$,宜按双向板设计,按沿短边方向受力的单向板计算时,应沿长边方向布置足够数量的构造钢筋,此处按单向板设计。梁板结构平面布置如图 7.1 所示。

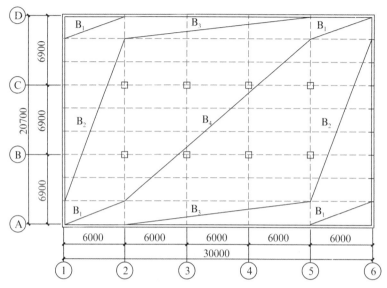

图 7.1　单向板梁板结构平面布置

3.板的计算

板按考虑塑性内力重分布方法计算。按跨厚比条件,要求板厚 $h\geqslant 2300/30=77\mathrm{mm}$,工业建筑楼板要求板厚 $\geqslant 70\mathrm{mm}$,取板厚 $h=80\mathrm{mm}$。次梁截面高度应满足 $h=l_0/18\sim l_0/12=6000/18\sim 6000/12=333\sim 500\mathrm{mm}$,取 $h=450\mathrm{mm}$,截面宽度取 $b=200\mathrm{mm}$,板尺寸及支承情况如图 7.2(a)所示。

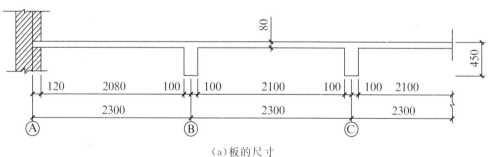

(a)板的尺寸

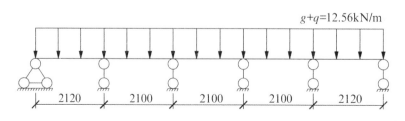

(b)计算简图

图 7.2　板的尺寸和计算简图

（1）荷载

恒载标准值

20mm 水泥砂浆面层	$0.02m \times 20kN/m^3 = 0.4kN/m^2$
80mm 钢筋混凝土板	$0.08m \times 25kN/m^3 = 2.0kN/m^2$
20mm 混合砂浆天棚抹灰	$0.02m \times 17kN/m^3 = 0.34kN/m^2$
	$g_k = 2.74\ kN/m^2$
线恒载设计值	$g = 1.3 \times 2.74kN/m = 3.56kN/m$
线活载设计值	$q = 1.5 \times 6 = 9.0kN/m$
合计	$12.56kN/m$
即每米板宽	$g + q = 12.56kN/m$

在计算板、次梁及主梁的荷载设计值时，应分别计算"可变荷载效应起控制作用的组合"与"永久荷载效应起控制作用的组合"对应的荷载设计值，并取二者中较大值计算结构内力。在本例中前者起控制作用，略去比较过程，仅以前者进行计算。

（2）内力计算

计算跨度

边跨　　$l_n + h/2 = 2.3m - 0.12m - 0.2m/2 + 0.08m/2 = 2.12m$

　　　　$l_n + a/2 = 2.3m - 0.12m - 0.2m/2 + 0.12m/2 = 2.14m > 2.12m$，取 $l_0 = 2.12m$。

中间跨　$l_0 = 2.3m - 0.2m = 2.1m$

计算跨度差$(2.12m - 2.1m)/2.1m = 1\% < 10\%$，为简化计算，可视为等跨，其支座负弯矩应按相邻两跨跨度的平均值确定，跨中正弯矩则按本跨跨长计算。取 1m 板带宽作为计算单元，计算简图如图 7.2(b)所示。

连续板各截面的弯矩计算见表 7.1。

表 7.1　连续板各截面弯矩计算

截面	边跨跨内	离端第二支座	离端第二跨跨内中间跨跨内	中间支座
弯矩计算系数 α_m	$\dfrac{1}{11}$	$-\dfrac{1}{11}$	$\dfrac{1}{16}$	$-\dfrac{1}{14}$
$M = \alpha_m(g+q)l_0^2$ /kN·m	5.13	-5.08	3.46	-3.96

（3）截面承载力计算

已知条件：$b = 1000mm$，$h = 80mm$，$h_0 = 80 - 25 = 55mm$，$\alpha_1 = 1.0$，$f_c = 11.9N/mm^2$，$f_t = 1.27N/mm^2$，$f_y = 270N/mm^2$，连续板各截面的配筋计算见表 7.2。

表7.2 连续板各截面配筋计算

板带部位截面	边区板带(①~②,⑤~⑥轴线间)				中间区板带(②~⑤轴线间)			
	边跨跨内	离端第二支座	离端第二支座跨内、中间跨跨内	中间支座	边跨跨内	离端第二支座	离端第二跨跨内、中间跨跨内	中间支座
$M/\mathrm{kN \cdot m}$	5.13	−5.08	3.46	−3.96	5.13	−5.08	0.8×3.46 $=2.77$	$0.8 \times (−3.96)$ $=−3.17$
$\alpha_s = \dfrac{M}{\alpha_1 f_c b h_0^2}$	0.143	0.141	0.096	0.110	0.143	0.141	0.077	0.088
ξ	0.155	0.153	0.101	0.117	0.155	0.153	0.080	0.092
$A_s = \xi b h_0 f_c / f_y$ $/\mathrm{mm}^2$	376	371	244	284	376	371	193	223
选配钢筋	$\phi 8$ @125	$\phi 8$ @125	$\phi 8$ @125	$\phi 8$ @125	$\phi 8$ @125	$\phi 8$ @125	$\phi 8$ @125	$\phi 8$ @125
实配钢筋面积 $/\mathrm{mm}^2$	402	402	402	402	402	402	402	402

注:中间区板带②~⑤轴线间,各内区格板的四周与梁整体连接,故各跨跨内和中间支座考虑板的内拱作用,计算弯矩降低20%。

连续板的配筋示意图见图7.3。此处配筋为按照计算结果的最小配筋,如考虑施工方便,可进行部分通长或全部通长配筋。

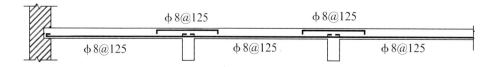

图7.3 板的配筋示意图(包括边区板带及中间区板带)

4. 次梁计算

次梁按考虑塑性内力重分布方法计算。取主梁的梁高 $h=(1/14 \sim 1/8)l_0 = (6900/14 \sim 6900/8)=493 \sim 863\mathrm{mm}$,取 $h=650\mathrm{mm}$,梁宽 $b=250\mathrm{mm}$。次梁有关尺寸及支承情况如图7.4(a)所示。

(1)荷载

恒载设计值

由板传来 $3.56\mathrm{kN/m}^2 \times 2.3\mathrm{m}=8.19\mathrm{kN/m}$

次梁自重 $1.3 \times 25\mathrm{kN/m}^3 \times 0.2\mathrm{m} \times (0.45\mathrm{m}-0.08\mathrm{m})=2.41\mathrm{kN/m}$

梁侧抹灰 $1.3 \times 17\mathrm{kN/m}^3 \times 0.02\mathrm{m} \times (0.45\mathrm{m}-0.08\mathrm{m}) \times 2=0.33\mathrm{kN/m}$

      $g=10.93\mathrm{kN/m}$

活载设计值

由板传来　　$q=9.0\text{kN/m}^2\times2.3\text{m}=20.70\text{kN/m}$

合计　　　　$g+q=31.63\text{kN/m}$

（2）内力计算

计算跨度

边跨　　　　$l_n=6.0\text{m}-0.12\text{m}-\dfrac{0.25\text{m}}{2}=5.755\text{m}$

$$l_n+\dfrac{a}{2}=5.755\text{m}+\dfrac{0.24\text{m}}{2}=5.875\text{m}$$

$$1.025l_n=1.025\times5.755\text{m}=5.899\text{m}>5.875\text{m}，取\ l_0=5.875\text{m}$$

中间跨　　　$l_0=l_n=6.0\text{m}-0.25\text{m}=5.75\text{m}$

跨度差$(5.875\text{m}-5.75\text{m})/5.75\text{m}=2.2\%<10\%$

各跨跨度相差10%以下，说明可采用等跨连续梁的系数计算内力，但在计算本跨跨中弯矩时，采用该跨跨度，支座处的弯矩按相近两跨的平均跨度计算（若取两跨的较大者更安全）。计算简图如图7.4(b)所示。

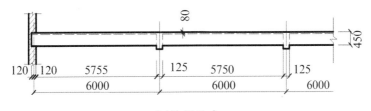

（a）次梁尺寸

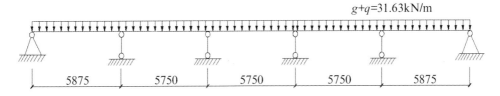

（b）计算简图

图7.4　次梁的尺寸和计算简图

连续次梁各截面弯矩及剪力计算分别见表7.3和表7.4。

表7.3　连续次梁弯矩计算

截面	边跨跨内	离端第二支座	离端第二跨跨内、中间跨跨内	中间支座
弯矩计算系数 α_m	$\dfrac{1}{11}$	$-\dfrac{1}{11}$	$\dfrac{1}{16}$	$-\dfrac{1}{14}$
$M=\alpha_m(g+q)l_0{}^2$ /kN·m	99.25	−97.15	65.36	−74.69

表 7.4　连续次梁剪力计算

截面	端支座内侧	离端第二支座外侧	离端第二支座内侧	中间支座外侧、内侧
剪力计算系数 α_v	0.45	0.6	0.55	0.55
$V = \alpha_v(g+q)l_n$ /kN	81.91	109.12	100.03	100.03

(3)截面承载力计算

次梁跨内截面按 T 形截面计算,翼缘计算宽度为

边跨 $b_f' = \dfrac{1}{3}l_0 = \dfrac{1}{3} \times 5875\text{mm} = 1958\text{mm} < b + s_0 = 200\text{mm} + 2100\text{mm} = 2300\text{mm}$

第二跨和中间跨 $b_f' = \dfrac{1}{3} \times 5750\text{mm} = 1916.7\text{mm}$

梁高 $h = 450\text{mm}$,$h_0 = 450\text{mm} - 45\text{mm} = 405\text{mm}$

翼缘厚 $h_f' = 80\text{mm}$

判别 T 形截面类型:按第一类 T 形截面试算。

跨内截面 $\xi = 0.022 < \dfrac{h_f'}{h_0} = \dfrac{80\text{mm}}{405\text{mm}} = 0.198$,故各跨内截面均属于第一类 T 形截面。

支座截面按矩形截面计算,按布置一排纵筋考虑,取 $h_0 = 450\text{mm} - 45\text{mm} = 405\text{mm}$。

连续次梁正截面及斜截面承载力计算分别见表 7.5 及表 7.6。

表 7.5　连续次梁正截面承载力计算

截面	边跨跨内	离端第二支座	离端第二跨跨内、中间跨跨内	中间支座
$M/\text{kN} \cdot \text{m}$	99.25	-97.15	65.36	-74.69
$\alpha_s = M/\alpha_1 f_c b_f' h_0^2$ $(\alpha_s = M/\alpha_1 f_c b h_0^2)$	0.026	0.250	0.017	0.191
ξ	0.026	$0.292 < 0.35$	0.018	0.215
$A_s = \xi b_f' h_0 \alpha_1 f_c / f_y$ $(A_s = \xi b h_0 \alpha_1 f_c / f_y)$ /mm²	828	936	543	689
选配钢筋	4 Φ 18	4 Φ 18	4 Φ 18	4 Φ 18
实配钢筋面积 /mm²	1018	1018	1018	1018

表 7.6　连续次梁斜截面承载力计算

截面	端支座内侧	离端第二支座外侧	离端第二支座内侧	中间支座外侧、内侧
V/kN	81.91	109.12	100.03	100.03
$0.25\beta_c f_c bh_0/\mathrm{N}$	240975>V	240975>V	240975>V	240975>V
$0.7f_t bh_0/\mathrm{N}$	72009>V	72009>V	72009>V	72009>V
选用箍筋	2ϕ8	2ϕ8	2ϕ8	2ϕ8
$A_{sv}=nA_{sv1}/\mathrm{mm}^2$	101	101	101	101
$s\leqslant\dfrac{f_{yv}A_{sv}h_0}{V-0.7f_t bh_0}$ /mm	1115	298	394	394
实配箍筋间距 s /mm	200	200	200	200

次梁配筋示意图见图 7.5,此处钢筋通长布置。

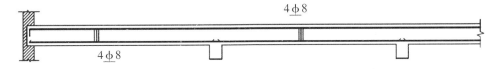

图 7.5　连续次梁配筋示意图

5.主梁计算

主梁按弹性理论计算。

柱高 $H=6.0\mathrm{m}$,设柱截面尺寸为 350mm×350mm。主梁的有关尺寸及支承情况如图 7.6(a)所示。

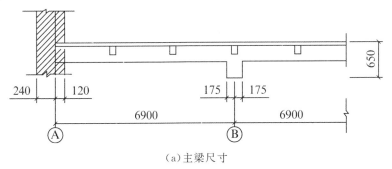

(a)主梁尺寸

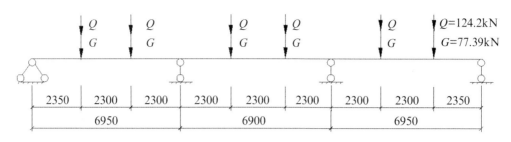

（b）计算简图

图7.6 主梁的尺寸及计算简图

（1）荷载

恒载设计值

由次梁传来 $10.93 \times 6.0 = 65.58 \text{kN}$

主梁自重（折算为集中荷载） $1.3 \times 25 \times 0.25 \times (0.65 - 0.08) \times 2.3 = 10.65 \text{kN}$

梁侧抹灰（折算为集中荷载） $1.3 \times 17 \times 0.02 \times (0.65 - 0.08) \times 2 \times 2.3 = 1.16 \text{kN}$

$$G = 77.39 \text{kN}$$

活载设计值

由次梁传来 $Q = 20.70 \times 6.0 = 124.2 \text{kN}$

合计 $G + Q = 201.59 \text{kN}$

（2）内力计算

边跨
$$l_n = 6.9 \text{m} - 0.12 \text{m} - \frac{0.35 \text{m}}{2} = 6.61 \text{m}$$

$$l_0 = 1.025 l_n + \frac{b}{2} = 1.025 \times 6.61 \text{m} + \frac{0.35 \text{m}}{2} = 6.95 \text{m}$$

$$< l_n + \frac{a}{2} + \frac{b}{2} = 6.61 \text{m} + \frac{0.36 \text{m}}{2} + \frac{0.35 \text{m}}{2} = 6.97 \text{m}$$

取 $l_0 = 6.95 \text{m}$。

中间跨
$$l_n = 6.90 \text{m} - 0.35 \text{m} = 6.55 \text{m}$$

$$l_0 = l_n + b = 6.55 \text{m} + 0.35 \text{m} = 6.90 \text{m}$$

跨度差 $(6.95 \text{m} - 6.90 \text{m})/6.90 \text{m} = 0.72\% < 10\%$，则可按等跨梁计算。

由于主梁线刚度较柱线刚度大得多（$i_{梁}/i_{柱} \approx 4$），故主梁可视为铰支柱顶上的连续梁，计算简图如图7.6（b）所示。

在各种不同分布的荷载作用下的内力计算可采用等跨连续梁的内力系数表进行，跨内和支座截面最大弯矩及剪力按下式计算，则

$$M = KGl_0 + KQl_0$$

$$V = KG + KQ$$

式中系数 K 值由附录A中查得，对边跨取 $l_0 = 6.95 \text{m}$；对中跨取 $l_0 = 6.90 \text{m}$；对支座 B 取 $l_0 = 6.93 \text{m}$。具体计算结果以及最不利荷载组合见表7.7、表7.8。将以上最不利荷载组合下的四种弯矩图及三种剪力图分别叠画在同一坐标图上，即可得主梁的弯矩包络图及剪力包

络图(此处省去)。

表 7.7 主梁弯矩计算　　　　　　　　　　（单位:kN·m）

序号	计算简图	边跨跨内 $\dfrac{K}{M_1}$	中间支座 $\dfrac{K}{M_B(M_C)}$	中间跨跨内 $\dfrac{K}{M_2}$
①		$\dfrac{0.244}{131.24}$	$\dfrac{-0.267}{-143.61}$	$\dfrac{0.067}{35.78}$
②		$\dfrac{0.289}{249.46}$	$\dfrac{-0.133}{-114.80}$	$\dfrac{-M_B}{-114.80}$
③		$\approx \dfrac{1}{3}M_B = -38.27$	$\dfrac{-0.133}{-114.80}$	$\dfrac{0.200}{171.40}$
④		$\dfrac{0.229}{197.67}$	$\dfrac{-0.311(-0.089)}{-268.45(-76.82)}$	$\dfrac{0.170}{145.69}$
⑤		$\approx \dfrac{1}{3}M_B = -25.61$	$-76.82(-268.45)$	145.69
最不利荷载组合	①+②	380.70	−258.41	−79.03
	①+③	92.97	−258.41	207.17
	①+④	328.91	−412.06(−220.43)	181.46
	①+⑤	105.63	−220.43(−412.06)	181.46

表 7.8 主梁剪力计算 （单位:kN）

序号	计算简图	端支座 $\dfrac{K}{V_A}$	中间支座 $\dfrac{K}{V_{B左}(V_{C左})}$	$\dfrac{K}{V_{B右}(V_{C右})}$
①		$\dfrac{0.733}{56.73}$	$\dfrac{-1.267(-1.000)}{-98.05(-77.39)}$	$\dfrac{1.000(1.267)}{77.39(98.05)}$
②		$\dfrac{0.866}{107.56}$	$\dfrac{-1.134(0)}{-140.84(0)}$	$\dfrac{0(1.134)}{0(140.84)}$
④		$\dfrac{0.689}{85.57}$	$\dfrac{-1.311(-0.778)}{-162.83(-96.63)}$	$\dfrac{1.222(0.089)}{151.77(11.05)}$
⑤		-11.05	$-11.05(-151.77)$	$96.63(162.83)$
最不利荷载组合	①+②	164.28	−238.90(−77.39)	77.39(238.90)
	①+④	142.30	−260.88(−174.02)	229.16(190.11)
	①+⑤	45.67	−109.11(−229.16)	174.02(260.88)

（3）截面承载力计算

主梁跨内截面按 T 形截面计算，其翼缘就算跨度为 $b_{\mathrm{f}}'=\dfrac{1}{3}l_0=\dfrac{1}{3}\times 6900\mathrm{mm}=2300\mathrm{mm}$

$<b+s_{\mathrm{n}}=6000\mathrm{mm}$，并取 $h_0=650\mathrm{mm}-45\mathrm{mm}=605\mathrm{mm}$。

判别 T 形截面类型:先按第一类 T 形截面试算。

跨内截面 $\xi=0.039<\dfrac{h_{\mathrm{f}}'}{h_0}=\dfrac{80}{605}=0.132$,故各跨内截面均属于第一类 T 形截面。

支座截面按矩形截面计算,取 $h_0=650\mathrm{mm}-90\mathrm{mm}=560\mathrm{mm}$(因支座弯矩较大,考虑布置两排纵筋,并布置在次梁主筋下面)。跨内截面在负弯矩作用下按矩形截面计算,取 $h_0=650\mathrm{mm}-65\mathrm{mm}=585\mathrm{mm}$。

主梁正截面及斜截面承载力计算分别见表 7.9 及表 7.10。

表 7.9　主梁正截面承载力计算

截面	边跨跨内	中间支座	中间跨跨内	
$M/\text{kN} \cdot \text{m}$	380.70	−412.06	207.17	−79.03
$V_0 \cdot \dfrac{b}{2}/\text{kN} \cdot \text{m}$	—	−35.28	—	—
$\left(M - V_0 \cdot \dfrac{b}{2}\right)$ $/\text{kN} \cdot \text{m}$	—	−376.78	—	—
$\alpha_s = \dfrac{M}{\alpha_1 f_c b_f' h_0^2}$ $\left(\alpha_s = \dfrac{M}{\alpha_1 f_c b h_0^2}\right)/\text{mm}^2$	0.038	0.442	0.021	0.078
ξ	0.039	0.658	0.021	0.081
$A_s = \dfrac{\xi \alpha_1 f_c b_f' h_0}{f_y}$ $\left(A_s = \dfrac{\xi \alpha_1 f_c b h_0}{f_y}\right)$	2139	3657	1068	469
选配钢筋	5 Φ 25	8 Φ 25	5 Φ 25	5 Φ 25
实配钢筋面积 $/\text{mm}^2$	2454	3927	2454	2454

表 7.10　主梁斜截面承载力计算

截面	端支座内侧	离端第二支座外侧	离端第二支座内侧
V/kN	164.28	−260.88	229.16
$0.25\beta_c f_c b h_0/\text{N}$	449969 > V	416500 > V	416500 > V
$\dfrac{1.75}{1+\lambda} f_t b h_0/\text{N}$	84038 < V	77788 < V	77788 < V
选用箍筋	2ϕ10	2ϕ10	2ϕ10
$a_{sv} = n a_{sv1}/\text{mm}^2$	157	157	157
$s \leqslant \dfrac{f_{yv} a_{sv} h_0}{V - \dfrac{1.75}{1+\lambda} f_t b h_0}/\text{mm}$	320	130	157
实配箍筋间距 s/mm	100	100	100
$V_{cs}\left(= \dfrac{1.75}{1+\lambda} f_t b h_0 + f_{yv} \dfrac{A_{sv}}{s} h_0\right)$	—	315172	315172
$a_{sb}\left(= \dfrac{V - V_{cs}}{0.8 f_y \sin\alpha}\right)$	—	< 0	< 0

（4）主梁吊筋计算

由次梁传至主梁的全部集中力为

$$G+Q=77.39+124.2=201.59（kN）$$

则 $A_s=\dfrac{G+Q}{2f_y\sin\alpha}=\dfrac{201.59\times10^3}{2\times300\times0.707}=475.2（mm^2）$

选 $2\phi18（A_s=509mm^2）$。

主梁的配筋示意图见图 7.7。

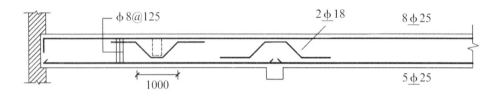

图 7.7　主梁的配筋示意图

7.1.2　双向板

1.设计资料

根据板的跨厚比：$h=6000/40=150mm$，双向板最小板厚 80mm，取 $h=150mm$。

支承梁截面尺寸为 $b\times h=250mm\times650mm$。

其他条件同单向板。

2.结构平面布置

双向板梁板结构平面布置如图 7.8 所示，分为 A、B、C、D 四种区格。

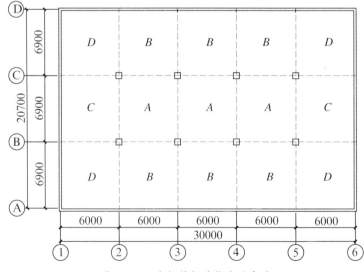

图 7.8　双向板梁板结构平面布置

3.荷载计算

20mm 水泥砂浆面层	$0.02m \times 20kN/m^3 = 0.40kN/m^2$
150mm 钢筋混凝土板	$0.15m \times 25kN/m^3 = 3.75kN/m^2$
20mm 混合砂浆天棚抹灰	$0.02m \times 17kN/m^3 = 0.34kN/m^2$
恒载标准值	$g_k = 4.49kN/m^2$
恒载设计值	$g = 1.3 \times 4.49kN/m^2 = 5.8kN/m^2$
活载设计值	$q = 1.5 \times 6.0kN/m^2 = 9.0kN/m^2$
合计	$p = g + q = 14.8kN/m^2$

4.按弹性理论计算

在求各区格板跨内正弯矩时,按恒荷载均布及活荷载棋盘式布置计算,取荷载

$$g' = g + q/2 = 5.8kN/m^2 + 9.0/2kN/m^2 = 10.3kN/m^2$$

$$q' = q/2 = 9.0/2kN/m^2 = 4.5kN/m^2$$

在 g' 作用下,各内支座均可视作固定,某些区格板跨内最大正弯矩不在板的中心点处,在 q' 作用下,各区格板四边均可视作简支,跨内最大正弯矩则在中心点处,计算时,可近似取二者之和作为跨内最大正弯矩值。

在求各中间支座最大负弯矩(绝对值)时,按恒荷载及活荷载均满布各区格板计算,取荷载

$$p = g + q = 14.8 \text{ kN/m}^2$$

按附录 A 进行内力计算,计算简图及计算结果见表 7.11。

由表 7.11 可见,板间支座弯矩是不平衡的,实际应用时可近似取相邻两区格板支座弯矩的平均值,即

表 7.11 双向板弯矩计算

区格			A	B
l_{0x}/l_{0y}			$6.0/6.9 = 0.87$	$6.0/6.86 = 0.87$
计算简图				
跨内	$\mu = 0$	m_x	$(0.0236 \times 10.3 + 0.0486 \times 4.5)$ $\times 6.0^2 = 16.62$	$(0.0281 \times 10.3 + 0.0486 \times 4.5)$ $\times 6.0^2 = 18.29$
		m_y	$(0.0160 \times 10.3 + 0.0350 \times 4.5)$ $\times 6.0^2 = 11.60$	$(0.0146 \times 10.3 + 0.0350 \times 4.5)$ $\times 6.0^2 = 11.08$
	$\mu = 0.2$	$m_x^{(\mu)}$	$16.62 + 0.2 \times 11.60 = 18.94$	$18.29 + 0.2 \times 11.08 = 20.51$
		$m_y^{(\mu)}$	$11.60 + 0.2 \times 16.62 = 14.93$	$11.08 + 0.2 \times 18.29 = 14.74$

区格			A	B
支座	计算简图		g+q	g+q
	m_x'		$0.0611\times14.8\times6.0^2=32.55$	$0.0681\times14.8\times6.0^2=36.28$
	m_y'		$0.0547\times14.8\times6.0^2=29.14$	$0.0565\times14.8\times6.0^2=30.10$

区格			C	D
l_{0x}/l_{0y}			$5.96/6.9=0.86$	$5.96/6.86=0.87$
跨内	计算简图		g' + q'	g' + q'
	$\mu=0$	m_x	$(0.0285\times10.3+0.0496\times4.5)\times5.96^2=18.36$	$(0.0310\times10.3+0.0486\times4.5)\times5.96^2=19.11$
		m_y	$(0.0142\times10.3+0.0349\times4.5)\times5.96^2=10.77$	$(0.0219\times10.3+0.0350\times4.5)\times5.96^2=13.61$
	$\mu=0.2$	$m_x^{(\mu)}$	$18.36+0.2\times10.77=20.51$	$19.11+0.2\times13.61=21.83$
		$m_y^{(\mu)}$	$10.77+0.2\times18.36=14.45$	$13.61+0.2\times19.11=17.43$
支座	计算简图		g+q	g+q
	m_x'		$0.0687\times14.8\times5.96^2=32.21$	$0.0808\times14.8\times5.96^2=42.48$
	m_y'		$0.0566\times14.8\times5.96^2=26.54$	$0.0726\times14.8\times5.96^2=38.17$

$A-B$ 支座 $\quad m_y'=(-29.14-30.10)/2=-29.62(\text{kN}\cdot\text{m/m})$

$A-C$ 支座 $\quad m_x'=(-32.55-36.12)/2=-34.34(\text{kN}\cdot\text{m/m})$

$B-D$ 支座 $\quad m_x'=(-36.28-42.48)/2=-39.38(\text{kN}\cdot\text{m/m})$

$C-D$ 支座 $\quad m_y'=(-29.76-38.17)/2=-33.96(\text{kN}\cdot\text{m/m})$

各跨内、支座弯矩已求得(考虑 A 区格板四周与梁整体连接,乘以折减系数 0.8),即可近似按 $A_s=m/(0.95f_yh_0)$ 算出相应的钢筋截面面积,取跨内及支座截面 $h_{0x}=130\text{mm}$,$h_{0y}=120\text{mm}$,具体计算不再赘述。

5.按塑性理论计算

（1）弯矩计算

①中间区格板 A

计算跨度

$$l_{0x}=6.0\mathrm{m}-0.25\mathrm{m}=5.75\mathrm{m};l_{0y}=6.9\mathrm{m}-0.25\mathrm{m}=6.65\mathrm{m}$$

$$n=l_{0y}/l_{0x}=6.65\mathrm{m}/5.75\mathrm{m}=1.16,取\ \alpha=1/n^2=0.74,\beta=2.0。$$

采用弯起式配筋,跨中钢筋在距支座 $l_{0x}/4$ 处弯起一半,故得跨内及支座塑性铰线上的总弯矩为

$$M_x=(l_{0y}-l_{0x}/4)m_x=(6.65-5.75/4)m_x=5.21m_x$$

$$M_y=3/4\alpha l_{0x}m_x=3/4\times0.74\times5.75m_x=3.19m_x$$

$$M_x'=M_x''=\beta l_{0y}m_x=2\times6.65m_x=13.3m_x$$

$$M_y'=M_y''=\beta\alpha l_{0x}m_x=2\times0.74\times5.75m_x=8.51m_x$$

由于区格板 A 四周与梁连接,内力折减系数为 0.8,由

$$2M_x+2M_y+M_x'+M_x''+M_y'+M_y''=pl_{0x}^2(3l_{0y}-l_{0x})/12$$

$$2\times5.21m_x+2\times3.19m_x+2\times13.3m_x+2\times8.51m_x=0.8\times14.8\times5.75^2\times(3\times6.65-5.75)/12$$

故得

$$m_x=7.67\mathrm{kN\cdot m/m}$$

$$m_y=\alpha m_x=0.74\times7.67=5.68(\mathrm{kN\cdot m/m})$$

$$m_x'=m_x''=\beta m_x=2\times7.67=15.34(\mathrm{kN\cdot m/m})$$

$$m_y'=m_y''=\beta m_y=2\times5.68=11.36(\mathrm{kN\cdot m/m})$$

②边区格板 B

$$l_{0x}=5.75\mathrm{m};l_{0y}=6.9\mathrm{m}-0.25\mathrm{m}/2-0.12\mathrm{m}+0.15\mathrm{m}/2=6.73\mathrm{m}$$

$$n=6.73\mathrm{m}/5.75\mathrm{m}=1.17,取\ \alpha=1/n^2=0.73,\beta=2.0。$$

由于 B 区格为三边连续一边简支板,无边梁,内力不作折减,又由于短边支座弯矩为已知, $m_y'=11.36\mathrm{kN\cdot m/m}$,则

$$M_x=(l_{0y}-l_{0x}/4)m_x=(6.73-5.75/4)m_x=5.29m_x$$

$$M_y=3/4\alpha l_{0x}m_x=3/4\times0.73\times5.75m_x=3.15m_x$$

$$M_x'=M_x''=\beta l_{0y}m_x=2\times6.73m_x=13.46m_x$$

$$M_y'=m_y'l_{0x}=11.36\times5.75=65.32\ \mathrm{kN\cdot m/m},M_y''=0$$

代入 $2M_x+2M_y+M_x'+M_x''+M_y'+M_y''=pl_{0x}^2(3l_{0y}-l_{0x})/12$

$$2\times5.29m_x+2\times3.15m_x+2\times13.46m_x+65.32+0=14.8\times5.75^2\times(3\times6.73-5.75)/12$$

故得

$$m_x=11.95\mathrm{kN\cdot m/m}$$

$$m_y=\alpha m_x=0.73\times11.95=8.72(\mathrm{kN\cdot m/m})$$

$$m_x' = m_x'' = \beta m_x = 2 \times 11.95 = 23.90 (\text{kN} \cdot \text{m/m})$$

③边区格板 C

$$l_{0x} = 6.0\text{m} - 0.25\text{m}/2 - 0.12\text{m} + 0.15\text{m}/2 = 5.83\text{m}; l_{0y} = 6.65\text{m}$$

$$n = 6.65\text{m}/5.83\text{m} = 1.14, \text{取 } \alpha = 1/n^2 = 0.77, \beta = 2.0 \text{。}$$

由于 C 区格为三边连续一边简支板，无边梁，内力不作折减，又由于长边支座弯矩为已知，$m_x' = 15.34\text{kN} \cdot \text{m/m}$，则

$$M_x = (l_{0y} - l_{0x}/4)m_x = (6.65 - 5.83/4)m_x = 5.19m_x$$

$$M_y = 3/4\alpha l_{0x} m_x = 3/4 \times 0.77 \times 5.83 m_x = 3.37 m_x$$

$$M_x' = m_x' l_{0y} = 15.34 \times 6.65 = 102.01 (\text{kN} \cdot \text{m/m}), M_x'' = 0$$

$$M_y' = M_y'' = \beta \alpha l_{0x} m_x = 2 \times 0.77 \times 5.83 m_x = 8.98 m_x$$

代入 $2M_x + 2M_y + M_x' + M_x'' + M_y' + M_y'' = p l_{0x}^2 (3 l_{0y} - l_{0x})/12$

$$2 \times 5.19 m_x + 2 \times 3.37 m_x + 102.01 + 0 + 2 \times 8.98 m_x = 14.8 \times 5.83^2 \times (3 \times 6.65 - 5.83)/12$$

故得

$$m_x = 13.97\text{kN} \cdot \text{m/m}$$

$$m_y = \alpha m_x = 0.77 \times 13.97 = 10.76 (\text{kN} \cdot \text{m/m})$$

$$m_y' = m_y'' = \beta m_y = 2 \times 10.76 = 21.52 (\text{kN} \cdot \text{m/m})$$

④角区格板 D

$$l_{0x} = 6.0\text{m} - 0.25\text{m}/2 - 0.12\text{m} + 0.15\text{m}/2 = 5.83\text{m}; l_{0y} = 6.9\text{m} - 0.25\text{m}/2 - 0.12\text{m} +$$
$$0.15\text{m}/2 = 6.73\text{m}$$

$$n = 6.73\text{m}/5.83\text{m} = 1.15, \text{取 } \alpha = 1/n^2 = 0.76, \beta = 2.0 \text{。}$$

由于 D 区格为两边连续两边简支板，无边梁，内力不作折减，又由于长短边支座弯矩均为已知，$m_x' = 23.90\text{kN} \cdot \text{m/m}, m_y' = 21.52\text{kN} \cdot \text{m/m}$，则

$$M_x = (l_{0y} - l_{0x}/4)m_x = (6.73 - 5.83/4)m_x = 5.27m_x$$

$$M_y = 3/4\alpha l_{0x} m_x = 3/4 \times 0.76 \times 5.83 m_x = 3.32 m_x$$

$$M_x' = m_x' l_{0y} = 23.90 \times 6.73 = 160.85\text{kN} \cdot \text{m/m}, M_x'' = 0$$

$$M_y' = m_y' l_{0x} = 21.52 \times 5.83 = 125.46\text{kN} \cdot \text{m/m}, M_y'' = 0$$

代入 $2M_x + 2M_y + M_x' + M_x'' + M_y' + M_y'' = p l_{0x}^2 (3 l_{0y} - l_{0x})/12$

$$2 \times 5.27 m_x + 2 \times 3.32 m_x + 160.85 + 0 + 125.46 + 0 = 14.8 \times 5.83^2 \times (3 \times 6.73 - 5.83)/12$$

故得

$$m_x = 18.37\text{kN} \cdot \text{m/m}$$

$$m_y = \alpha m_x = 0.76 \times 18.37 = 13.96 (\text{kN} \cdot \text{m/m})$$

(2)配筋计算

各区格板跨内及支座弯矩已求得，取截面有效高度 $h_{0x} = 130\text{mm}, h_{0y} = 120\text{mm}$，即可计算按 $A_s = m/(0.95 f_y h_0)$ 计算钢筋截面面积，计算结果见表 7.12，配筋图见图 7.9。

表 7.12　双向板配筋计算

截面			$m/(\mathrm{kN \cdot m})$	h_0/mm	A_s/mm^2	选配钢筋	实配面积/mm^2
跨中	A 区格	l_{0x} 方向	7.67	130	230	$\phi8@200$	252
		l_{0y} 方向	5.68	120	185	$\phi8@200$	252
	B 区格	l_{0x} 方向	11.95	130	358	$\phi8@120$	419
		l_{0y} 方向	8.72	120	283	$\phi8@150$	335
	C 区格	l_{0x} 方向	13.97	130	419	$\phi8@120$	419
		l_{0y} 方向	10.76	120	350	$\phi8@120$	419
	D 区格	l_{0x} 方向	18.37	130	551	$\phi10@150$	561
		l_{0y} 方向	13.96	120	454	$\phi10@150$	523
支座	A—B		11.36	130	341	$\phi10@200$	392
	A—C		15.34	130	460	$\phi10@150$	523
	B—D		23.90	130	717	$\phi10@100$	785
	C—D		21.52	130	645	$\phi10@120$	654

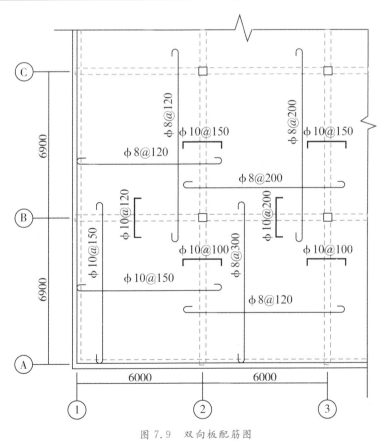

图 7.9　双向板配筋图

7.2 单层混凝土排架厂房设计示例

7.2.1 设计资料

某双跨等高机械加工车间，厂房长度 72.6m，柱距 6m。柱顶标高为 10.5m，其平面图、剖面图及立面图见图 7.10、图 7.11、图 7.12。

该车间为两跨 21m 等高钢筋混凝土柱厂房，安装有 4 台（每跨两台）北京起重运输机械研究所生产的工作级别为 A5、起重量为 10t、吊车跨度 19.5m 的电动桥式吊车。吊车规定标志标高 8.0。吊车技术数据详见附录。

主体结构设计年限为 50 年，结构安全等级为二级，结构重要性系数 $\gamma_0 = 1.0$，环境类别一类，不考虑抗震设防。

屋面做法：采用彩色压型金属复合保温板（金属面硬质聚氨酯夹芯板），其中彩色钢板面板厚 0.6mm，保温绝热材料为聚氨酯，其厚度为 80mm。自重标准值为 $0.16kN/m^2$。

车间的围护墙：窗台以下采用贴砌页岩实心烧结砖砌体墙，墙厚 240mm。双面抹灰各厚 20mm。窗台以上采用外挂彩色压型金属复合保温墙板（金属面硬质聚氨酯夹芯板），彩色钢板面板厚度 0.6mm，保温绝热材料为聚氨酯，其厚度为 80mm，自重标准值为 $0.16kN/m^2$。围护墙车间内侧也采用彩色压型金属墙板（单层、非保温），厚度为 0.6mm，自重标准值为 $0.10kN/m^2$。

根据岩土工程勘察报告，该车间所处地段地势平坦，在基础底面以下无软弱下卧层，车间室内外高差 0.15m，基础埋深为室外地面以下 1.4mm（相对标高为 $-1.550m$）。地基持力层为细沙，修正后的地基承载力特征值为 $f_a = 150kPa$。基底以上土与混凝土的加权平均重度 $\gamma_m = 20kN/m^2$，基底以下的土重度 $\gamma = 18kN/m^2$。

当地的基本雪压为 $0.4kN/m^2$，组合值系数为 0.7。基本风压为 $0.4kN/m^2$，组合值系数为 0.6，地面粗糙度类别为 B 类。

混凝土强度采用 C30，钢筋采用 HRB400（主筋）、HPB300（箍筋）。

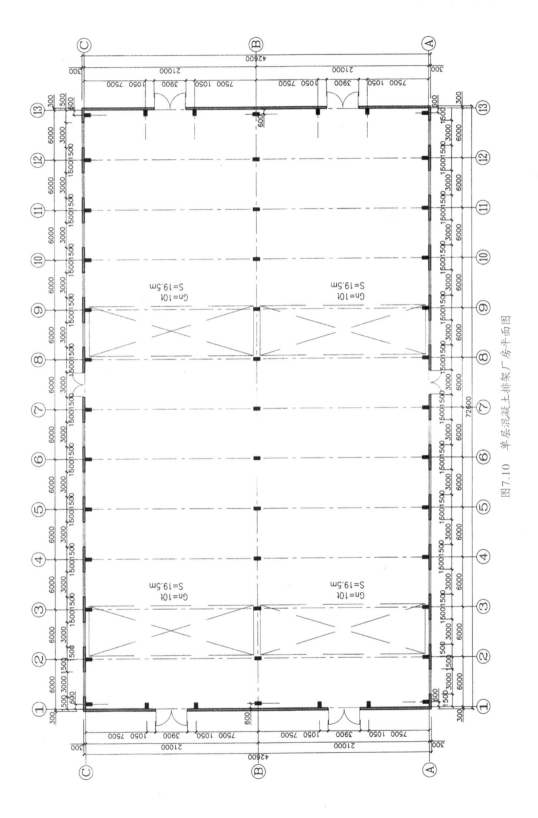

图7.10　单层混凝土排架厂房平面图

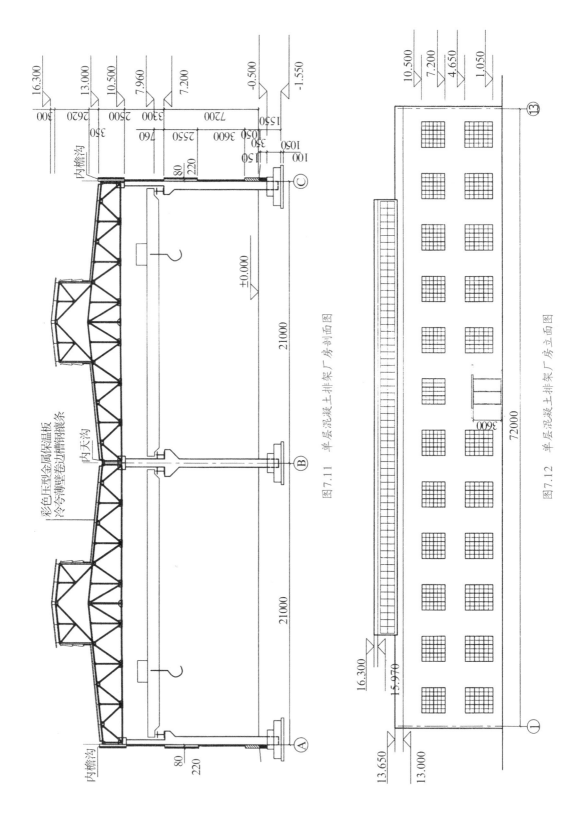

图7.11 单层混凝土排架厂房剖面图

图7.12 单层混凝土排架厂房立面图

7.2.2　结构方案设计

1.厂房标准构件选用

构件选型主要包括屋架(含支撑)、吊车梁、吊车轨道联结及车挡、墙梁、基础梁、柱模板、柱间支撑。

(1)屋架(含支撑)

檩条采用 11G521-1《钢檩条(冷弯薄壁卷边槽钢、冷弯薄壁斜卷边 Z 形钢、高频焊接薄壁 H 型钢)》中的 LC-6-25.2 型檩条。

天窗架采用 05G516《轻型屋面钢天窗架》中的 GCJ6-31(用于无支撑处)、GCJ6A-31(用于有支撑处)、GCJ6B-31(用于端部)。天窗架侧立面柱平面内竖向支撑选用 TC-3,天窗架上弦平面内横向支撑选用 TS-1,中间开间系杆选用 TX-1,端部开间系杆选用 TX-2。

梯形屋架采用 05G515《轻型屋面梯形屋架》中的 GWJ21-3。

(2)吊车梁

吊车梁采用 20G520-1《钢吊车梁(6～9m,Q235)》中的 GDL6-5Z(用于中部开间)及 GDL6-5B(用于端部开间、联结车挡)。

由于吊车梁与钢筋混凝土排架柱的牛腿相连,其支座板厚度为 20mm,因此吊车梁在支承处的总高度为 620mm。

(3)吊车轨道联结及车挡

根据 05G525《吊车轨道联结及车挡(适用于钢吊车梁)》,吊车轨道联结采用焊接型-TG43,车挡采用 GCD-1。

(4)墙梁

根据 11G521-2 外纵墙墙梁采用 QLC6-22.2,山墙墙梁采用 QLC7.5-22.2。

(5)基础梁

基础梁采用 16G320《钢筋混凝土基础梁》中的 JL-1。山墙下可不设基础梁,纵墙端部至抗风柱基础间,从柱基础垫层底至标高－0.5m 范围内可做成现浇混凝土条形基础,其宽度为 0.5m。

(6)柱模板选用

上柱及下柱的高度与 05G335《单层工业厂房钢筋混凝土柱》中的 19 号模板基本相同,但由于为轻屋盖,荷载较小,故下柱截面由 1400×800 改为 1400×600,如图 7.13 所示。

(7)柱间支撑

根据 05G336《柱间支撑》,上柱支撑选用 ZCs-33-1a(中间)和 ZCs-33-1b(端部)。下柱支撑选用 ZCx8-72-32,由于本示例下柱截面高度为 600mm,故将其双片支撑之间的宽度由 500 改为 300,其编号改为 ZCx8-72-32。其布置如图 7.14 所示。

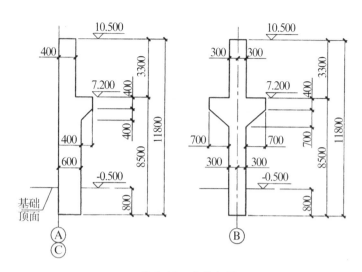

图 7.13 柱模板图

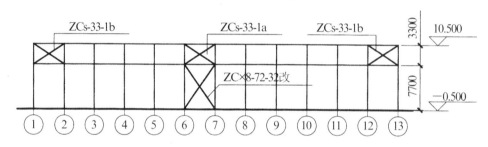

图 7.14 车间各柱列纵向柱间支撑布置图

2.复核有关尺寸

（1）边列柱上柱尺寸复核

1）上柱截面高度

已知边列柱上柱截面高度为 400mm，即上柱内侧至该车间纵向定位轴线Ⓐ或Ⓒ轴尺寸为 400mm，如图 7.15 所示。

吊车轨道中心至纵向定位轴线Ⓐ或Ⓒ轴尺寸为 750mm，而吊车桥架最外端至吊车轨道中心尺寸为 238mm，因此，边列柱上柱内侧至吊车桥架最外端间的空隙尺寸＝750－238－400＝112（mm），大于吊车运行要求的横向最小空隙尺寸 80mm，即上柱截面高度 400mm 符合吊车运行要求。

2）上柱高度

因取牛腿标高为 7.2m，边列柱上柱高度 3300mm，如图 7.15 所示。由之前的选型可知，钢吊车梁 GDL6-5 的高度为 600mm，其支座板厚度为 20mm。根据之前选定的焊接固定 43kg/m 轨道联结方案，吊车梁顶面至吊车轨道顶面之间的高度为 140mm。

查本书附录可知，该车间内的吊车自吊车轨道至小车顶部最高处之间的高度为 2239mm。

因此,小车顶面与边列柱顶面间的空隙高度＝3300－600－20－140－2239＝301(mm),大于吊车运行要求的最小空隙高度 250mm 的规定。

此刻,轨道顶的实际标高－标志标高＝－0.04m,满足±200mm 误差要求。

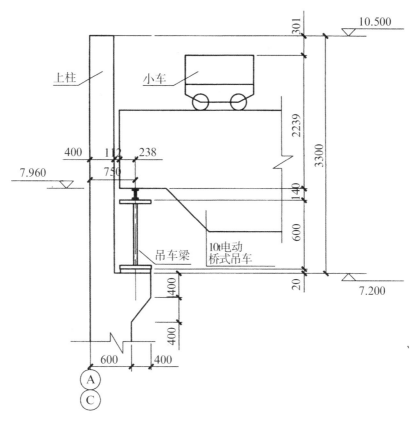

图 7.15　边列柱上柱尺寸

(2)中列柱上柱尺寸复核

1)上柱截面高度

已知中列柱上柱截面高度为 600mm,上柱内侧至该车间纵向定位轴线 B 轴尺寸为 300mm,如图 7.16 所示。此值小于边列柱上柱内侧至纵向定位轴线Ⓐ或Ⓒ的尺寸 400mm,因此自中列柱上柱内侧至吊车桥架最外端间的空隙尺寸为 212mm,满足吊车运行最小横向空隙尺寸 80mm 的要求。

2)上柱高度

因取中列柱上柱高度为 3300mm,与边列柱相同,因此满足吊车运行要求的最小空隙高度 250mm 的规定。

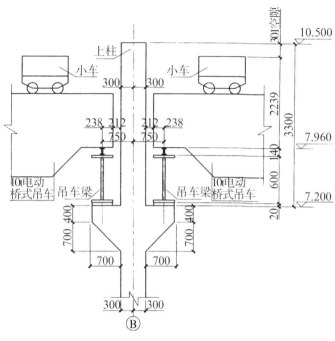

图 7.16　中列柱上柱尺寸

7.2.3　排架结构分析

1.计算简图

对于没有抽柱的单层厂房,计算单元可以取一个柱距,即 6m。排架跨度取厂房的跨度,上柱高度等于柱顶标高减去牛腿顶标高。下柱高度从牛腿顶至基础顶面,基底标高确定后,还需要预估基础高度。基础顶面不能超过室外地面,一般低于地面不少于 50mm。对于边柱,由于基础顶面还需放预制基础梁(基础梁高 450mm),所以排架柱基础顶面一般应低于室外底面 500mm。

故全柱高为 10.5m+0.5m=11m,上柱高度为 3.3m,下柱高度为 7.7m。其截面几何特征见表 7.13。计算简图见图 7.17。

表 7.13　截面几何特征

柱号		截面尺寸/mm	面积 A/mm²	惯性矩 I/mm⁴
Ⓐ列柱	上段柱	正方形 400×400	16×10^4	21.3×10^8
	下段柱	矩形 400×600	24×10^4	72×10^8
Ⓑ列柱	上段柱	矩形 400×600	24×10^4	72×10^8
	下段柱	矩形 400×600	24×10^4	72×10^8
Ⓒ列柱	上段柱	正方形 400×400	16×10^4	21.3×10^8
	下段柱	矩形 400×600	24×10^4	72×10^8

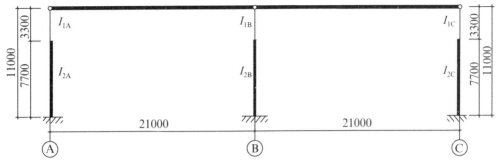

图 7.17　排架计算简图

2.荷载计算

排架的荷载包括永久荷载、屋面可变荷载、吊车荷载、风荷载和基础梁及其上砖墙自重。荷载均计算其标准值。

（1）永久荷载

永久荷载包括屋盖自重、上段柱自重、下段柱自重、吊车梁及轨道自重、外纵墙自重。

1）屋盖自重 P_1

①屋面永久荷载标准值：

夹芯板荷载标准值 $\qquad$ 0.16kN/m^2

檩条及拉条 $\qquad$ 0.10kN/m^2

屋面支撑及吊管线自重 $\qquad$ 0.10kN/m^2

$$\sum q = 0.36\text{kN/m}^2$$

②21m 轻型屋面梯形钢屋架 GWJ21-3 自重 12.24kN/榀。

③轻型屋面 6m 钢天窗架及其支撑自重 $0.15 \times 6 \times 6 = 5.4$kN/榀。

④天窗窗扇（包括窗挡）自重 $0.45 \times 6 \times 2.65 \times 2 = 14.3$kN/开间。

因此作用在边柱柱顶截面中心处由屋架传来的屋盖自重标准值 P_{1A}（C 轴柱子受力情况与 A 轴柱子完全一样）：

$$P_{1A} = \frac{0.36 \times 6 \times 21}{2} + \frac{12.24}{2} + \frac{5.4}{2} + \frac{14.3}{2} = 38.7(\text{kN})$$

P_{1A} 对边柱柱顶截面重心产生的弯矩标准值 M_{1A}：

$$M_{1A} = P_{1A}e_{1A} = 38.7 \times 0.05 = 1.9(\text{kN·m})$$

上柱轴力对下柱产生偏心弯矩标准值 M_{1A2}：

$$M_{1A2} = P_{1A}e_A = 38.7 \times 0.1 = 3.87(\text{kN·m})$$

作用在中柱柱顶截面重心处由屋架传来的屋盖自重标准值 P_{1B}：

$$P_{1B} = 2 \times 38.7 = 77.4(\text{kN})$$

P_{1B} 对中柱柱顶截面重心产生的弯矩标准值 M_{1B}

$$M_{1B} = P_{1B}e_{1B} = 77.4 \times 0 = 0(\text{kN·m})$$

屋盖自重荷载简图如图 7.18 所示。

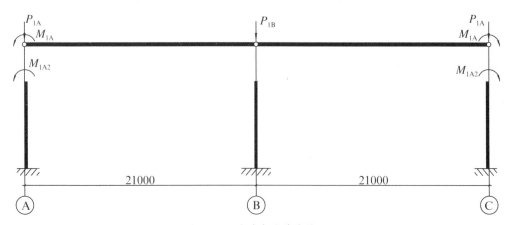

图 7.18 屋盖自重荷载简图

2)柱自重 P_2 和 P_3（忽略牛腿自重）

①边柱

上柱：$P_{2A} = 3.3 \times 0.4 \times 0.4 \times 25 = 13.2(\text{kN})$

$M_{2A} = 13.2 \times 0.1 = 1.32(\text{kN} \cdot \text{m})$

下柱：$P_{3A} = 7.7 \times 0.4 \times 0.6 \times 25 = 46.2(\text{kN})$

②中柱：

上柱：$P_{2B} = 3.3 \times 0.4 \times 0.6 \times 25 = 19.8(\text{kN})$

下柱：$P_{3B} = 7.7 \times 0.4 \times 0.6 \times 25 = 46.2(\text{kN})$

柱自重荷载简图如图 7.19 所示。

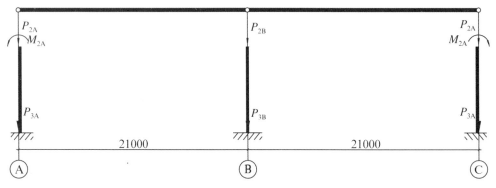

图 7.19 柱自重荷载简图

3)吊车梁及吊车轨道联结自重 P_4

①边柱吊车梁及轨道联结自重 P_{4A} 及偏心距 M_{4A}

根据之前的选用已知，GDL6-5 吊车梁自重为 5.74kN/根。轨道联结自重为 $(0.4465 + 0.0962) \times 6 = 3.26(\text{kN/根})$。

$$P_{4A} = 5.74 + 3.26 = 9.00(\text{kN})$$

$$M_{4A} = P_{4A}e_{4A} = 9.00 \times (0.75 - 0.3) = 4.05(\text{kN} \cdot \text{m})$$

②中柱吊车梁自重 P_{4B} 及偏心距 M_{4B}

$$P_{4B}=2\times9.00=18.00(\mathrm{kN})$$

$$M_{4B}=P_{4B}e_{4B}=18.00\times0=0(\mathrm{kN\cdot m})$$

吊车梁及吊车轨道联结自重荷载如图 7.20 所示。

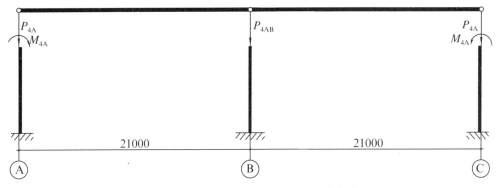

图 7.20　吊车梁及吊车轨道联结自重荷载简图

4)外纵墙自重 P_5

为简化计算,忽略门窗自重与压型钢板保温夹芯板墙面自重的差别,均按墙面自重计算。此外忽略墙面自重由多个墙梁传至柱上的实际情况,采用全部墙面自重集中传至上柱柱顶的简化方法(窗台以下砌体墙自重由基础梁承受)。

外纵墙墙面自重	$0.26\mathrm{kN/m^2}$
檩条及拉条自重	$0.10\mathrm{kN/m^2}$
	$\sum q=0.36\mathrm{kN/m^2}$

因此外纵墙自重 $P_{5A}=(13-1.05)\times6\times0.36=25.81(\mathrm{kN})$

外纵墙自重 P_{5A} 对边柱上柱柱顶截面重心产生的弯矩标准值 M_{5A}:

$$M_{5A}=P_{5A}e_{5A}=25.81\times(0.2+0.15)=9.0(\mathrm{kN\cdot m})$$

$$M_{5A2}=P_{5A}e_A=25.81\times0.1=2.58(\mathrm{kN\cdot m})$$

外纵墙自重的荷载简图如图 7.21 所示。

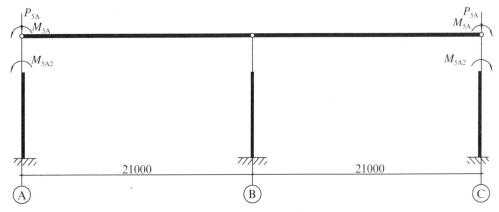

图 7.21　外纵墙自重荷载简图

因此全部永久荷载标准值的荷载简图如图 7.22 所示。

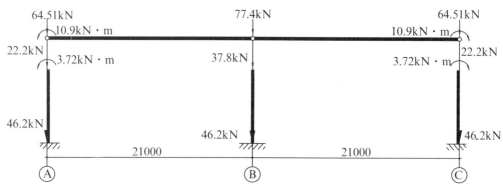

图 7.22　永久荷载标准值简图

（2）B-C 跨屋面可变荷载 P_6

边柱柱顶截面由屋架传来的屋面可变荷载 P_{6A}：

$$P_{6A}=21\times6\times0.5/2=31.5(\text{kN})$$

此荷载对边柱柱顶截面重心的偏心弯矩 M_{6A}：

$$M_{6A}=31.5\times0.05=1.6(\text{kN}\cdot\text{m})$$

$$M_{6A2}=31.5\times0.1=3.15(\text{kN}\cdot\text{m})$$

中柱柱顶截面由屋架传来的屋面可变荷载 P_{6B}：

$$P_{6B}=21\times6\times0.5=63.0(\text{kN})$$

此荷载对中柱柱顶截面重心的偏心弯矩 M_{6B}，屋架对中柱的偏心距为 0.15m：

$$M_{6B}=31.5\times0.15=4.725(\text{kN}\cdot\text{m})$$

因此，屋面 B-C 跨在可变荷载标准值作用下的排架简图如图 7.23 所示。A-B 跨对称可得，计算时注意可变荷载的不利布置。

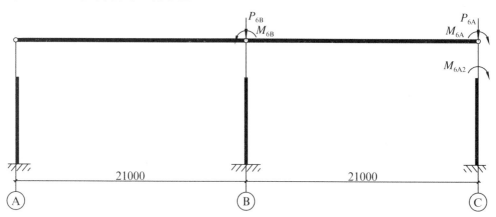

图 7.23　屋面可变荷载标准值简图

（3）吊车荷载标准值

查阅附录，得到其技术资料如下：

表 7.14 吊车技术资料

吊车最大宽度 B/mm	吊车轮距 W/mm	最大轮压 P_{max}/kN	最小轮压 P_{min}/kN	小车重量 G_1/t	吊车总重量 G_2/t	额定起重量 Q/t
5922	4100	117.6	37.9	4.084	21.7	10

1)吊车竖向荷载 D_{max}、D_{min}

绘制支座反力影响线如图 7.24 所示。

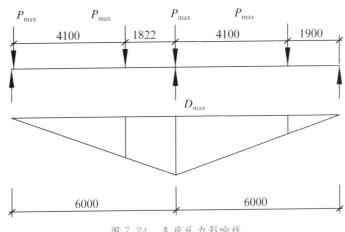

图 7.24 支座反力影响线

$$D_{max}=\frac{P_{max}(6000+1900+4178+78)}{6000}=2.026\times117.6=238.3(\text{kN})$$

D_{max} 对边柱下柱截面重心的偏心距 $e=750-300=450(\text{mm})$

D_{max} 对中柱下柱截面重心的偏心距 $e=750\text{mm}$

同理可求:

$$D_{min}=\frac{P_{min}(6000+1900+4178+78)}{6000}=2.026\times37.9=76.8(\text{kN})$$

D_{min} 对边柱下柱截面重心的偏心距 $e=750-300=450(\text{mm})$

D_{min} 对中柱下柱截面重心的偏心距 $e=750\text{mm}$

D_{max}、D_{min} 及其作用位置如图 7.25 所示。

2)吊车横向水平荷载 T_{max}

每台吊车每个车轮刹车时的最大横向水平荷载标准值 T:

$$T=\frac{0.12(Q+G_1)g}{4}=\frac{0.12\times(10+4.084)\times9.8}{4}=4.14(\text{kN})$$

$$T_{max}=\frac{T(6000+1900+4178+78)}{6000}=2.026\times4.14=8.4(\text{kN})$$

其作用位置距离下柱顶部尺寸=吊车梁高+吊车梁垫板高=0.6+0.02=0.62(m),如图 7.26 所示。

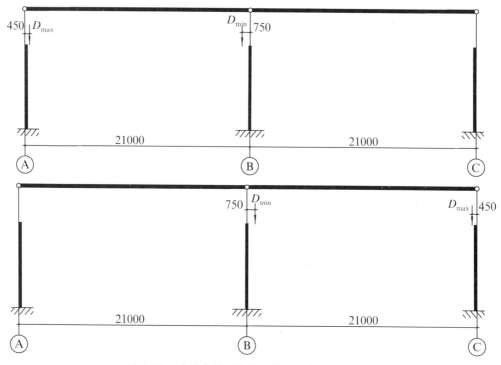

图 7.25　作用在排架柱上的吊车竖向荷载标准值

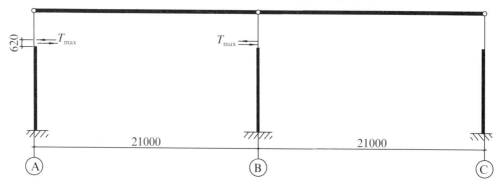

图 7.26　作用在排架柱上的吊车最大横向水平荷载标准值

（4）风荷载标准值

1）柱顶以上屋盖所受风力（风向右吹，见图 7.27）

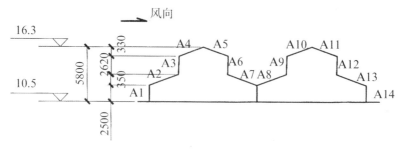

图 7.27　屋盖各受风面积编号

风压高度变化系数 μ_z 按屋盖相对室外地面的平均高度 13.55m 计算：

$$\mu_z = 1 + \frac{1.13-1}{15-10}(13.55-10) = 1.09$$

屋盖各受风面积 A_i 值（m²）=$6h_i$（其中 h_i 为迎风面高度，单位为 m）。

表 7.15　屋盖各受风面积的数值

受风面积编号	A_1、A_{14}	A_2、A_7、A_8、A_{13}	A_3、A_6、A_9、A_{12}	A_4、A_5、A_{10}、A_{11}
迎风面高度 h_i（m）	2.5	0.35	2.62	0.33
受风面积 A_i（m²）=$6h_i$	15	2.1	15.72	1.98

故作用在柱顶的屋盖的所受风力为

$F=1.09\times0.4\times(0.8\times15-0.2\times2.1+0.6\times15.72-0.7\times1.98+0.7\times1.98+0.6\times15.72+0.5\times2.1-0.5\times2.1+0.6\times15.72-0.6\times1.98+0.6\times1.98+0.5\times15.72+0.4\times2.1+0.4\times15)=23.80(\text{kN})(\rightarrow)$

2）柱顶以下排架柱上所受风力

当风向右吹时，为简化计算，自基础顶面至柱顶截面高度范围内按墙面传来均布风荷载计算，如图 7.27 所示。

μ_z 取柱顶处（距离室外地面 10.65m）=1.02。

$q_1 = 6\beta_z\mu_s\mu_z w_0 = 6\times1\times0.8\times1.02\times0.4 = 1.96(\text{kN/m})(\rightarrow)$

$q_2 = 6\beta_z\mu_s\mu_z w_0 = 6\times1\times0.4\times1.02\times0.4 = 0.98(\text{kN/m})(\rightarrow)$

因此，风向左吹时考虑屋盖风荷载及墙面风荷载的排架柱所受风荷载标准值如图 7.28 所示。

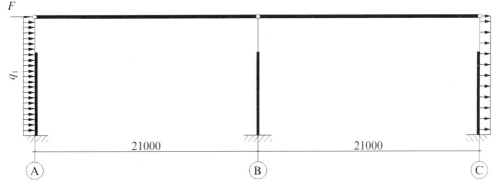

图 7.28　作用在排架柱上的左风荷载简图

同理，风向右吹时，考虑屋盖风荷载及墙面风荷载的排架柱所受风荷载标准值如图 7.29 所示。

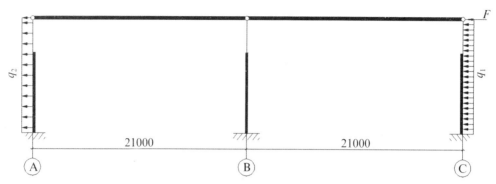

图 7.29　作用在排架柱上的右风荷载简图

（5）基础梁及其上砖墙自重（仅 A、C 轴基础）

基础梁自重标准值为 16.1kN

窗下基础梁上的砖墙自重标准值为 $6 \times 0.28 \times 19 \times 1.1 = 35.1 (\text{kN})$

外纵墙传至基础的永久荷载标准值

$$P_7 = 35.1 + 16.1 = 51.2 (\text{kN})$$

其作用位置距离Ⓐ、Ⓒ柱列下柱截面重心轴的距离 $e = 0.42\text{m}$，如图 7.30 所示。

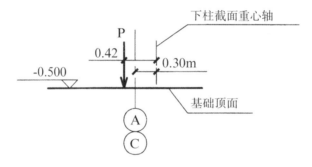

图 7.30　荷载偏心示意图

3.内力计算

（1）剪力分配系数 η

$$\lambda = \frac{H_u}{H} = \frac{3.30}{11.00} = 0.300$$

边柱 A、C：上部柱截面惯性矩 $I_{uA} = I_{uC} = \frac{1}{12} \times 400 \times 400^3 = 2.13 \times 10^9 (\text{mm}^4)$

下部柱截面惯性矩 $I_{lA} = I_{lC} = \frac{1}{12} \times 400 \times 600^3 = 7.2 \times 10^9 (\text{mm}^4)$

$$n_A = n_C = \frac{I_u}{I_l} = \frac{2.13}{7.2} = 0.296$$

中柱 B：上部柱截面惯性矩 $I_{uB} = \frac{1}{12} \times 400 \times 600^3 = 7.2 \times 10^9 (\text{mm}^4)$

下部柱截面惯性矩 $I_{lB} = \frac{1}{12} \times 400 \times 600^3 = 7.2 \times 10^9 (\text{mm}^4)$

$$n_B = \frac{I_{uB}}{I_{lB}} = \frac{7.2}{7.2} = 1.000$$

柱号	$n = \dfrac{I_1}{I_2}$	$C_0 = \dfrac{3}{1 + \lambda^3 \left(\dfrac{1}{n} - 1 \right)}$	$\delta = \dfrac{H^3}{E_c I_u C_0}$	$\eta = \dfrac{\dfrac{1}{\delta_i}}{\sum \dfrac{1}{\delta_i}}$
A 柱	0.296	2.82	$\dfrac{10^{-9}}{7.2 \times 2.82} \cdot \dfrac{H^3}{E_c}$	$\eta_A = 0.326$
B 柱	1.000	3.00	$\dfrac{10^{-9}}{7.2 \times 3.00} \cdot \dfrac{H^3}{E_c}$	$\eta_A = 0.348$
C 柱	0.296	2.82	$\dfrac{10^{-9}}{7.2 \times 2.82} \cdot \dfrac{H^3}{E_c}$	$\eta_A = 0.326$

（2）恒载作用下的内力

1）恒载作用计算简图如图 3.66 所示。$\lambda = 0.300$，$H = 11.00\text{m}$。

$$S_A = S_C = 1 + \lambda^3 \left(\frac{1}{n_A} - 1 \right) = 1 + 0.300^3 \left(\frac{1}{0.296} - 1 \right) = 1.064$$

$$S_B = 1 + \lambda^3 \left(\frac{1}{n_B} - 1 \right) = 1 + 0.300^3 \left(\frac{1}{1.000} - 1 \right) = 1$$

查附录可得

柱号	$M/\text{kN} \cdot \text{m}$	n	C_1	$R = -\dfrac{M}{H} C_1 / \text{kN}$
A 柱	−10.9	0.296	1.71	1.69
B 柱	0	1.000	1.50	0
C 柱	10.9	0.296	1.71	−1.69

查附录可得

柱号	$M/\text{kN} \cdot \text{m}$	n	C_3	$R = -\dfrac{M}{H} C_3 / \text{kN}$
A 柱	−3.72	0.296	1.28	0.43
B 柱	0	1.000	1.37	0
C 柱	3.72	0.296	1.28	−0.43

2）各柱铰支座反力 R

A 柱铰支座反力 $R_A = 1.69 + 0.43 = 2.12(\text{kN})$

B 柱铰支座反力 $R_B = 0 + 0 = 0$

C 柱铰支座反力 $R_C = -1.69 + (-0.43) = -2.12(\text{kN})$

$$R = R_A + R_B + R_C = 2.11 + 0 - 2.11 = 0$$

3）各柱顶剪力：

$$V_A = -\eta_A R + R_A = 0 + 2.12 = 2.12 \text{kN}(\rightarrow)$$

$$V_B = -\eta_B R + R_B = 0$$

$$V_C = -\eta_C R + R_C = 0 + (-2.12) = -2.12 \text{kN}(\leftarrow)$$

4）M(kN·m)图见图 7.31。

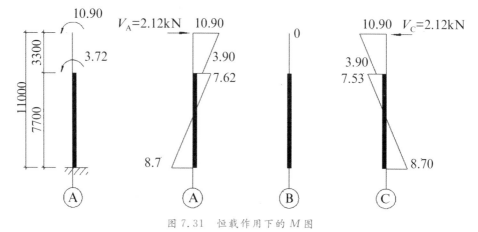

图 7.31　恒载作用下的 M 图

5）N(kN)图见图 7.32。

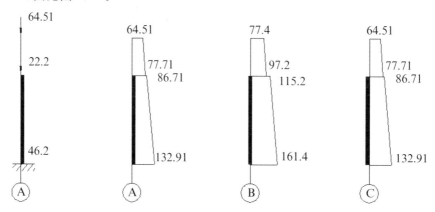

图 7.32　恒载作用下的 N 图

6）V 图略。

（3）B-C 跨屋面可变荷载作用下的内力

1）计算简图如图 7.22 所示。

$\lambda = 0.300, H = 11.00 \text{m}$。查附表可得

柱号	$M/(\mathrm{kN \cdot m})$	n	C_1	$R=-\dfrac{M}{H}C_1/\mathrm{kN}$
A 柱	0	0.296	1.71	0
B 柱	0	1.000	1.50	−0.65
C 柱	1.6	0.296	1.71	−0.25

查附录可得

柱号	$M/(\mathrm{kN \cdot m})$	n	C_3	$R=-\dfrac{M}{H}C_3/\mathrm{kN}$
A 柱	0	0.296	1.28	0
B 柱	0	1.000	1.37	0
C 柱	3.15	0.296	1.28	−0.37

2)各柱铰支座反力 R：

A 柱铰支座反力 $R_A=0+0=0$

B 柱铰支座反力 $R_B=-0.65+0=-0.65(\mathrm{kN})$

C 柱铰支座反力 $R_C=-0.25+(-0.37)=-0.62(\mathrm{kN})$

$R=R_A+R_B+R_C=0+(-0.65)+(-0.62)=-1.27(\mathrm{kN})$

3)各柱顶剪力：

$V_A=-\eta_A R+R_A=0.326\times1.27+0=0.41(\mathrm{kN})(\rightarrow)$

$V_B=-\eta_B R+R_B=0.348\times1.27+(-0.65)=-0.21(\mathrm{kN})(\leftarrow)$

$V_C=-\eta_C R+R_C=0.326\times1.27+(-0.62)=-0.21(\mathrm{kN})(\leftarrow)$

4)$M(\mathrm{kN \cdot m})$图见图 7.33。

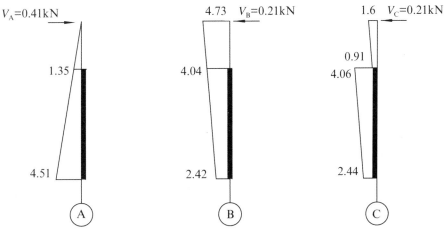

图 7.33　B—C 跨屋面活载作用下的 M 图

5)N 图、V 图略。

(4)A-B跨吊车竖向荷载作用下的内力

B-C跨吊车竖向荷载作用下的内力可由对称性求得。

1)当D_{max}作用在A轴时

①计算简图如图7.25所示。

$\lambda=0.300,H=11.00m$。查附表可得

柱号	$M/kN \cdot m$	n	C_3	$R=-\dfrac{M}{H}C_3/kN$
A柱	107.24	0.296	1.28	−12.48
B柱	−57.60	1.000	1.37	7.17

②各柱铰支座反力R：

A柱铰支座反力$R_A=-12.48kN$

B柱铰支座反力$R_B=7.17kN$

$R=R_A+R_B=-12.48+7.17=-5.31(kN)$

③各柱顶剪力：

$V_A=-\eta_A R+R_A=0.326\times5.31+(-12.48)=-10.75(kN)(\leftarrow)$

$V_B=-\eta_B R+R_B=0.348\times5.31+7.17=9.02(kN)(\rightarrow)$

$V_C=-\eta_C R=0.326\times5.31=1.73(kN)(\rightarrow)$

④$M(kN \cdot m)$图见图7.34。

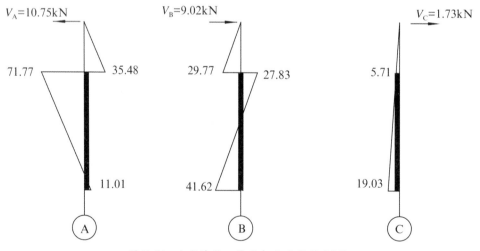

图7.34 A-B跨D_{max}作用在A轴柱的M图

⑤N图、V图略。

2)当D_{max}作用在B轴时

①计算简图如图7.25所示。

$\lambda=0.300,H=11.00m$。查附录可得

柱号	$M/(\text{kN} \cdot \text{m})$	n	C_3	$R = -\dfrac{M}{H}C_3/\text{kN}$
A 柱	34.56	0.296	1.28	−4.02
B 柱	−178.73	1.000	1.37	22.26

②各柱铰支座反力 R：

A 柱铰支座反力 $R_A = -4.02 \text{kN}$

B 柱铰支座反力 $R_B = 22.26 \text{kN}$

$R = R_A + R_B = -4.02 + 22.26 = 18.24(\text{kN})$

③各柱顶剪力：

$V_A = -\eta_A R + R_A = -0.326 \times 18.24 + (-4.02) = -9.97(\text{kN})(\leftarrow)$

$V_B = -\eta_B R + R_B = -0.348 \times 18.24 + 22.26 = 15.91(\text{kN})(\rightarrow)$

$V_C = -\eta_C R = -0.326 \times 18.24 = -5.95(\text{kN})(\leftarrow)$

④$M(\text{kN} \cdot \text{m})$ 图见图 7.35。

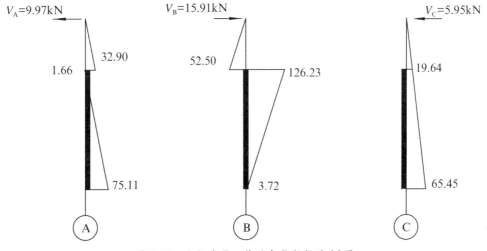

图 7.35　A-B 跨 $D_{\max}$ 作用在 B 轴柱的 M 图

⑤N 图、V 图略。

(5)A-B 跨吊车水平荷载作用下的内力

B-C 跨吊车水平荷载作用下的内力可由对称性求得。

1)计算简图如图 7.26 所示(注意左右相同)。

$\lambda = 0.300, a = \dfrac{3.3 - 0.02 - 0.6}{3.3} = 0.81$。

查附表可得

柱号	T/kN	n	C_5	$R=-TC_5/\text{kN}$
A柱	-8.4	0.296	0.61	5.12
B柱	-8.4	1.000	0.64	5.38

2)各柱铰支座反力 R：

A柱铰支座反力 $R_A=5.12\text{kN}$

B柱铰支座反力 $R_B=5.38\text{kN}$

$R=R_A+R_B=5.12+5.38=10.50(\text{kN})$

3)各柱顶剪力：

$V_A=-\eta_A R+R_A=-0.326\times10.50+5.12=1.70(\text{kN})(\rightarrow)$

$V_B=-\eta_B R+R_B=-0.348\times10.50+5.38=1.73(\text{kN})(\rightarrow)$

$V_C=-\eta_C R=-0.326\times10.50=-3.42(\text{kN})(\leftarrow)$

4)$M(\text{kN}\cdot\text{m})$图见图 7.36。

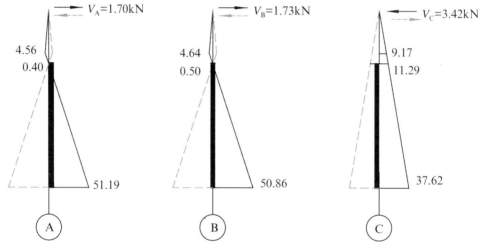

图 7.36　A-B跨吊车水平荷载作用下的 M 图

5)N 图、V 图略。

(6)风荷载作用下的内力

这里仅计算左风荷载下的内力，右风荷载下可由对称性求得。

1)计算简图如图 7.28 所示。

$\lambda=0.300, H=11.00\text{m}, \overline{W}=23.80\text{kN}$。

查附录可得

柱号	均布 $q/(\mathrm{kN/m})$	n	C_6	$R=-qHC_6/\mathrm{kN}$
A 柱	1.96	0.296	0.359	-7.74
C 柱	0.98	0.296	0.359	-3.87

2）各柱铰支座反力 R：

A 柱铰支座反力 $R_A=-7.74\mathrm{kN}$

C 柱铰支座反力 $R_C=-3.87\mathrm{kN}$

$R=-\overline{W}+R_A+R_C=-23.80-7.74-3.87=-35.41(\mathrm{kN})$

3）各柱顶剪力：

$V_A=-\eta_A R+R_A=0.326\times35.41+(-7.74)=3.80(\mathrm{kN})(\rightarrow)$

$V_B=-\eta_B R=0.348\times35.41=12.32(\mathrm{kN})(\rightarrow)$

$V_C=-\eta_C R+R_C=0.326\times35.41+(-3.87)=7.67(\mathrm{kN})(\rightarrow)$

4）$M(\mathrm{kN \cdot m})$ 图见图 7.37。

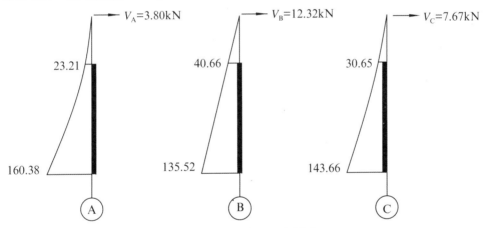

图 7.37　左风作用下的 M 图

5）N 图、V 图略。

4. 内力组合

以 A 轴柱为例，其各种荷载作用下的内力（标准值）列于表 7.16，控制截面的内力组合列于表 7.17。

表 7.16　A 轴柱内力（标准值）

柱号及正向内力		荷载种类	恒载	屋面活载		吊车竖向荷载				吊车水平荷载		风载	
				A-B跨有	B-C跨有	AB跨两台		BC跨两台		AB跨两台	BC跨两台	左风	右风
						D_{max}在A柱	D_{max}在B柱	D_{max}在B柱	D_{max}在C柱				
		编号	a	b	c	d	e	f	g	h	i	j	k
		内力图	10.90 / 3.90 / 7.62 / 8.70	1.6 / 0.91 / 4.06 / 2.44	1.35 / 4.51	71.77 / 35.48 / 11.01	32.90 / 1.66 / 75.11	19.64 / 65.45	5.71 / 19.03	4.56 / 0.40 / 51.19	9.17 / 11.29 / 37.62	23.21 / 160.38	30.65 / 143.66
1-1	M/kN·m		-3.90	-0.91	1.35	-35.48	-32.90	19.64	-5.71	±0.40	∓11.29	23.21	-30.65
	N/kN		77.7	31.5	0	0	0	0	0	0	0	0	0
2-2	M/kN·m		-7.62	-4.06	1.35	71.77	1.66	19.64	-5.71	±0.40	∓11.29	23.21	-30.65
	N/kN		86.7	31.5	0	238.3	76.8	0	0	0	0	0	0
3-3 控制截面	M/kN·m		8.70	-2.44	4.51	-11.01	-75.11	65.45	-19.03	∓51.19	∓37.62	160.38	-143.66
	N/kN		132.9	31.5	0	238.3	76.8	0	0	0	0	0	0
	V/kN		-2.12	-0.21	-0.41	10.75	9.97	-5.95	1.73	±6.70	±3.42	-25.36	18.45

混凝土结构设计

表 7.17　A 轴柱内力组合表

截面	内力	+M_{max} 及相应 N,V 组合项	数值	−M_{max} 及相应 N,V 组合项	数值	N_{max} 及相应 M,V 组合项	数值	N_{min} 及相应 M,V 组合项	数值
1-1	$M/\text{kN}\cdot\text{m}$	$1.0a+1.5[0.7c+0.7\times0.9(f+i_+)+j]$ [(4)]	61.56	$1.3a+1.5[0.7b+0.7\times0.8(d+g+i_+)+k]$	−96.08	$1.3a+1.5[0.7b+0.7\times0.8(d+g+i_+)+0.6k]$	−78.10	$1.0a+1.5[0.7\times0.8(d+g+i_+)+k]$	−93.96
	N/kN		77.7		134.1		148.3		77.7
2-2	$M/\text{kN}\cdot\text{m}$	$1.0a+1.5\{0.7[d+0.7(f+i_+)]+0.6j\}$	126.79	$1.3a+1.5[0.7b+0.7\times0.9(g+i_+)+k]$	−76.21	$1.3a+1.5[0.7b+0.7\times0.9(d+h_+)+0.6j]$ [(5)]	105.57	$1.0a+1.5[0.7\times0.9(g+i_+)+k]$	−69.66
	N/kN		372.7		145.8		467.5		86.7
3-3	$M/\text{kN}\cdot\text{m}$	$1.3a+1.5[0.7c+0.7\times0.9(f+i_+)+j]$	354.02	$1.0a+1.5[0.7b+0.7\times0.8(e+g+h_-)+k]$	−331.43	$1.3a+1.5[0.7c+0.7\times0.9(d+h_+)+0.6j]$	212.07	$1.0a+1.5[0.7c+0.7\times0.9(f+i_+)+j]$	351.41
	N/kN		237.17		−218.05		142.54		237.17
	[(6)] $M_k/\text{kN}\cdot\text{m}$		172.8		230.5		527.6		132.9
	N_k/kN		132.9		198.0		369.4		132.9
	V/kN		−50.08		40.79		−20.76		−49.45
	V_k/kN		−33.67		26.49		−14.13		−33.67

注:(1)柱采用对称配筋:

上柱 $N_b=\alpha_1 f_c \xi_b h_0=1.0\times14.3\times400\times0.518\times(400-40)=1066.67\text{kN}$

下柱 $N_b=\alpha_1 f_c \xi_b h_0=1.0\times14.3\times400\times0.518\times(600-40)=1659.26\text{kN}$;

(2)组合中应注意 d 与 e 只能取其中之一,f 与 g,h 与 i,j 与 k 也一样,并且如果 h(或 i),则一定要取 d 或 e(或 f 或 g);

(3)两台车荷载折减系数为 0.9,四台吊车为 0.8;屋面活荷载组合值系数为 0.7,吊车荷载取 0.7,风荷载取 0.6;

(4)$1.0a+1.5[0.7c+0.7\times0.9(f+i_+)+j]$ 中,j 项为可变荷载效应中起控制作用者,i 项取当号矩项正(此正号仅指竖矩项正,即吊车水平荷载向右,剪力的正负号可对应确定);

(5)考虑四台吊车的组合项 $1.3a+1.5\{0.7b+0.7c+0.8[d+0.7(f+i_+)+0.6j]$ 轴力为 431.7kN<467.5kN,应取表中组合项;

(6)设计基础需要荷载效应组合的标准值。如+M_{max} 组合项为 $a+0.7c+0.7\times0.9(f+i_+)+j$。

5.柱设计(A轴柱)

(1)设计资料

截面尺寸:上柱,矩形,$b=400$mm,$h=400$mm

下柱,矩形,$b=400$mm,$h=600$mm

材料等级:混凝土 C30,$f_c=14.3$N/mm²

钢筋 HRB400 级 $f_y=f_y'=360$N/mm²

钢筋 HPB300 级 $f_y=f_y'=270$N/mm²

计算长度:查《混凝土结构原理》中的表 3.5。

排架方向:上柱,$l_0=2.0H_u=2.0\times3.3=6.6$(m)

下柱,$l_0=1.0H_l=1.0\times7.7=7.7$(m)

(当不考虑吊车荷载时(多跨):$l_0=1.25H=1.25\times11.0=13.75$m)

垂直排架方向:上柱:$l_0=1.25H_u=1.25\times3.3=4.13$(m)

下柱:$l_0=0.8H_l=0.8\times7.7=6.16$(m)

(2)配筋计算(采用对称配筋)[①]

1)上柱(Ⅰ-Ⅰ截面)

从内力组合表中可知,各组合内力均为大偏压($N<N_b$,$N_b=1066.67$kN)。由 N 与 M 的相关性可确定 $\begin{cases} M=-93.96\text{kN}\cdot\text{m} \\ N=77.7\text{kN} \end{cases}$ 为该截面所需配筋最多的内力,即控制内力。

$$x=\frac{N}{\alpha_1 f_c b}=\frac{77.7\times10^3}{1.0\times14.3\times400}=13.58\text{mm}<2a_s'(=2\times40\text{mm}=80\text{mm})$$

取 $x=80$mm,

$$h_0=h-a_s=400-40=360\text{(mm)};$$

$$e_0=\frac{|M|}{N}=\frac{87.99\times10^6}{77.7\times10^3}=1209.27\text{(mm)}>0.3h_0(=0.3\times360\text{mm}=108\text{mm})$$

$$\frac{h}{30}=\frac{400}{30}=13.33<20\text{mm},e_a=20\text{mm}$$

$$e_i=e_0+e_a=1209.27+20=1229.27\text{(mm)}$$

对于组合 $\begin{cases} M=-93.96\text{kN}\cdot\text{m} \\ N=77.7\text{kN} \end{cases}$,对应上柱柱顶弯矩 $M=1.0\times(-10.9)=-10.9$(kN·m)

$$\frac{M_1}{M_2}=\frac{|-10.9|}{|-87.99|}=0.12<0.9;轴压比\frac{N}{Af_c}=\frac{77.7\times10^3}{400^2\times14.3}=0.03<0.9$$

$$由\frac{l_0}{i}=\frac{6.6\times10^3}{\sqrt{\dfrac{\frac{1}{12}\times400\times400^3}{400^2}}}=57.2>34-12\frac{M_1}{M_2}=34-12\times0.12=32.6$$

---

① 排架结构柱考虑二阶效应的弯矩设计值计算见《设计规范》附录 B.0.4 条。

故截面需要考虑附加弯矩的影响。

$$\xi_c = \frac{0.5f_c A}{N} = \frac{0.5 \times 14.3 \times 400^2}{77.7 \times 10^3} = 14.7 > 1.0, \text{取 } \xi_c = 1.0$$

$$\eta_s = 1 + \frac{1}{1500 e_i/h_0}\left(\frac{l_0}{h}\right)^2 \xi_c^{(1)} = 1 + \frac{1}{1500 \times 1229.27/360} \times \left(\frac{6.6 \times 10^3}{400}\right)^2 \times 1.0 = 1.053$$

$$M = \eta_s M_2 = -1.053 \times 93.96 = -98.94(\text{kN} \cdot \text{m})$$

考虑附加弯矩时：

$$e_i = e_0 + e_a = \frac{98.94 \times 10^6}{77.7 \times 10^3} + 20 = 1293.36(\text{mm})$$

$$e' = e_i - h/2 + a_s' = 1293.36 - 400/2 + 40 = 1133.36(\text{m})$$

$$A_s' = A_s = \frac{Ne'}{f_y(h_0 - a_s')} = \frac{77.7 \times 10^3 \times 1133.36}{360 \times (360 - 40)} = 764.43(\text{mm}^2)$$

$$A_{s\min}' = (0.55\%/2) \times A = 0.00275 \times 400 \times 400 = 440(\text{mm}^2) < 764.43\text{mm}^2$$

选配 4 Φ 16（$A_s' = A_s = 804\text{mm}^2 > 764.43\text{mm}^2$）

2）下柱（Ⅱ-Ⅱ 截面和Ⅲ-Ⅲ 截面）

从内力组合表（表 7.2）中可知，各组合内力均为大偏压（$N < N_b$，$N_b = 1659.26\text{kN}$），其 M 与 N 的数值如下：

$$\begin{cases} M = 126.79\text{kN} \cdot \text{m} \\ N = 372.7\text{kN} \end{cases} \qquad \begin{cases} M = -76.21\text{kN} \cdot \text{m} \\ N = 145.8\text{kN} \end{cases} \qquad \begin{cases} M = 105.57\text{kN} \cdot \text{m} \\ N = 467.5\text{kN} \end{cases}$$

（a）　　　　　　　　　（b）　　　　　　　　　（c）

$$\begin{cases} M = -69.66\text{kN} \cdot \text{m} \\ N = 86.7\text{kN} \end{cases} \qquad \begin{cases} M = 354.02\text{kN} \cdot \text{m} \\ N = 172.8\text{kN} \end{cases} \qquad \begin{cases} M = -331.43\text{kN} \cdot \text{m} \\ N = 230.5\text{kN} \end{cases}$$

（d）　　　　　　　　　（e）　　　　　　　　　（f）

$$\begin{cases} M = 212.07\text{kN} \cdot \text{m} \\ N = 527.6\text{kN} \end{cases} \qquad \begin{cases} M = 351.41\text{kN} \cdot \text{m} \\ N = 132.9\text{kN} \end{cases}$$

（g）　　　　　　　　　（h）

由 N 与 M 的相关性可确定（h）$\begin{cases} M = 351.41\text{kN} \cdot \text{m} \\ N = 132.9\text{kN} \end{cases}$ 为该截面所需配筋最多的内力，即控制内力。

$$x = \frac{N}{\alpha_1 f_c b} = \frac{132.9 \times 10^3}{1.0 \times 14.3 \times 400} = 23.23\text{mm} < 2a_s'(= 2 \times 40\text{mm} = 80\text{mm})$$

取 $x = 80\text{mm}$，

$$h_0 = h - a_s = 600 - 40 = 560(\text{mm});$$

$$e_0 = \frac{|M|}{N} = \frac{351.41 \times 10^6}{132.9 \times 10^3} = 2644.17(\text{mm}) > 0.3h_0(= 0.3 \times 560\text{mm} = 168\text{mm})$$

$$\frac{h}{30} = \frac{600}{30} = 20(\text{mm})，\text{取 } e_a = 20\text{mm}$$

$e_i = e_0 + e_a = 2644.17 + 20 = 2664.17 \text{(mm)}$

对于(h)组内力组合对应下柱Ⅱ—Ⅱ截面弯矩

$M = 1.0a + 1.5[0.7c + 0.7 \times 0.9(f+i+j)+j] = 57.84 \text{kN} \cdot \text{m}$

$\dfrac{M_1}{M_2} = \dfrac{|57.84|}{|351.41|} = 0.16 < 0.9$；轴压比$\dfrac{N}{Af_c} = \dfrac{132.9 \times 10^3}{400 \times 600 \times 14.3} = 0.04 < 0.9$

(h)组合时 A 柱无吊车，

由$\dfrac{l_0}{i} = \dfrac{13.75 \times 10^3}{\sqrt{\dfrac{\dfrac{1}{12} \times 400 \times 600^3}{400 \times 600}}} = 79.4 > 34 - 12\dfrac{M_1}{M_2} = 34 - 12 \times 0.16 = 32.1$

故截面需要考虑附加弯矩的影响。

$\xi_c = \dfrac{0.5 f_c A}{N} = \dfrac{0.5 \times 14.3 \times 400 \times 600}{133.2 \times 10^3} = 12.9 > 1.0$，取$\xi_c = 1.0$

$\eta_s = 1 + \dfrac{1}{1500 e_i/h_0}\left(\dfrac{l_0}{h}\right)^2 \xi_c = 1 + \dfrac{1}{1500 \times 2644.17/560} \times \left(\dfrac{13.75 \times 10^3}{600}\right)^2 \times 1.0 = 1.074$

$M = \eta_s M_2 = 1.074 \times 351.41 = 377.41 \text{(kN} \cdot \text{m)}$

考虑附加弯矩时：

$e_i = e_0 + e_a = \dfrac{377.41 \times 10^6}{132.9 \times 10^3} + 20 = 2859.80 \text{(mm)}$

$e' = e_i - h/2 + a_s' = 2859.80 - 600/2 + 40 = 2599.80 \text{(mm)}$

$A_s' = A_s = \dfrac{Ne'}{f_y(h_0 - a_s')} = \dfrac{132.9 \times 10^3 \times 2599.80}{360 \times (560 - 40)} = 1845.7 \text{(mm}^2)$

$A_{s\min}' = (0.55\%/2) \times A = 0.00275 \times 400 \times 600 = 660 \text{(mm}^2) < 1845.7 \text{mm}^2$

选配 5 Φ 22（$A_s' = A_s = 1900 \text{mm}^2 > 1845.7 \text{mm}^2$）

(3)牛腿设计

1)牛腿截面尺寸的确定

牛腿截面宽度与柱等宽 $b = 400 \text{mm}$

牛腿截面高度以斜截面的抗裂度为控制条件，

$h = 400 + 400 = 800 \text{(mm)}$

$h_0 = 800 - 40 = 760 \text{(mm)}$

$a = 750 - 600 + 20 = 170 \text{(mm)} < 0.3 h_0 = 0.3 \times 760 = 228 \text{(mm)}$

又有作用于牛腿顶部的荷载标准组合值：

$F_{vk} = P_{4A} + D_{max} \times 0.9 = 9.00 + 238.3 \times 0.9 = 223.47 \text{(kN)}$

$F_{hk} = 0.9 \times T_{max} = 0.9 \times 8.4 = 7.56 \text{(kN)}$

则按裂缝控制公式进行验算：

$\beta\left(1 - 0.5\dfrac{F_{hk}}{F_{vk}}\right)\dfrac{f_{tk} b h_0}{0.5 + \dfrac{a}{h_0}} = 0.65 \times \left(1 - 0.5 \times \dfrac{7.56}{223.77}\right) \times \dfrac{2.01 \times 10^{-3} \times 400 \times 760}{0.5 + \dfrac{170}{760}}$

$$=539.54(kN) \geqslant F_{vk}(=223.47kN)$$

故此牛腿截面尺寸满足要求。

2)牛腿承载力计算及其配筋

正截面承载力：

作用于牛腿顶部的荷载基本组合值：

$$F_v = 1.3P_{4A} + 1.5 \times 0.9D_{max} = 1.3 \times 9.00 + 1.5 \times 238.3 \times 0.9 = 333.41(kN)$$

$$F_h = 1.5 \times 0.9T_{max} = 1.5 \times 0.9 \times 0.84 = 11.34(kN)$$

$$A_s \geqslant \frac{F_v a}{0.85 f_y h_0} + 1.2 \frac{F_h}{f_y} = \frac{333.41 \times 10^3 \times 228}{0.85 \times 360 \times 760} + 1.2 \times \frac{11.34}{360} = 326.9(mm^2)$$

$$0.45 f_t / f_y = 0.45 \times 1.43/360 = 0.0018$$

$$A_{smin} = 0.2\% \times A = 0.002 \times 400 \times 800 = 640(mm^2) > 326.9mm^2$$

按最小配筋率选配 5 ϕ 14($A_s = 769mm^2 > 640mm^2$)

3)牛腿的构造配件

根据构造要求,牛腿全高范围内设置 $\phi 10@100$ 的水平箍筋。因为 $a/h_0 < 0.3$,故不需要配置弯起钢筋。

(4)柱子吊装阶段验算

考虑平卧单点起吊的验算情况,计算简图如图 7.38 所示。

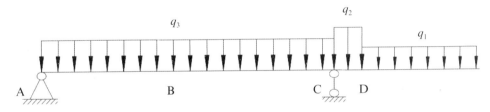

图 7.38　柱吊装阶段的计算简图

1)荷载:(上柱、牛腿和下柱的自重)。

上柱:$0.4 \times 0.4 \times 25 = 4(kN/m)$

牛腿:$\left(1.0 \times 0.8 - \frac{0.4 \times 0.4}{2}\right) \times 0.4 \times 25 \div 0.8 = 9(kN/m)$

下柱:$0.4 \times 0.6 \times 25 = 6(kN/m)$

因其由永久荷载效应控制,考虑荷载分项系数 1.3,动力系数 1.5,结构重要性系数 0.9。

$q_{1k} = 4 \times 1.5 \times 0.9 = 5.4(kN/m)$　　$q_1 = 1.3 \times q_{1k} = 7.02(kN/m)$

$q_{2k} = 9 \times 1.5 \times 0.9 = 12.15(kN/m)$　　$q_2 = 1.3 \times q_{2k} = 15.80(kN/m)$

$q_{3k} = 6 \times 1.5 \times 0.9 = 8.1(kN/m)$　　$q_3 = 1.3 \times q_{3k} = 10.53(kN/m)$

2)内力:

对 C 点取矩,$8.5 - 0.4 - 0.4 = 7.7(m)$

$$R_A \times 7.7 + \left[q_1 \times 3.3 \times \left(0.8 + \frac{3.3}{2} \right) + q_2 \times 0.8 \times \frac{0.8}{2} \right] - q_3 \times 7.7 \times \frac{7.7}{2} = 0$$

则 $R_A = 32.51 \text{kN}$

$$x = R_A / q_3 = \frac{32.51}{10.53} = 3.09 (\text{m})$$

$$M_{Bmax} = R_A x - \frac{q_3 x^2}{2} = 32.51 \times 3.09 - \frac{10.53 \times 3.09^2}{2} = 50.19 (\text{kN/m})$$

$$M_C = 7.02 \times 3.3 \times (0.8 + 3.3/2) + 15.80 \times 0.8^2 / 2 = 61.81 (\text{kN/m})$$

$$M_D = 7.02 \times 3.3^2 / 2 = 38.22 (\text{kN/m})$$

3)C 点截面验算:($\because M_C > M_B$)

①承载力:设混凝土达到设计强度时起吊,截面为 400×600 矩形截面,且注意 $h = 400 \text{mm}, b = 600 \text{mm}$。

$$\alpha_s = M_c / \alpha_1 f_c b h_0^2 = \frac{61.81 \times 10^6}{1.0 \times 14.3 \times 600 \times 360^2} = 0.056$$

$$\xi = 1 - \sqrt{1 - 2\alpha_s} = 1 - \sqrt{1 - 2 \times 0.056} = 0.058$$

$$A_s = \alpha_1 f_c b \xi h_0 / f_y = 1.0 \times 14.3 \times 600 \times 0.058 \times 360 / 360 = 497.6 (\text{m}^2)$$

已配有 2 Φ 22($A_s = 760 \text{mm}^2 > 497.6 \text{mm}^2$),满足要求。

②裂缝宽度:(略)

4)D 点截面验算:

①承载力:$h = 400 \text{mm}, b = 400 \text{mm}$

$$\alpha_s = M_D / \alpha_1 f_c b h_0^2 = \frac{38.22 \times 10^6}{1.0 \times 14.3 \times 400 \times 360^2} = 0.052$$

$$\xi = 1 - \sqrt{1 - 2\alpha_s} = 1 - \sqrt{1 - 2 \times 0.052} = 0.053$$

$$A_s = \frac{\alpha_1 f_c b \xi h_0}{f_y} = \frac{1.0 \times 14.3 \times 400 \times 0.053 \times 360}{360} = 303.2 (\text{mm}^2)$$

已配有 2 Φ 18($A_s = 509 \text{mm}^2 > 303.2 \text{mm}^2$),满足要求。

②裂缝宽度:(略)

(5)柱的模板及配筋

如图 7.39 所示。

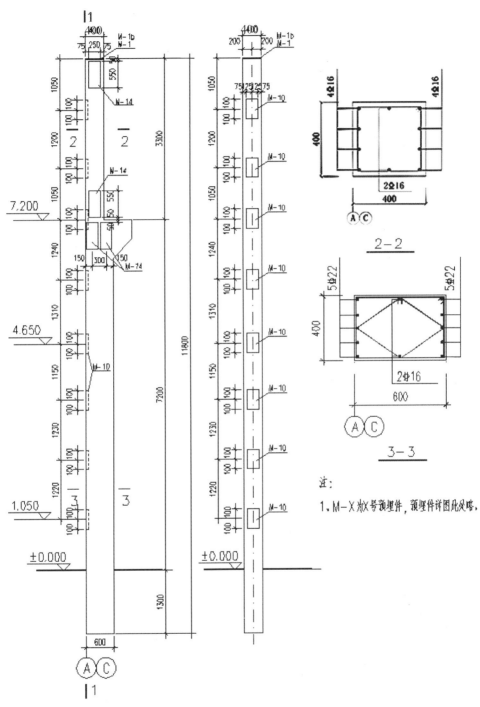

图 7.39 柱模板图及配筋图

6.基础设计(A 轴)

(1)设计资料

地下水位标高-3.000m,修正后的地基承载力特征值 $f_a=150$kPa。基础梁按标准图集

G320 选用,材料:混凝土 C30,钢筋 HRB400 级。其顶面标高为 -0.05m,截面如图 7.40 所示。

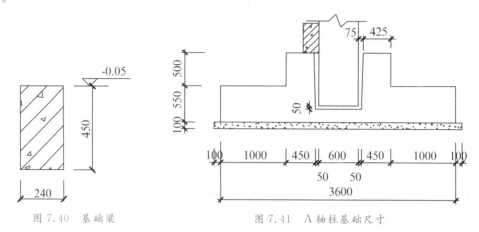

图 7.40 基础梁 图 7.41 A 轴柱基础尺寸

(2)基础剖面尺寸

选用阶梯形基础,如图 7.41 所示。

下阶取 550mm,上阶取 500mm

柱插入深度 $h_1 = 800$mm

杯口深度 $800 + 50 = 850$mm

杯底厚度 $a_1 = 200$mm

垫层厚度 100mm

杯口底部长 $600 + 50 \times 2 = 700$(mm)

杯口底部宽 $400 + 50 \times 2 = 500$(mm)

杯口顶部长 $600 + 75 \times 2 = 750$(mm)

杯口顶部宽 $400 + 75 \times 2 = 550$(mm)

基础埋深 $(0.35 + 1.05) = 1.40$(m)

室内地面至基础底面的高度 $(0.50 + 1.05) = 1.55$(m)

计算基础上部土重的埋深 $\dfrac{(1.40 + 1.55)}{2} = 1.475$(m)

(3)基础底面尺寸确定

1)荷载计算

基础除承受由柱 3-3 截面传来的荷载外,还承受由基础梁直接传来的荷载,其值如下:

N_{wk}(标准值)$= P_7 = 51.2$kN

N_w(设计值)$= 1.2P_k = 1.2 \times 51.2 = 61.44$(kN)

N_{wk}(N_w)对基底面中心线的偏心距:$e_w = 0.42$m

$M_{wk} = N_{wk} \cdot e = 51.2 \times 0.42 = 21.50$(kN·m)

$M_w = N_w \cdot e = 61.44 \times 0.42 = 25.80$(kN·m)

按前述柱内力组合对弯矩的符号规定,此弯矩为负值,即 $M_{wk} = -21.50$kN·m,$M_w =$

-25.80kN・m。对基础底面,柱传来的荷载与基础梁传来的荷载组合的效应标准值见表 7.18。

表 7.18　基础顶内力

（表中均为标准值,且轴向力、弯矩的单位分别为 kN 和 kN・m）

内力种类		$+M_{max}$ 及相应 N、V	$-M_{max}$ 及相应 N、V	N_{max} 及相应 M、V	N_{min} 及相应 M、V
轴向力	柱传来 N_k	132.9	198.0	369.4	132.9
	基础梁传来 N_{wk}	51.2	51.2	51.2	51.2
	合计 N_{bk}	184.1	249.2	420.6	184.1
弯矩	柱传来 M_k	237.17	-218.05	142.54	237.17
	柱剪力产生 $-1.05V_k$	35.35	-27.81	14.84	35.35
	基础梁传来 M_{wk}	-21.50	-21.50	-21.50	-21.50
	合计 M_{bk}	251.02	-267.36	135.88	251.02

2）底面尺寸选取

①先按 N_{max} 组合考虑,$\gamma_m = 20$kN・m³

$$A = N_{bkmax}/(f_a - \gamma_m d) = 420.6/[150 - (20 \times 1.475)] = 3.49(\text{m}^2)$$

底面积预估为 $(1.2 \sim 1.4)A = 4.19 \sim 4.89$m²,但由于弯矩较大,预估底面积经试算后均不能满足承载力要求,最终确定底面尺寸取 $b \times l = 3.6 \times 3.0 = 10.8(\text{m}^2)$

②地基承载力验算

$$G_k/lb = \gamma_m \cdot d = 20 \times 1.475 = 29.50(\text{kN・m}^2), \quad W = 1/6 \times 3 \times 3.6^2 = 6.48(\text{m}^3)$$

地基反力计算见表 7.19,其中 $\genfrac{}{}{0pt}{}{p_{k,max}}{p_{k,min}} = (N_{bk} + G_k)/lb \pm |M_{bk}|/W$

表 7.19　地基反力标准值

	$+M_{max}$组合	$-M_{max}$组合	N_{max}组合	N_{min}组合
N_{bk}/lb	17.05	23.07	38.94	17.05
G_k/lb	29.50	29.50	29.50	29.50
$\pm|M_{bk}|/W$	±38.74	±41.26	±20.97	±38.74
$p_{k,max}/\text{kN・m}^2$	85.28	93.83	89.41	85.28
$p_{k,max}/\text{kN・m}^2$	7.81	11.31	47.48	7.81
$\dfrac{p_{k,max} + p_{k,min}}{2}/\text{kN・m}^2$	46.55	52.57	68.44	46.55

由表 7.19 可见,基础底面不出现拉应力,且最大压应力 93.83kN/m² $< 1.2f_a(= 1.2 \times 150 = 180$kN/m²),同时有 $(p_{k,max} + p_{k,min})/2$ 均小于 $f_a = 150$kN/m²,所以满足要求。

（4）基础高度验算

由表 7.20 可见最大的 p_s 为－$M_{\max}$ 组合产生,其值为 $p_{s,\max}=88.77\text{kN/m}^2$

表 7.20　基础边缘最大地基净反力设计值 p_s

	＋$M_{\max}$组合	－$M_{\max}$组合	$N_{\max}$组合	$N_{\min}$组合
柱传来轴力 N	172.8	230.5	527.6	132.9
基础梁传来轴力 N_w	61.44	61.44	61.44	61.44
合计 N	234.24	291.94	589.04	194.34
N/lb	21.69	27.03	54.54	17.99
G	414.18	414.18	414.18	414.18
柱传来弯矩 M	354.02	－331.43	212.07	351.41
柱剪力产生弯矩－$1.05V$	52.58	－42.83	21.80	51.92
基础梁产生弯矩 M_w	－25.8	－25.8	－25.8	－25.8
合计 M	380.80	－400.06	208.07	377.53
$\lvert M\rvert/W$	58.77	61.74	32.11	58.26
$e=\dfrac{M}{N+G}$	0.6	0.6	0.2	0.6
$p_{s,\max}=N/lb$ $+\lvert M\rvert/W$	80.45	88.77	86.65	76.26
$p_{s,\min}=N/lb$ $-\lvert M\rvert/W$	－37.08	－34.71	22.43	－40.27

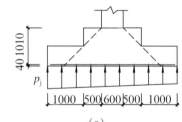

（a）

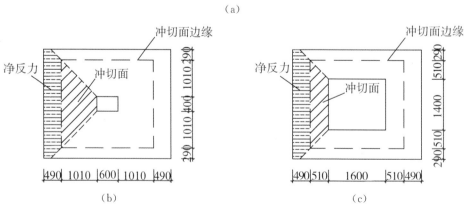

（b）　　　　　　　　　　　　　　　（c）

图 7.42　冲切验算简图

1)验算柱边冲切[1]（图 7.42(b)）

$b=3.6\text{m},b_t=0.6\text{m},h_0=1.05-0.045=1.005(\text{m})$

$l=3.0\text{m},a_t=0.4\text{m},a_b=a_t+2h_0=0.4+2\times1.005=2.41(\text{m})<l(=3.0\text{m})$

$$A_1=\left(\frac{b}{2}-\frac{b_t}{2}-h_0\right)l-\left(\frac{l}{2}-\frac{a_t}{2}-h_0\right)^2$$

$$=\left(\frac{3.6}{2}-\frac{0.6}{2}-1.005\right)\times3.0-\left(\frac{3.0}{2}-\frac{0.4}{2}-1.005\right)^2=1.398(\text{m}^2)$$

$F_1=p_sA_1=88.77\times1.398=124.10(\text{kN})$

∵基础高度 $h=1050\text{mm}>800\text{mm}$，按线性插值得 $\beta_{hp}=0.979$

$a_m=(a_t+a_b)/2=(0.4+2.41)/2=1.405(\text{m})$

$0.7\beta_{hp}f_ta_mh_0=0.7\times0.979\times1.43\times1.41\times1.005\times10^3=1384\text{kN}>F_1$（满足要求）

2)验算变阶处冲切（图 7.42(c)）

$b=3.6\text{m},b_t=3.6-2\times1.0=1.6(\text{m}),h_0=0.55-0.045=0.505(\text{m})$

$l=3.0\text{m},a_t=3.0-2\times0.8=1.4(\text{m})$

$a_b=a_t+2h_0=1.4+2\times0.505=2.41(\text{m})<l(=3.0\text{m})$

$$A_1=\left(\frac{b}{2}-\frac{b_t}{2}-h_0\right)l-\left(\frac{l}{2}-\frac{a_t}{2}-h_0\right)^2$$

$$=\left(\frac{3.6}{2}-\frac{1.6}{2}-0.505\right)\times3.0-\left(\frac{3.0}{2}-\frac{1.4}{2}-0.505\right)^2=1.398(\text{m}^2)$$

$F_1=p_sA_1=88.77\times1.398=124.10(\text{kN})$

截面高度 $h=550\text{mm}<800\text{mm},\beta_{hp}=1.0$

$a_m=(a_t+a_b)/2=(1.4+2.41)/2=1.905(\text{m})$

$0.7\beta_{hp}f_ta_mh_0=0.7\times1.0\times1.43\times1.91\times0.505\times10^3=963(\text{kN})>F_1$（满足要求）

（5）基础底板配筋计算

由表 7.20 可判断 $-M_{max}$ 组合或 N_{max} 组合需配筋较多。

1)截面Ⅰ-Ⅰ（见图 7.43 柱边处）内力及配筋计算

$$a_1=\frac{3.6}{2}-\frac{0.6}{2}=1.50\text{m},a'=0.4\text{m},h_0=1005\text{mm}$$

有：$p=(p_{max}-p_{min})\dfrac{b-a_1}{b}+p_{min},M_1=\dfrac{1}{12}a^2[(2l+a')(p_{max}+p)+(p_{max}-p)l]$

①在 $-M_{max}$ 组合下：

$$p=[88.77-(-34.71)]\frac{3.6-1.50}{3.6}+(-34.71)=37.32(\text{kN/m}^2)$$

$$M_1=\frac{1}{12}\times1.50^2[(2\times3.0+0.4)\times(88.77+37.32)+(88.77-37.32)\times3.0]$$

---

[1]　可以发现柱边冲切破坏锥体通过变阶处冲切破坏锥体，则柱边冲切破坏应不如变阶处冲切破坏危险。为例题演示，仍列出柱边冲切破坏的后续计算过程。

$$=180.25(\text{kN}\cdot\text{m})$$

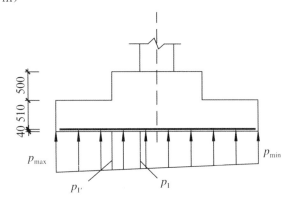

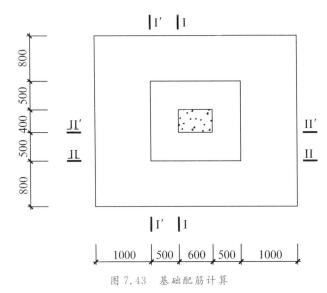

图 7.43 基础配筋计算

②在 N_{max} 组合下：

$$p=(86.65-22.43)\times\frac{3.6-1.5}{3.6}+22.43=59.89(\text{kN/m}^2)$$

$$M_1=\frac{1}{12}\times1.5^2[(2\times3.0+0.4)\times(86.65+59.89)+(86.56-59.89)\times3.0]$$

$$=190.90(\text{kN}\cdot\text{m})>180.25\text{kN}\cdot\text{m}$$

$$\therefore A_{s1}=\frac{M_1}{0.9h_0f_y}=\frac{190.90\times10^6}{0.9\times1005\times360}=586(\text{mm}^2)$$

2)截面 I′-I′(见图 7.43 变阶处)内力及配筋计算

$$a_1=1\text{m},a'=3.0-2\times0.8=1.4(\text{m}),h_0=505\text{mm}$$

①在 $-M_{\text{max}}$ 组合下：

$$p=[88.77-(-34.71)]\frac{3.6-1}{3.6}+(-34.71)=54.47(\text{kN/m}^2)$$

$$M_1=\frac{1}{12}\times1^2[(2\times3.0+1.4)\times(88.77+54.47)+(88.77-54.47)\times3.0]$$

$$= 96.91(\text{kN} \cdot \text{m})$$

②在 $N_{\max}$ 组合下：

$$p = (86.65 - 22.43)\frac{3.6 - 1}{3.6} + 22.43 = 68.81(\text{kN/m}^2)$$

$$M_1 = \frac{1}{12} \times 1^2 [(2 \times 3 + 1.4) \times (86.65 + 68.81) + (86.65 - 68.81) \times 3]$$

$$= 100.33(\text{kN} \cdot \text{m}) > 96.91 \text{kN} \cdot \text{m}$$

故 $A_{s1}' = \dfrac{M_1'}{0.9h_0 f_y} = \dfrac{100.33 \times 10^6}{0.9 \times 505 \times 360} = 613 \text{mm}^2$

3）长边 b 方向配筋

由以上计算：$A_s = 586 \text{mm}^2$，$A_{s1}' = 613 \text{mm}^2$

根据构造配筋率得 $A_s = 0.15\% \times 550 \times 1000 = 825(\text{mm}^2/\text{m})$

所以按构造配筋，选 $\Phi 14@180$。

4）截面 Ⅱ-Ⅱ（见图 7.43 柱边处）内力及配筋计算

只用选择 $(p_{\max} + p_{\min})$ 最大的组合进行计算，

即 $N_{\max}$ 组合 $(p_{\max} + p_{\min} = 86.65 + 22.43 = 109.08(\text{kN/m}^2))$。

有：$M_{\text{Ⅱ}} = \dfrac{1}{48}(l - a')^2(2b + b')(p_{\max} + p_{\min})$

$a' = 0.4\text{m}$，$b' = 0.6\text{m}$，$h_0 = 1005\text{mm}$

$$M_{\text{Ⅱ}} = \frac{1}{48}(3 - 0.4)^2(2 \times 3.6 + 0.6) \times 109.08 = 119.82(\text{kN} \cdot \text{m})$$

故 $A_{s\text{Ⅱ}} = \dfrac{119.82 \times 10^6}{0.9 \times (1005 - 10) \times 360} = 372(\text{mm}^2)$

5）截面 Ⅱ′-Ⅱ′（见图 7.43 变阶处）内力及配筋计算

$a' = 1.4\text{m}$，$b' = 3.6 - 2 \times 1 = 1.6(\text{m})$，$h_0 = 505\text{mm}$

$$M_{\text{Ⅱ}}' = \frac{1}{48}(3 - 1.4)^2(2 \times 3.6 + 1.6) \times 109.08 = 51.19(\text{kN} \cdot \text{m})$$

故 $A_{s\text{Ⅱ}}' = \dfrac{51.19 \times 10^6}{0.9 \times (505 - 10) \times 360} = (319 \text{mm}^2)$

6）短边 l 方向配筋

由以上计算：$A_{s\text{Ⅱ}} = 372 \text{mm}^2$，$A_{s\text{Ⅱ}}' = 319 \text{mm}^2$

根据构造配筋率得 $A_s = 0.15\% \times 550 \times 1000 = 825(\text{mm}^2/\text{m})$

所以按构造配筋，选 $\Phi 14@180$。

（6）基础配筋图

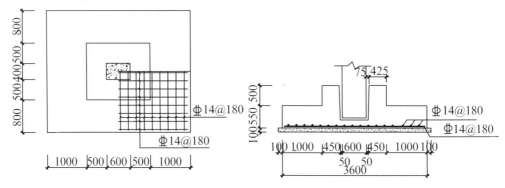

图 7.44　基础配筋图

7.3　预应力混凝土框架设计示例

某工业厂房，柱网尺寸为$(20+20)\times6\,m$，共两层，采用预应力混凝土主框架结构，楼面及屋面为单向无黏结平板结构，如图 7.45 所示，楼面恒载（找平及面层 $1\,kN/m^2$，设备管道 $1.5\,kN/m^2$，吊顶 $0.5\,kN/m^2$），楼面活载 $8\,kN/m^2$（其中长期活载为 $4\,kN/m^2$）。屋面恒载（找平层 $0.5\,kN/m^2$，保温层 $1\,kN/m^2$，防水及面层 $1.5\,kN/m^2$，管道 $1\,kN/m^2$，吊顶 $0.5\,kN/m^2$），屋面活载 $1.5\,kN/m^2$（其中长期部分为 $1\,kN/m^2$），场地土为二类场地，地震为 7 度设防。试设计该预应力混凝土框架结构。

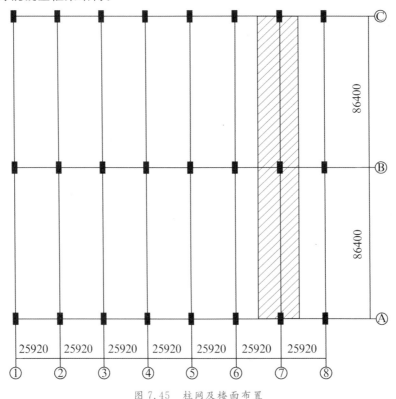

图 7.45　柱网及楼面布置

7.3.1　主框架结构尺寸的确定

为简化计算,取中间⑥轴线框架进行设计。不考虑板的连续性,荷载按简支传递,则中轴线框架的负载范围如图 7.45 所示。

(1)梁的尺寸的确定

楼面梁　　　　　　　$l/h_1=15$,　　$h_b=2000/15=1333.33(\text{mm})$

　　　　　　　　　取 $h_b=1400\text{mm}$,　　$b_L=400\text{mm}$

屋面梁　　　　　　　$l/h_b=18$,　　$h_b=1111.1\text{mm}$

　　　　　　　　　取 $h_b=1200\text{mm}$,　　$b_b=400\text{mm}$

大梁的有效翼缘宽度:

$$h_f/(h_b-150)=180/(1400-150)=0.144>0.1$$

则 b_f' 按下列两种情况的较小值考虑:

1)按跨度 l_0 考虑(l_0 为反弯点之间的距离,取 $l_0=0.7l$)

$$b_l'=1/3l_0=1/3\times0.7\times20=4.667(\text{m})=4667(\text{mm})$$

2)按净距考虑

$$b_f'=b+s_0=6\text{m}=6000\text{mm}$$

故取 $b_l=4500\text{mm}$

则楼面梁及屋面梁大梁截面的几何参数如表 7.21 所示。

表 7.21　楼面梁、屋面梁的几何参数

截面简图	y_m/mm	y_l/mm	I/mm^4	A/mm^2
楼面梁 4500 180 1400 400	353.17	1046.83	21.18×10^{10}	12.98×10^5
屋面梁 4500 180 1400 400	291	909	13.52×10^{10}	12.18×10^5

(2)柱尺寸的确定

在抗震区,建议预应力混凝土中柱轴压比为 0.6,边柱的轴压比为 0.4,梁柱混凝土等级为 C40,$f_c=19\text{N/mm}^2$,$f_{cm}=21.5\text{N/mm}^2$。

①楼面荷载标准值（板厚 180mm）

板自重:$0.18 \times 25 = 4.5 (kN/m^2)$

找平及面层: 1.0kN/m²

设备管道: 1.5kN/m²

吊顶: 0.5kN/m²

内隔墙: 1.5kN/m²

$$\sum = 9kN/m^2$$

楼面恒载线荷载标准值: $9.0 \times 6 = 64(kN/m)$

大梁自重: $0.4 \times 1.4 \times 25 = 14(kN/m)$

总计   68kN/m

大量活载线荷载标准值: $8 \times 6 = 48(kN/m)$

②屋面荷载标准值

板自重: 4.5kN/m²

找平: 0.5kN/m²

保温层: 1.0kN/m²

防水及面层: 1.5kN/m²

管道: 1.0kN/m²

$$\sum = 8.5kN/m^2$$

屋面梁恒载线荷载标准值: $8.5 \times 6 = 51(kN/m)$

屋面梁自重: $0.4 \times 1.2 \times 25 = 12(kN/m)$

总计   63kN/m

屋面梁活载标准值: $1.5 \times 6 = 9(kN/m)$

底面中柱承受的设计轴力

$$(1.2 \times 68 \times 10 + 1.3 \times 48 \times 10 + 1.2 \times 63 \times 10 + 1.4 \times 9 \times 10) \times 2$$
$$= (816 + 624 + 756 + 126) \times 2 = 4644(kN)$$

设计中柱宽为 600mm

则 $0.6 \times 19 \times 600 \times h_c \geq 4644 \times 10^3 N$

$$h_c = 678.94mm, 取 h_c = 700mm$$

边柱设计轴力为:墙重 $2322 + 13.68 \times 6 \times 1.2 = 2420.5(kN)$

设计柱宽为 600mm

则

$$0.4 \times 19 \times 600 \times h_c \geq 2420.5kN$$

$$h_c \geq 530.8mm, 取 h_c = 600mm。$$

柱的截面及几何参数如表 7.22 所示。

表 7.22　柱的几何参数

截面简图	A/mm^2	I/mm^4	截面简图	A/mm^2	I/mm^4
边柱 600×600	3.6×10^5	1.08×10^{10}	中柱 700×600	4.2×10^5	1.175×10^{10}

(3)梁、柱线刚度在表 7.23 中列出

表 7.23　梁、柱线刚度表

构件	公式	线刚度 i	构件	公式	线刚度 i
楼面梁	$\dfrac{E_c I_b}{l_b}$	34.41×10^{10}	边柱	$\dfrac{E_c I_c}{H_c}$	5.85×10^{10}
屋面梁	$\dfrac{E_c I_b}{l_b}$	21.97×10^{10}	中柱	$\dfrac{E_c I_c}{H_c}$	9.48×10^{10}

7.3.2　各种载荷下的内力计算

(1)竖向荷载下的内力计算

恒载下的内力计算,荷载计算简图如图 7.46 所示。

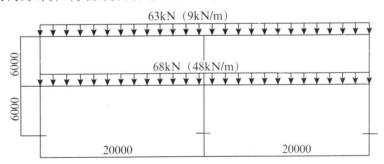

图 7.46　荷载计算简图

对称荷载下的对称结构,可简化成如图 7.47 所示的内力计算简图,用弯矩二次分配方法求在荷载下的弯矩,弯矩分配系数如图 7.48 所示。

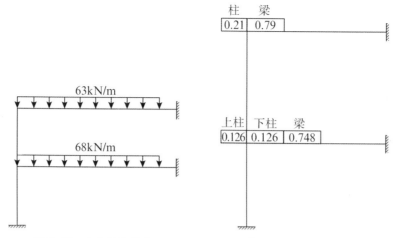

图 7.47 内力计算简化

图 7.48 弯矩分配系数

弯矩分配过程如图 7.49 所示,恒载下的弯矩图如图 7.50 所示。

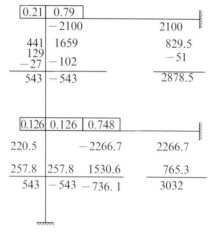

图 7.49 弯矩分配法

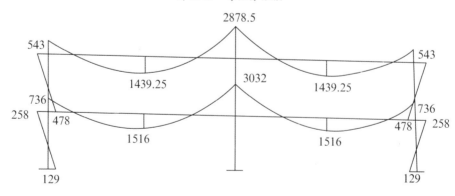

图 7.50 恒载下的弯矩图

不考虑活载的最不利布置,活载作用下的弯矩图如图 7.51 所示。

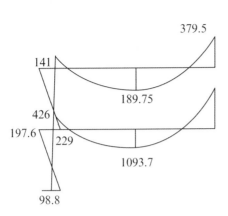

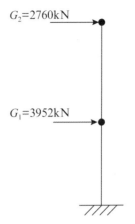

图 7.51　活载下的弯矩图　　　　图 7.52　各层重力荷载代表值

（2）地震作用（采用 D 值法计算）

各柱的 D 值在表 7.24 中列出。

表 7.24　各柱 D 值

构件	α 值	D 值/(N/mm)
顶层边柱	0.706	1.3767×10^4
顶层中柱	0.748	2.364×10^4
底层边柱	0.81	1.5795×10^4
底层中柱	0.84	2.6544×10^4

各层重力荷载代表值：

顶层：$G_2=63\times2\times20+6\times2\times20=2520+240=2760$（kN）

$G_1=68\times2\times20\times1.1$（柱重系数）$+48\times2\times20\times0.5=2992+960=3952$（kN）

各层重力荷载代表值如图 7.52 所示。

1）基本周期 T_1 的计算

在图 7.52 的重力载荷代表值的水平载荷下的顶点位移 Δu 计算如下：

①各层的侧移刚度

顶层：$D_2=2\times1.3767+2.364=5.1174\times10^4$（N/mm）

底层：$D_1=2\times1.5795+2.6544=5.8134\times10^4$（N/mm）

②各层间的位移

顶层：$\delta_2=V_2/D_2=2992\times10^3/5.1174=58.46$（mm）

底层：$\delta_1=V_1/D_1=6944\times10^3/5.8134=119.45$（mm）

③顶点位移

$$\Delta u=\delta_1+\delta_2=58.46+119.45=177.91\text{（mm）}=0.1779\text{（m）}$$

其基本周期 T_1 为

$$T_1=1.7\psi_T\sqrt{\Delta u}=1.7\times0.8\times\sqrt{0.1779}$$
$$=1.7\times0.8\times0.421=0.572\text{（s）}$$

$\because T_1 > 1.4 T_g = 1.4 \times 0.3 = 0.42(\text{s})$

$\therefore$ 顶点附加地震作用系数 $\delta_n = 0.08 T_1 + 0.01 = 0.08 \times 0.572 + 0.01 = 0.056$

2)总的底部剪应力的计算(F_{EK})

①总的重力荷载代表值 G_{eq}

$$G_{eq} = 0.85 \times (2992 + 3952) = 5902.4(\text{kN})$$

②地震作用下的水平地震影响系数 α_1

$$\alpha_1 = \left(\frac{T_g}{T_1}\right)^{0.5} \alpha_{max} = \left(\frac{0.3}{0.572}\right)^{0.9} \times 0.08 = 0.0447$$

③底部总剪力 F_{EK}

$$F_{EK} = \alpha_1 G_{eq} = 0.0447 \times 5902.4 = 264.16(\text{kN})$$

④顶点附加地震力 ΔF_n

$$\Delta F_n = \delta_n F_{EK} = 0.056 \times 264.16 = 14.8(\text{kN})$$

⑤各质点的地震力 F_1

$$F_1 = \frac{G_1 H_1}{G_1 H_1 + G_2 H_2} \cdot (1 - 0.056) F_{EK}$$

$$= \frac{3952 \times 6}{3952 \times 6 + 2992 \times 12} \times 249.36$$

$$= 99.18(\text{kN})$$

$$F_2 = 150.18 \text{kN}$$

各质点的地震力的合力为

$$\sum F_2 = F_2 + \Delta F_n = 150.18 + 14.8 = 164.98(\text{kN})$$

$$\sum F_1 = F_1 = 99.18 \text{kN}$$

⑥各层的总剪力 V_n

$$V_1 = F_{EK} = 264.16 \text{kN}$$

$$V_2 = F_e = 164.98 \text{kN}$$

⑦各柱的剪力 V_{ij} 列于表 7.25 中(按柱的抗侧刚度分配)

表 7.25　各柱剪力

构件	剪力 V_{ij}/kN	构件	剪力 V_{ij}/kN
顶层边柱	44.38	底层边柱	71.77
顶层中柱	76.21	底层中柱	120.61

3)地震作用下的弯矩图如图 7.53 所示(反弯点位置近似按反弯点方法确定)

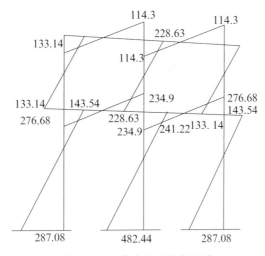

图 7.53　地震作用下的弯矩图

7.3.3　预应力作用下的内力计算

（1）预应力筋数量的估算

1）预应力筋的形状

层面预应力筋形状如图 7.54 所示。

$$a+b=1200-120-150=930(\text{mm})$$

$$a=\frac{0.1}{0.45-0.1}(a+b)=169(\text{mm})$$

$$b=930-169=761(\text{mm})$$

图 7.54　层面预应力筋形状

2）楼面梁内预应力筋形状与屋面梁内预应力筋形状相似（图 7.55），最高点、最低点离上下缘反弯点位置都与屋面梁内预应力筋相同。

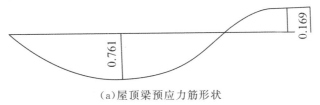

（a）屋顶梁预应力筋形状

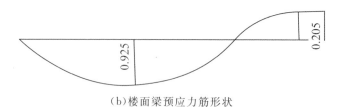

（b）楼面梁预应力筋形状

图 7.55　预应力筋形状

故：楼面梁内 $a=205.45\text{mm}$，$b=924.55\text{mm}$

实际预应力筋的等效荷载如图 7.56 所示。

屋面梁：$q_1^*=\dfrac{8N_{pe}\times0.789}{18^2}$；$q_2^*=\dfrac{8N_{pe}\times0.761}{18^2}$；$q_3^*=\dfrac{8N_{pe}\times0.169}{4^2}$

楼面梁：$q_1^*=\dfrac{8N_{pe}\times0.926}{18^2}$；$q_2^*=\dfrac{8N_{pe}\times0.924}{18^2}$；$q_3^*=\dfrac{8N_{pe}\times0.205}{4^2}$

若等代预应力筋为单一抛物线形预应力筋（两端最高点及跨中最低点确定），屋面梁等代抛物线的自身垂度为

$$e^*=789+141/2=859.5（\text{mm}）$$

楼面梁等代抛物线的自重垂度为

$$e^*=926+101.58=1027.5（\text{mm}）$$

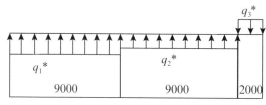

图 7.56　预应力筋的等效荷载

（2）预应力筋数量的估算

$$\sigma_{pe}=\sigma_{con}-\sigma_l，取 \sigma_l=25\%\sigma_{con}$$

则 $\sigma_{pe}=0.75\sigma_{con}$，取 $\sigma_{con}=0.75f_{ptk}=0.75\times1860=1395（\text{N/mm}^2）$

取 $q^*=1/2(q_0+q_1)$，$\sigma_{pe}=1046.25\text{N/mm}^2$

则屋面梁 $q_1^*=1/2(63+9)=36\text{kN/mm}$

楼面梁 $q_1^*=1/2(68+48)=58\text{kN/mm}$

$$N_{pe1}=\frac{q_1^*\cdot l_1^2}{8e_1^*}=\frac{36\times20^2}{8\times0.86}=2093.02（\text{kN}）$$

$$N_{pe2}=\frac{q_2^*\cdot l^2}{8e_1^*}=\frac{58\times20^2}{8\times1.03}=2815.53（\text{kN}）$$

$$A_{p1}=N_{pe1}/\sigma_{pe}=2000\text{mm}^2 \quad n_1=14.3$$

$$A_{p2}=N_{pe2}/\sigma_{pe}=2691\text{mm}^2 \quad n_2=19.22$$

取
$$A_{p1}=14\times140=1960\text{mm}^2（2-7\phi^j15）\quad（屋面梁）$$
$$A_{p2}=18\times140=2520\text{mm}^2（2-9\phi^j15）\quad（楼面梁）$$

（3）预应力损失近似计算

1）屋面梁

①锚固损失　$\sigma_{l1} = \dfrac{\alpha}{l} E_p = \dfrac{6}{2 \times 10^4} \times 2 \times 10^3 = 60 (\text{N/mm}^2)$

②摩擦损失 σ_{l2} 计算，各截面的摩擦损失在表 7.26 中示出。

表 7.26　屋面梁各截面摩擦损失

截面	$x=0$	$x=9$	$x=18$	$x=20$
σ_{l2}	0	98.69	195	262.6

平均值　$\overline{\sigma_{l2}} = \dfrac{0 + 98.69 + 195 + 262.6}{4} = 139.07 (\text{N/mm}^2)$

③　　　$\sigma_{l4} = 3\% \sigma_{con} = 0.03 \times 1395 = 41.85 (\text{N/mm}^2)$

④　　　$\sigma_{l5} = \dfrac{25 + 220(\sigma_{pc}/f_{cu})}{1.15} = 32.4 (\text{N/mm}^2)$

⑤　　　$\sigma_l = \sigma_{l1} + \sigma_{l2} + \sigma_{l4} + \sigma_{l5} = 60 + 139.07 + 41.85 + 32.4 = 273.32 (\text{N/mm}^2)$

2）楼面梁

①锚固损失　　$\sigma_{l1} = 60 \text{N/mm}^2$

②各截面的摩擦损失 σ_{l2} 在表 7.27 中示出。

表 7.27　楼面梁各截面摩擦损失

截面	$x=0$	$x=9$	$x=18$	$x=20$
σ_{l2}	0	109.43	218	298.76

③　$\overline{\sigma_{l2}} = 156.55 \text{N/mm}^2$

③　$\sigma_{l4} = 41.85 \text{N/mm}^2$

④　$\sigma_{l5} = \left[25 + \dfrac{N_{con}/A}{f_{cu}} \times 220 \right] / 1.15 = 34.652 \text{N/mm}^2$

⑤　$\sigma_l = \sigma_{l1} + \sigma_{l2} + \sigma_{l4} + \sigma_{l5} = 60 + 156.55 + 41.85 + 34.652 = 293.052 (\text{N/mm}^2)$

　　$\sigma_l / \sigma_{con} = 293.05 / 1395 = 21\%$

屋面大梁总的有效预应力　$N_{pe1} = (1395 - 273.3) \times 14 \times 140 = 2198.5 (\text{kN})$

楼面大梁总的有效预应力　$N_{pe2} = (1395 - 293.05) \times 18 \times 140 = 2776.9 (\text{kN})$

屋面梁及楼面梁的等效荷载在表 7.28 中列出。

表 7.28　屋面梁及楼面梁等效荷载

荷载类型	屋面梁	楼面梁	荷载类型	屋面梁	楼面梁
q_1^*	42.83	63.49	q_3^*	185.77	284.63
q_2^*	41.31	63.35			

预应力作用下的综合弯矩如图 7.57 所示，次弯矩见图 7.58。

按等代单一抛物线：

$$q_1^* = \frac{8 \times 2198.5 \times 0.8595}{20^2} = 37.8 (\text{kN/m})$$

$$q_2^* = \frac{8 \times 2776.9 \times 1.0275}{20^2} = 57.06 (\text{kN/m})$$

在单一抛物线下的综合弯矩如图 7.59 所示,比较图 7.57 及图 7.59,可见综合弯矩图差别不大。

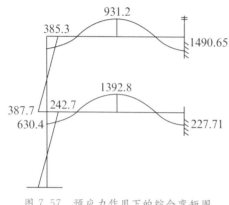

图 7.57 预应力作用下的综合弯矩图

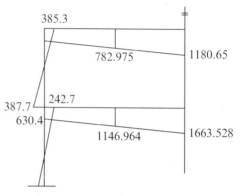

图 7.58 预应力作用下的次弯矩图

7.3.4 设计荷载组合及抗弯承载力验算

(1)荷载组合

1)各种荷载组合值如下(设计值)

$$1.2 \, \text{恒} + 1.3 \, \text{活} + 1.0 M_{\text{次}}$$

$$[1.2(\text{恒} - 0.5 \, \text{活}) + 1.0 M_{\text{次}} + 1.3 M_{\text{FK}}] \times 0.75$$

2)屋面梁内支座

$$1.2 \times 2878.5 + 1.3 \times 379.5 - 1180.65 = 2766.9 (\text{kN} \cdot \text{m})$$

$$[1.2(2878.5 + 0.5 \times 379.5) - 1180.65 + 1.3 \times 234.9] \times 0.75 = 1987 (\text{kN} \cdot \text{m})$$

3)楼面梁内支座

$$[1.2 \times 3032 + 1.3 \times 2186.6 - 1663.528] = 4817.452 (\text{kN} \cdot \text{m})$$

$$[1.2(3032 + 0.5 \times 2186.6) - 1663.525 - 1.3 \times 234.9] \times 0.75 = 2693.86 (\text{kN} \cdot \text{m})$$

4)屋面梁边支座

$$1.2 \times 543 + 1.3 \times 141 - 385.3 = 449.6 (\text{kN} \cdot \text{m})$$

$$[1.2(543 + 0.5 \times 141) - 385.3 + 1.3 \times 133.14] \times 0.75 = 392.98 (\text{kN} \cdot \text{m})$$

5)楼面梁边支座

$$1.2 \times 736 + 1.3 \times 426 - 630.4 = 806.6 (\text{kN} \cdot \text{m})$$

$$[1.2 \times (736 + 0.5 \times 426) - 630.4 + 1.3 \times 276.68] \times 0.75 = 651.1 (\text{kN} \cdot \text{m})$$

6)大梁跨中

屋面梁

$$1.2 \times 1439.25 + 1.3 \times 189.75 + 782.975 = 2756.75 (\text{kN} \cdot \text{m})$$

楼面梁

$$1.2 \times 1516 + 1.3 \times 1093.7 - 1146.964 = 4387.97 (\text{kN} \cdot \text{m})$$

（2）极限承载力验算

1）屋面梁

$$f_{py} A_p = 14 \times 1256 \times 140 = 2461.76 (\text{kN})$$

内支座
$$x = \frac{f_{py} A_p}{f_{con} b} = \frac{2461.76 \times 10^3}{21.5 \times 400} = 286.25 (\text{mm})$$

$$M_p = f_{py} A_p \left(1050 - \frac{286.25}{2}\right) = 2461.7 \times (0.9068)$$

$$= 2232.32 (\text{kN} \cdot \text{m}) (预应力抵抗矩)$$

$$A_s = \frac{M - M_p}{f_y (h_s - a_s')} = \frac{2766.9 - 2232.32}{310 (1150 - 50)}$$

$$= 1567 (\text{mm}^2) (加配非预应力筋, A_s = A_s')$$

取 A_s 为 $4 \phi 25$，$A_a = 1960 \text{mm}^2$

跨中：$x = \dfrac{f_{py} A_p + f_y A_s}{f_{cm} b_f'} = \dfrac{2461.76 \times 10^3 + 310 \times 1960}{4500 \times 21.5} = 31.72 (\text{mm})$

$$M_u = (f_{py} A_p h_p - x/2) + f_y A_s (h_s - x/2)$$

$$= 2461.76 (1.08 - 0.032/2) + 607.6 \times (1.15 - 0.032/2)$$

$$= 3308 \text{kN} \cdot \text{m} > 2756.75 \text{kN} \cdot \text{m} (安全)$$

2）楼面梁

$$f_{py} A_B = 18 \times 1256 \times 140 = 3165.12 \times 10^3 (\text{N})$$

支座截面：$x = \dfrac{3165.12 \times 10^3}{f_{cm} b} = 368.0 \text{mm}$

$$M_p = 3165.12 \times \left(1250 - \frac{368}{2}\right) = 3374 (\text{kN} \cdot \text{m}) (预应力抵抗矩)$$

$$A_s = \frac{4817.452 - 3371}{310 \times (1350 - 50)} = 3581 (\text{mm}^2) (加配非预应力筋, A_s = A_s')$$

取 $A_s = 8 \phi 25 = 3920 \text{mm}^2 > 3581 \text{mm}^2$

跨中截面：$x = \dfrac{f_{py} A_p + f_y A_s}{f_{cm} b_f} = \dfrac{3165.12 \times 10^3 + 3920 \times 310}{4500 \times 21.5} = 45.27 (\text{mm})$

$$M = 3165.12 \times \left(1.28 - \frac{0.045}{2}\right) + 1215.2 \times \left(1.35 - \frac{0.045}{2}\right)$$

$$= 3981 + 1612.9$$

$$= 5593.0 (\text{kN} \cdot \text{m}) > 4387.97 \text{kN} \cdot \text{m} (满足要求)$$

7.3.5 抗剪承载力验算(以屋面梁内支座为例)

(1)恒载引起的剪力

$$V_{DK} = \frac{20 \times 63}{2} + \frac{2878.5 - 543}{20} = 630 + 116.775 = 746.775(kN)$$

(2)活载引起的剪力

$$V_{LK} = \frac{20 \times 9}{2} + \frac{379.5 - 141}{20} = 90 + 11.925 = 101.925(kN)$$

(3)次弯矩引起的剪力

$$V = \frac{1180.65 - 385.3}{20} = 39.735(kN)$$

(4)设计剪力

$$V = 1.2 \times 746.775 + 1.4 \times 101.925 - 39.735 = 999(kN)$$

按抗震要求,配 $\phi10@100$(四肢箍筋)

$$V = 0.07 f_c b h_0 + 1.5 \times \frac{4 \times 78.5}{100} \times 210 \times 1150 + 0.05 N_{p1}$$

$$= 0.07 \times 19 \times 400 \times 1150 + 1.5 \times \frac{4 \times 78.5}{100} \times 210 \times 1150 + 0.05 \times 2198.5 \times 10^3$$

$$= 611.8 + 1137.645 + 109.925$$

$$= 1859.37(kN) > 999kN(安全)$$

其他截面验算略。

7.3.6 抗裂度验算

(1)屋面梁

内支座:

$$M_{sk} = 2878.5 + 379.5 = 3258(kN \cdot m)$$

$$M_{pk} = 1490.65kN \cdot m$$

$$N_{pe} = 2198.5kN \cdot m$$

$$\sigma_{ct} = \frac{(M_{sk} - M_{pk})y_1}{I} - \frac{N_{pe}}{A}$$

$$= \frac{1767.35 \times 10^6 \times 291}{13.52 \times 10^{10}} - \frac{2198.5 \times 10^3}{12.18 \times 10^5}$$

$$= 2.0(N/mm^2) < \gamma f_{tk} = 4.28N/mm^2(不开裂)$$

跨中: $M_k = 1439.23 - 189.75 = 1629(kN \cdot m)$

$$M_{pk} = 931.2kN \cdot m$$

$$\sigma_{ct} = \frac{(1629 - 931.2) \times 909 \times 10^6}{13.52 \times 10^{10}} - 1.804$$

$$= 2.887(N/mm^2) < 4.28N/mm^2(不开裂)$$

（2）楼面梁

内支座：$M_{sk} = 3032 + 2186.6 = 5218.6 (kN \cdot m)$

$$(M_{sk} - M_{PR}) y_1 / I = \frac{(5218.6 - 2227.31) \times 10^6 \times 353.17}{21.18 \times 10^7} = 4.987 (N/mm^2)$$

$$\sigma_{ct} = 4.987 - \frac{2776.9 \times 10^3}{12.98 \times 10^5}$$

$$= 2.849 (N/mm^2) < 4.28 N/mm^2 （不开裂）$$

跨中：$\qquad M_{sk} = 1516 + 1093.7 = 2609.7 (kN \cdot m)$

$$(M_{sk} - M_{pk}) y_t = \frac{(2609.7 - 1392.8) \times 10^6 \times 1407}{21.18 \times 10^{10}} = 6.015 (N/mm^2)$$

$$\sigma_{ct} = 6.015 - 2.138 = 3.877 (N/mm^2) < 4.28 N/mm^2 （不开裂）$$

故抗裂度满足要求（根据经验，若预应力混凝土框架结构在使用阶段不开裂，或名义拉应力小于 0，则只要 $l/h < 15$，挠度就不需作验算、满足要求）。

该框架的配筋图如图 7.60 所示（柱内钢筋略）。

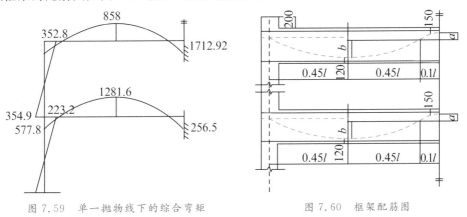

图 7.59　单一抛物线下的综合弯矩　　　　图 7.60　框架配筋图

7.4　粘贴纤维增强复合材料加固法设计算例

某商业楼建于 1977 年，为两跨 4 层钢筋混凝土框架结构，两跨跨度分别为 6600mm 和 5400mm，框架柱距 6000mm，总高度 14000mm。该商业楼按抗震设防烈度 7 度抗震设防。框架柱截面 350mm×350mm，配 10φ18 主筋、φ8@200 箍筋。梁柱混凝土设计强度等级分别为 C20 和 C30，均为 HRB335 级钢筋。

经检测鉴定，该商业楼为不合格工程，需对该商业楼进行加固改造。

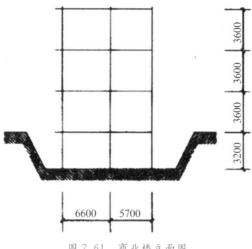

图 7.61　商业楼立面图

7.4.1　受压构件正截面加固算例

【例 7.1】　该商业楼的混凝土中柱,计算高度为 4.0m,截面尺寸 $b \times h = 350mm \times 350mm$,C30 混凝土,纵向配筋 10$\oplus$18,均匀布置,箍筋 ϕ8@200。采用碳纤维环绕约束混凝土截面,3 层,0.167 厚,无间隔。计算柱轴心受压承载力。

(1) 判断构件长细比

$l/b = 4000/400 = 10 < 14$,可进行环向约束加固。

(2) 承载力验算

$$N \leqslant 0.9[(f_{c0} + 4\sigma_l)A_{cor} + f'_{y0}A'_{s0}]$$

其中:$f_{c0} = 15N/mm^2$,$f'_{y0} = 300N/mm^2$,$A'_{s0} = 2545 \, mm^2$,取 $r = 10mm$

则 $A_{cor} = bh - (4-\pi)r^2 = 350 \times 350 - (4-\pi) \times 10^2 = 1.22 \times 10^5 (mm^2)$

$$\sigma_l = 0.5\beta_c k_c \rho_f E_f \varepsilon_{fe}$$

其中:$\beta_c = 1.0$(混凝土强度小于 C50);

有效约束系数 $k_c = 1 - \dfrac{(b-2r)^2 + (h-2r)^2}{3A_{cor}(1-\rho_s)}$

$$\rho_s = \frac{2545}{350 \times 350} = 0.021$$

$$k_c = 1 - \frac{(350 - 2 \times 10^2)^2 + (350 - 2 \times 10)^2}{3 \times 1.22 \times 10^5 \times (1 - 0.021)} = 0.874$$

$E_f = 2.3 \times 10^2 N/mm^2$,$\varepsilon_{fc} = 0.0045$,

环向约束体积比 $\rho_l = \dfrac{2n_f t_f b + h}{A_{cor}} = \dfrac{2 \times 3 \times 0.167 \times (350 + 350)}{1.22 \times 10^5} = 0.575\%$

$\sigma_l = 0.5 \times 1.0 \times 0.874 \times 0.575\% \times 2.3 \times 10^5 \times 0.0045 = 2.601(N/mm^2)$

$N = 0.9 \times [(15 + 4 \times 2.601) \times 1.22 \times 10^5 + 300 \times 2545] = 3476509(N) = 3476.5(kN)$

7.4.2　受压构件斜截面加固算例

【例 7.2】　该商业楼边柱,边长 $b \times h = 350\text{mm} \times 350\text{mm}$,净高 4.0m,C30 混凝土,纵向配筋 10$\underline{\Phi}$18,均匀布置,均匀布置箍筋 $\phi 8@200$,柱轴压比为 0.60,保护层厚度 21mm。现设计剪力为 300kN,采用碳纤维布环向加固方案。

(1) 验算截面尺寸

$V = 350\text{kN} < 0.25\beta_c f_{c0} bh_0 = 0.25 \times 1.0 \times 15 \times 350 \times (350-21-9)$

$= 420.0(\text{kN})$,满足要求。

(2)确定加固前偏心受压柱的抗剪承载力 V_{c0}

$$V_{c0} = \frac{1.75}{\lambda+1} f_{t0} bh_0 + f_{yv0} \frac{A_{sv0}}{s_0} h_0 + 0.07N$$

其中:$f_{t0} = 1.5\text{N/mm}^2$,$b = 350\text{mm}$,$h_0 = 350-30 = 320(\text{mm})$,

$$f_{yv0} = 210\text{N/mm}^2, s_0 = 200\text{mm}, A_{sv0} = 157\text{mm}^2$$

$$\lambda = \frac{4000}{2 \times 320} = 6.25,取 \lambda = 3$$

$$N = 0.3 f_{c0} bh = 0.3 \times 15 \times 350 \times 350 = 5.5125 \times 10^5(\text{N})$$

故 $V_{c0} = \frac{1.75}{3+1} \times 1.5 \times 350 \times 320 + 210 \times \frac{157}{200} \times 320 + 0.07 \times 5.5125 \times 10^5 = 1.65 \times 10^5(\text{N})$

(3)碳纤维承载剪力 V_{cf}

$$V_{cf} = V - V_{c0} = 350 - 165 = 185(\text{kN})$$

(4)碳纤维布用量

$$V_{cf} = \varphi_{vc} f_f A_f h / s_f$$

其中:通过插值法可得 $\varphi_{vc} = 0.67$

采用高强度Ⅰ级碳纤维布,则 $f_f = 0.5 \times 1600 = 800\text{N/mm}^2$,$h = 350\text{mm}$。

故,$\frac{A_f}{s_f} = \frac{V_{cf}}{\varphi_{vc} f_f h} = \frac{185 \times 10^3}{0.67 \times 800 \times 350} = 0.986(\text{mm})$

由于 $A_f = 2n_f b_f t_f$,选取粘贴碳纤维布,4 层层厚 0.167mm,宽 400mm,间距 600mm,则实际

$$\frac{A_f}{s_f} = \frac{2n_f b_f t_f}{s_f} = \frac{2 \times 4 \times 0.167 \times 400}{500} = 1.0688(\text{mm}) > 0.986\text{mm}$$

7.4.3　受弯构件正截面加固算例

【例 7.3】　该商业楼楼盖中的某矩形截面梁截面尺寸为 $b \times h = 200\text{mm} \times 400\text{mm}$,受拉钢筋为 4$\underline{\Phi}$14($A_{s0} = 615\text{mm}^2$,配筋率 0.84%),$f_{c0} = 15\text{N/mm}^2$。现拟将该梁的弯矩设计值提高到 $80 \times 10^6 \text{N} \cdot \text{mm}$,加固前原作用的弯矩标准值 $50 \times 10^6 \text{N} \cdot \text{mm}$。该梁的抗剪能力满足使用要求,仅需进行抗弯加固。

（1）原梁承载力计算

由 $\alpha_1 f_{c0} b x = f_{y0} A_{s0}$，得

$$x = \frac{f_{y0} A_{s0}}{\alpha_1 f_{c0} b} = \frac{300 \times 615}{1.0 \times 15 \times 200} = 61.5(\text{mm})$$

$$\xi = \frac{x}{h_0} = \frac{61.5}{400 - 35} = 0.168$$

$$M = f_{y0} A_{s0}\left(h_0 - \frac{x}{2}\right) = 300 \times 615 \times \left(365 - \frac{61.5}{2}\right) = 61.67 \times 10^6 (\text{N} \cdot \text{mm})$$

（2）加固设计

弯矩提高系数：

$$\frac{80 - 61.67}{61.67} = 29.72\% < 40\%$$

$$M = \alpha_1 f_{c0} b x \left(h_0 - \frac{x}{2}\right) - f_{y0} A_{s0}(h - h_0)$$

$$= 1.0 \times 15 \times 200 \times \left(400 - \frac{x}{2}\right) - 300 \times 615 \times (400 - 365)$$

$$= 80 \times 10^6 (\text{N} \cdot \text{mm})$$

得 $x = 80.06\text{mm}$，则

$$\xi = \frac{x}{h_0} = \frac{80.06}{365} = 0.219 < 0.85\xi_b = 0.85 \times 0.55 = 0.4675，满足要求。$$

$$\rho_{te} = \frac{A_s}{0.5bh} = \frac{615}{0.5 \times 200 \times 400} = 0.01538$$

$$\sigma_{s0} = \frac{M_{0k}}{0.87 A_s h_0} = \frac{50 \times 10^6}{0.87 \times 615 \times 365} = 256.02(\text{MPa})$$

$$\alpha_f = \left(\frac{0.01538 - 0.01}{0.02 - 0.01}\right) \times (1.15 - 0.9) + 0.9 = 1.034$$

$$\varepsilon_{f0} = \frac{\alpha_f M_{0k}}{E_s A_s h_0} = \frac{1.034 \times 50 \times 10^6}{2.0 \times 10^5 \times 615 \times 365} = 1.152 \times 10^{-3}$$

$$\varphi_f = \frac{\dfrac{0.8\varepsilon_{cu} h}{x} - \varepsilon_{cu} - \varepsilon_{f0}}{\varepsilon_f} = \frac{0.8 \times 0.0033 \times \dfrac{400}{80.06} - 0.0033 - 1.152 \times 10^{-3}}{0.01} = 0.8738$$

由 $\alpha_1 f_{c0} b x = \varphi_f \cdot f_f A_{fe} + f_{y0} A_{s0} - f'_{y0} A'_{s0}$，得

采用高强度Ⅱ级碳纤维布：

$1 \times 15 \times 200 \times 80.06 = 0.8738 \times 2000 \times A_{fe} + 300 \times 615 - 0$，得 $A_{fe} = 31.86\text{mm}^2$

预估采用 3 层 0.167mm 规格的碳纤维布：

$$k_m = 1.16 - \frac{n_f E_f t_f}{308000} = 1.16 - \frac{3 \times 2.0 \times 10^5 \times 0.167}{308000} = 0.8437 < 0.90$$

实际应粘贴的碳纤维面积：$A_f = \dfrac{A_{fe}}{k_m} = \dfrac{31.86}{0.8347} = 38.17(\text{mm}^2)$

碳纤维布总宽度为：$B = \dfrac{38.17}{0.167} = 228.6(\text{mm})$

因此,选用 100mm 宽的碳纤维布 3 层可满足要求。

【例 7.4】 该综合楼中某 T 形截面梁 $b \times h = 250mm \times 500mm$, $b'_f = 700mm$, $h'_f = 70mm$, C20 混凝土,HRB335 级钢筋,受拉钢筋面积为 3 ⏀ 22($A_{s0} = 1140mm^2$,配筋率)。梁的抗剪能力满足要求,仅需进行抗弯加固,要求抗弯承载力提高 40%,不考虑二次受力。

(1)原梁承载力计算

由 $\alpha_1 f_{c0} b'_f x = f_{y0} A_{s0}$,得

$$x = \frac{f_{y0} A_{s0}}{\alpha_1 f_{c0} b'_f} = \frac{300 \times 1140}{1.0 \times 15 \times 700} = 32.6mm < h'_f,属于第一类 T 形截面。$$

$$M = f_{y0} A_{s0} \left(h_0 - \frac{x}{2} \right) = 300 \times 1140 \times \left(465 - \frac{32.6}{2} \right) = 153.4 \times 10^6 (N \cdot mm)$$

(2)加固设计

$$M = 153.4 \times 10^6 \times (1 + 40\%) = 214.8 \times 10^6 (N \cdot mm)$$

$$1.0 \times 15 \times 700x \left(465 - \frac{x}{2} \right) - 300 \times 1140 \times (500 - 465) = 214.8 \times 10^6$$

得 $x = 49.0mm < h'_f$,仍属于第一类 T 形截面。

且 $x = 2a'$

$$\varphi_f = \frac{\dfrac{0.8\varepsilon_{cu}h}{x} - \varepsilon_{cu} - \varepsilon_f}{\varepsilon_f} = \frac{0.8 \times 0.0033 \times \dfrac{500}{49.0} - 0.0033 - 0.01}{0.01} = 1.36 > 1.0$$

取 $\varphi_f = 1.0$

采用高强度 I 级碳纤维布:

$$\alpha_1 f_{c0} b'_f x = \varphi_f f_f A_{fe} + f_{y0} A_{s0} - f'_{y0} A'_{s0}$$

$$1.0 \times 15 \times 700 \times 49.0 = 1.0 \times 2300 \times A_{fe} + 300 \times 1140 - 0$$

得 $A_{fe} = 75mm^2$

预估采用 3 层 0.167mm 规格的碳纤维布,则

$$k_m = 1.16 - \frac{n_f E_f t_f}{308000} = 1.16 - \frac{3 \times 2.3 \times 10^5 \times 0.167}{308000} = 0.7859 < 0.90$$

实际应粘贴的碳纤维面积:$A_f = \dfrac{75}{k_m} = 95.4 (mm^2)$

碳纤维布总宽度为:$B = \dfrac{95.4}{0.167} = 571 (mm)$

因此选用粘贴 3 层 250mm 宽的碳纤维布。

【例 7.5】 该商业楼中某矩形截面梁,承受均布荷载,混凝土强度等级为 C30,截面尺寸 $b \times h = 300mm \times 750mm$,配有受拉钢筋 3 ⏀ 20。原弯矩标准值为 72kN·m,现增加设计弯矩到 250kN·m。

(1)确定混凝土受压区高度 x

已知:$M = 250 \times 10^6 kN \cdot mm$, $f_{c0} = 14.3N/mm^2$, $f_{y0} = 300N/mm^2$, $b = 300mm$, $h = 750mm$, $h_0 = 750 - 40 = 710mm$, $A_{s0} = 942mm^2$, $\alpha_1 = 1.0$

$$M = \alpha_1 f_{c0} b x \left(h - \frac{x}{2} \right) - f_{y0} A_{s0} (h - h_0)$$

故 $250 \times 10^6 = 1.0 \times 14.3 \times 300 x \left(750 - \dfrac{x}{2} \right) - 300 \times 942 \times (750 - 710)$

得 $x = 86.2\text{mm}$

(2) 判断受压区高度范围

$$2a_s = 2 \times 40 = 80 (\text{mm}) < x$$

$$\xi_b = \frac{\beta_1}{1 + \dfrac{f_{y0}}{E_s \varepsilon_{cu}}} = \frac{0.8}{1 + \dfrac{300}{2.0 \times 10^5 \times 0.0033}} = 0.550$$

$$\xi_{fb} = 0.85 \xi_b = 0.85 \times 0.55 = 0.4675$$

$$\xi_{fb} h = 0.4675 \times 750 = 350.625 (\text{mm}) > x = 86.2\text{mm}$$

(3) 计算强度利用系数 φ_f

$\varepsilon_{f0} = \dfrac{\alpha_f M_{0k}}{E_s A_{s0} h_0}$，其中：$M_{0k} = 72\text{kN} \cdot \text{m}$，$\alpha_f = 0.7$，则

$$\varepsilon_{f0} = \frac{0.7 \times 72 \times 10^6}{2.0 \times 10^5 \times 942 \times 710} = 0.377 \times 10^{-3}$$

$\varphi_f = \dfrac{(0.8 \varepsilon_{cu} h / x) - \varepsilon_{cu} - \varepsilon_{f0}}{\varepsilon_f}$，其中：$\varepsilon_{cu} = 0.0033$，$\varepsilon_f = 0.01$，则

$$\varphi_f = \frac{(0.8 \times 0.0033 \times 750 / 86.2) - 0.0033 - 0.37 \times 10^{-3}}{0.01} = 1.9 \geqslant 1.0，取 \varphi_f = 1.0$$

(4) 计算碳纤维加固用量

采用高强度 I 级碳纤维布，得

$$\alpha_1 f_{c0} b x = f_{y0} A_{s0} + \varphi_f f_f A_{fe}$$

$$A_{fe} = \frac{\alpha_1 f_{c0} b x - f_{y0} A_{s0}}{\varphi_f f_f} = \frac{1.0 \times 14.3 \times 300 \times 86.2 - 300 \times 942}{1.0 \times 2300} = 37.91 (\text{mm}^2)$$

预估采用单层 0.167mm 厚规格的碳纤维布，则

$$k_m = 1.16 - \frac{n_f E_f t_f}{308000} = 1.16 - \frac{1.0 \times 2.3 \times 10^5 \times 0.167}{308000} = 1.04 > 0.9，$$

取 $k_m = 0.9$

实际粘贴碳纤维截面面积 $A_f = \dfrac{A_{fe}}{k_m} = 37.91 / 0.9 = 42.12 (\text{mm}^2)$

碳纤维布总宽度为：$B = \dfrac{42.12}{0.167} = 252 (\text{mm})$

采用单层碳纤维布，宽 300mm，厚 0.167mm。

(5) 黏结延伸长度

$$l_c = \frac{\varphi_f f_f A_f}{f_{f,v} b_f} + 200 = \frac{1.0 \times 2300 \times 300 \times 0.167}{0.4 \times 1.5 \times 300} + 200 = 840.2\text{mm}$$

7.4.4　受弯构件斜截面加固算例

【例 7.6】　该综合楼中某一矩形截面梁,承受均布荷载,混凝土强度等级为 C30,截面尺寸 $b \times h = 250\text{mm} \times 600\text{mm}$,板厚 100mm,配箍筋 $\phi 10@200$。原设计剪力为 300kN,现增加设计剪力至 400kN。

(1)验算截面尺寸

$$h_w/b = (750-40)/300 = 2.37 < 4$$

$$V = 400\text{kN} < 0.25\beta_c f_{c0} bh_0 = 0.25 \times 1.0 \times 15 \times 250 \times (600-35) = 529.7(\text{kN})$$

满足要求。

(2)确定加固前梁的抗剪承载力 V_{b0}

$$f_{t0} = 1.5\text{N/mm}^2, b = 250\text{mm}, h_0 = 565\text{mm}, f_{yv0} = 210\text{N/mm}^2,$$

$$s_0 = 200\text{mm}, A_{sv0} = 157\text{mm}^2$$

$$V_{b0} = 0.7 f_{t0} bh_0 + 1.0 f_{yv0} \frac{A_{sv0}}{s_0} h_0$$

$$= 0.7 \times 1.5 \times 250 \times 565 + 1.0 \times 210 \times \frac{157}{200} \times 565$$

$$= 241.5(\text{kN})$$

(3)碳纤维承载剪力 V_{bf}

$$V_{bf} = V - V_{b0} = 400 - 241.5 = 158.5(\text{kN})$$

(4)碳纤维布用量

$$V_{bf} = \psi_{vb} f_f A_f h_f / s_f$$

其中:$\psi_{vb} = 0.75, f_f = 0.56 \times 2000 = 1120(\text{N/mm}^2)$

$$h_f = 600 - 100 = 500(\text{mm})$$

故,$\dfrac{A_f}{s_f} = \dfrac{V_{bf}}{\psi_{vb} f_f h_f} = \dfrac{158.5 \times 10^3}{0.75 \times 1120 \times 500} = 0.377\text{mm}$

因为 $A_f = 2n_f b_f t_f$,取 $s_f = 400\text{mm}, t_f = 0.167\text{mm}, b_f = 300\text{mm}$,则

$$n_f = \frac{0.377 \times 400}{2 \times 0.167 \times 300} = 1.504$$

故选取粘贴 2 层碳纤维布,层厚 0.167mm,宽 300mm,间距 400 mm。

【例 7.7】　该商业楼的现浇混凝土楼盖,楼板厚度 80mm,框架梁截面尺寸为 $b \times h = 250\text{mm} \times 600\text{mm}$,混凝土强度等级 C25,配箍筋 $\phi 8@100$,加固后剪力设计值为 400kN。

(1)验算截面尺寸

$$h_w/b = (565-80)/250 = 1.94 < 4$$

$V = 400\text{kN} < 0.25\beta_c f_{c0} bh_0 = 0.25 \times 1.0 \times 15 \times 250 \times 565 = 529.69 \times 10^3(\text{kN})$,满足要求

(2)确定加固前梁的抗剪承载力 V_{b0}

$$V_{b0} = 0.7 f_{t0} b h_0 + f_{yv0} \frac{A_{svo}}{s_0} h_0$$

$$= 0.7 \times 1.5 \times 250 \times 565 + \frac{210 \times 2 \times 50.3}{200} \times 565$$

$$= 148312 + 59680 = 207.99 \times 10^3 (kN)$$

（3）碳纤维承载剪力 V_{bf}

$$V_{bf} = V - V_{b0} = 400 - 207.99 = 192.01(kN)$$

（4）碳纤维布用量

$$V_{bf} = \psi_{vb} f_f A_f h_f / s_f$$

其中：$\psi_{vb} = 0.85$，$f_f = 0.56 \times 2000 = 1120(N/mm^2)$

$$h_f = 600 - 80 = 520(mm)$$

故，$\dfrac{A_f}{s_f} = \dfrac{V_{bf}}{\varphi_{vb} f_f h_f} = \dfrac{192.01 \times 10^3}{0.85 \times 1120 \times 520} = 0.388(mm)$

由于 $A_f = 2 n_f b_f t_f$ 取 $s_f = 300mm$，$t_f = 0.167mm$，$b_f = 200mm$，则

$$n_f = \frac{0.388 \times 300}{2 \times 0.167 \times 200} = 1.743$$

故选取粘贴 2 层碳纤维布，层厚 0.167m，宽 200mm，净间距 300mm。

7.5 课程设计任务书

7.5.1 混凝土肋梁楼盖课程设计任务书

某多层厂房平面楼盖的楼面平面定位轴线尺寸为：长 30m，宽 15m。使用上，要求纵墙方向开一扇大门，宽 3m；开四扇窗，每扇宽 3m，试按单向板整体式肋梁楼盖设计二层楼面。

1.设计资料

（1）构造

层高：底层高 4.8m，其余各层高 2.4m；

外墙厚：一、二层一砖半（370mm），以上各层一砖（240mm）；

钢筋混凝土柱的截面尺寸：350mm×350mm；

板在墙上的搁支长度：$a = 120mm$（半砖）；

次梁在墙上的搁支长度：$a = 240mm$（1 砖）；

主梁在墙上的搁支长度：$a = 370mm$（1 砖半）；

楼面面层水泥砂浆找平，厚 40mm；

楼面底面石灰砂浆粉刷，厚 15m。

（2）荷载

1）楼面可变荷载标准值：$q = 6kN/m^2$。

2)永久荷载标准值:钢筋混凝土容重 25kN/m³;水泥砂浆容重 20kN/m³;石灰砂浆容重 17kN/m³。

(3)材料

1)混凝土:C25 级。

2)钢筋:梁的纵向受力钢筋用 HRB335 级钢,其余均用 HPB300 级钢。

2.设计要求

(1)设计计算内容

1)做出二层楼面结构布置方案(对各梁板柱进行编号);

2)连续板及其配筋布置(按塑性内力重分布方法计算);

3)连续次梁及其配筋布置(按塑性内力重分布方法计算);

4)连续主梁及其配筋布置(按弹性内力分析方法计算,并作出弯矩和剪力包络图)。

(2)绘图

1)楼面结构布置及楼板配筋布置图(2 号图 1 张);

2)次梁施工图(草图,绘在计算书上);

3)主梁材料图、施工图(要求平法配筋,2 号图 1 张)。

7.5.2 单层厂房结构课程设计任务书

1.设计题目

杭州市郊区×××厂装配车间,如图 7.62 所示。

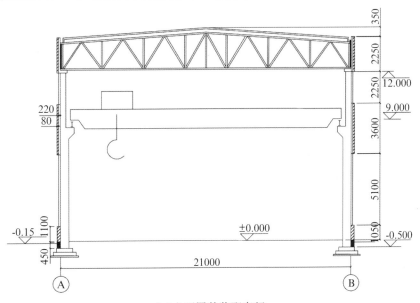

(a)立面图某装配车间

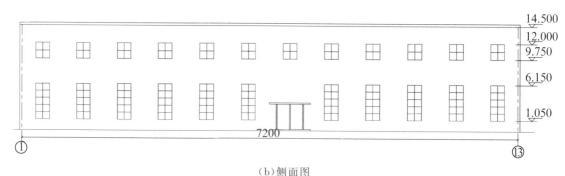

(b)侧面图

图 7.62 某装配车间

2. 设计资料

(1)该车间抗震设防烈度为 6 度。

(2)该车间为单跨车间:跨度 21m,柱距 6m,总长 72m。柱顶标高 12.00m,吊车轨顶标志标高 9.00m。考虑基础顶面标高为 −0.5m。如图 7.63 所示。

(3)车间跨内设有 2 台起重量为 10t 的北京起重机厂的中级工作制吊车,其参数见表 7.29。

表 7.29 吊车参数(北京起重机厂)

吊车最大宽度 B/mm	吊车轮距 W/mm	最大轮压 P_{max}/kN	最小轮压 P_{min}/kN	小车重量 G_1/t	吊车总重量 G_2/t	额定起重量 Q/t
5922	4100	117.6	37.9	4.08	21.7	10

(4)根据工程地质勘探报告,可选编号③的层土为持力层(粉质黏土),其深度距地表面 1m 左右,厚度约在 5～8m,承载力修正后的特征值 $f_a = 140kN/m^2$,常年平均地下水稳定在地面下 3m 处。

(5)屋面采用彩色压型金属复合保温板(金属面硬质聚氨酯夹芯板),其中彩色钢板面板厚 0.6mm,保温绝热材料为聚氨酯,其厚度为 80mm。屋面均布活载标准值为 0.5kN/m²。

(6)墙体:窗台以下采用贴砌页岩实心烧结砖砌墙,墙厚 240mm,双面抹灰各厚 20mm,自重标准值 19kN/m³。窗台以上采用外挂彩色压型复合保温墙板(金属面硬质聚氨酯夹芯板),彩色钢板面板厚度 0.6mm,保温绝热材料为聚氨酯,其厚度为 80mm,自重标准值为 0.16kN/m²。围护墙车间内侧也采用彩色压型金属墙板,厚度为 0.6mm,自重标准值为 0.10kN/m²。外挂墙板挂于墙梁上,墙梁及拉条自重标准值为 0.10kN/m²。

(7)标准构件选用:

1)金属复合保温屋面板自重标准值为 0.16kN/m²。檩条采用 11G521-1 中的 LC-6-25.2 型檩条,檩条及拉条自重标准值 0.10kN/m²。

2)屋架采用 05G515《轻型屋面梯形钢屋架》中的 GWJ21-3,自重标准值 12.24kN。屋面支撑及吊管线的自重标准值为 0.10kN/m²。

3)吊车梁采用 20G520-1《钢吊车梁(6m～9m,Q235)》中的 GDL6-5Z,自重标准值

5.74kN。吊车轨道连接采用焊接型-TG43,车挡采用 GCD-1,自重标准值 3.26kN。钢吊车梁高 600mm,其支座底板厚度为 20mm。根据焊接固定的连接方案,吊车梁顶面至吊车轨道顶面间高度为 140mm。

4)外纵墙根据 11G521-2:钢墙梁(冷弯薄壁卷边槽钢、高频焊接薄壁 H 型钢)外纵墙墙梁采用 QLC6-22.2,山墙墙梁采用 QLC7.5-22.2。

5)基础梁选用图集 16G320《钢筋混凝土基础梁》中的 JL-1,梁高 0.45m,自重标准值 16.1kN。

(8)材料:柱采用 C30 混凝土,受力主筋用 HRB400 级钢筋,箍筋用 HPB300 级钢筋;基础采用 C30 混凝土,钢筋用 HPB400 级钢筋。

(9)设计依据:现行的《荷载规范》《混凝土结构设计规范》等。

(10)风荷载:基本风压值 $\omega_0 = 0.5 \text{kN/m}^2$,计算得到 10m 与 15m 高度处 μ_z 均为 0.74kN/m²。风载体型系数注于图 7.63 中(实际计算风载时柱子高度按照 12.5m 即可)。

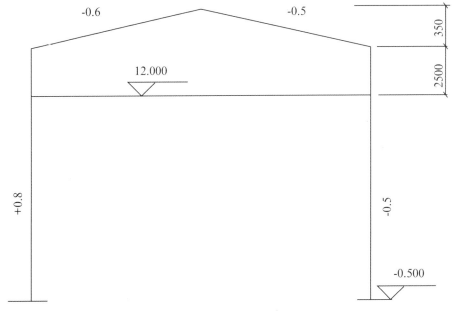

图 7.63　结构的标高

3.设计内容

(1)排架柱设计(计算书和施工图)。

(2)排架柱下独立基础设计(计算书和施工图)

附　录

附录 A　双向板计算系数表

符号说明：

B_c——板的抗弯刚度，$B_c = \dfrac{Eh^3}{12(1-\mu^2)}$；

E——混凝土弹性模量；

h——板厚；

μ——混凝土泊松比。

f、f_{max}——分别为板中心点的挠度和最大挠度；

m_x、$m_{x,max}$——分别为平行于 l_{0x} 方向板中心点单位板宽内的弯矩和板跨内最大弯矩；

m_y、$m_{y,max}$——分别为平行于 l_{0y} 方向板中心点单位板宽内的弯矩和板跨内最大弯矩；

m_x'——固定边中点沿 l_{0x} 方向单位板宽内的弯矩；

m_y'——固定边中点沿 l_{0y} 方向单位板宽内的弯矩；

＿＿＿＿代表简支边；⊥⊥⊥⊥⊥代表固定边。

正负号的规定：

弯矩——使板的受荷面受压者为正；

挠度——变形与荷载方向相同者为正。

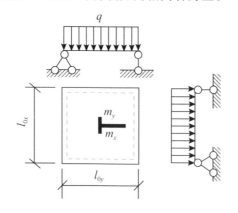

挠度＝表中系数$\times \dfrac{q l_0^4}{B_c}$

$\mu = 0$，弯矩＝表中系数$\times q l_0^2$，

式中 l_0 取用 l_{0x} 和 l_{0y} 中之较小者。

附表 A.1

l_{0x}/l_{0y}	f	m_x	m_y	l_{0x}/l_{0y}	f	m_x	m_y
0.50	0.01013	0.0965	0.0174	0.80	0.00603	0.0561	0.0334
0.55	0.00940	0.0892	0.0210	0.85	0.00547	0.0506	0.0348
0.60	0.00867	0.0820	0.0242	0.90	0.00496	0.0456	0.0353
0.65	0.00796	0.0750	0.0271	0.95	0.00449	0.0410	0.0364
0.70	0.00727	0.0683	0.0296	1.00	0.00406	0.0368	0.0368
0.75	0.00663	0.0620	0.0317				

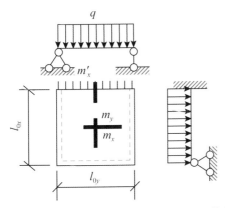

挠度＝表中系数$\times \dfrac{ql_0^4}{B_c}$

$\mu=0$，弯矩＝表中系数$\times ql_0^2$，

式中 l_0 取用 l_{0x} 和 l_{0y} 中之较小者。

附表 A.2

l_{0x}/l_{0y}	l_{0y}/l_{0x}	f	f_{max}	m_x	$m_{x,max}$	m_y	$m_{y,max}$	m_x'
0.50		0.00488	0.00504	0.0588	0.0646	0.0060	0.0063	-0.1212
0.55		0.00471	0.00492	0.0563	0.0618	0.0081	0.0087	-0.1187
0.60		0.00453	0.00472	0.0539	0.0589	0.0104	0.0111	-0.1158
0.65		0.00432	0.00448	0.0513	0.0559	0.0126	0.0133	-0.1124
0.70		0.00410	0.00422	0.0485	0.0529	0.0148	0.0154	-0.1087
0.75		0.00388	0.00399	0.0457	0.0496	0.0168	0.0174	-0.1048
0.80		0.00365	0.00376	0.0428	0.0463	0.0187	0.0193	-0.1007
0.85		0.00343	0.00352	0.0400	0.0431	0.0204	0.0211	-0.0965
0.90		0.00321	0.00329	0.0372	0.0400	0.0219	0.0226	-0.0922
0.95		0.00299	0.00306	0.0345	0.0369	0.0232	0.0239	-0.0880
1.00	1.00	0.00279	0.00285	0.0319	0.0340	0.0243	0.0249	-0.0839
	0.95	0.00316	0.00324	0.0324	0.0345	0.0280	0.0287	-0.0882
	0.90	0.00360	0.00368	0.0328	0.0347	0.0322	0.0330	-0.0926
	0.85	0.00409	0.00417	0.0329	0.0347	0.0370	0.0378	-0.0970

l_{0x}/l_{0y}	l_{0y}/l_{0x}	f	f_{max}	m_x	$m_{x,max}$	m_y	$m_{y,max}$	m_x'
	0.80	0.00464	0.00473	0.0326	0.0343	0.0424	0.0433	−0.1014
	0.75	0.00526	0.00536	0.0319	0.0335	0.0485	0.0494	−0.1056
	0.70	0.00595	0.00605	0.0308	0.0323	0.0553	0.0562	−0.1096
	0.65	0.00670	0.00680	0.0291	0.0306	0.0627	0.0637	−0.1133
	0.60	0.00752	0.00762	0.0268	0.0289	0.0707	0.0717	−0.1166
	0.55	0.00838	0.00848	0.0239	0.0271	0.0792	0.0801	−0.1193
	0.50	0.00927	0.00935	0.0205	0.0249	0.0880	0.8880	−0.1215

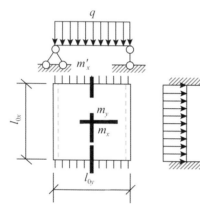

挠度 $=$ 表中系数 $\times \dfrac{q l_0^4}{B_c}$

$\mu = 0$，弯矩 $=$ 表中系数 $\times q l_0^2$，

式中 l_0 取用 l_{0x} 和 l_{0y} 中之较小者。

附表 A.3

l_{0x}/l_{0y}	l_{0y}/l_{0x}	f	m_x	m_y	m_x'
0.50		0.00261	0.0416	0.0017	−0.0843
0.55		0.00259	0.0410	0.0028	−0.0840
0.60		0.00255	0.0402	0.0042	−0.0843
0.65		0.00250	0.0392	0.0057	−0.0826
0.70		0.00243	0.0379	0.0072	−0.0814
0.75		0.00236	0.0366	0.0088	−0.0799
0.80		0.00228	0.0351	0.0103	−0.0782
0.85		0.00220	0.0335	0.0118	−0.0763
0.90		0.00211	0.0319	0.0133	−0.0743
0.95		0.00201	0.0302	0.0146	−0.0721
1.00	1.00	0.00192	0.0285	0.0158	−0.0698
	0.95	0.00223	0.0296	0.0189	−0.0746
	0.90	0.00260	0.0306	0.0224	−0.0797

续表

l_{0x}/l_{0y}	l_{0y}/l_{0x}	f	m_x	m_y	m_x'
	0.85	0.00303	0.0314	0.0266	-0.0850
	0.80	0.00354	0.0319	0.0316	-0.0904
	0.75	0.00413	0.0321	0.0374	-0.0959
	0.70	0.00482	0.0318	0.0441	-0.1013
	0.65	0.00560	0.0308	0.0518	-0.1066
	0.60	0.00647	0.0292	0.0604	-0.1114
	0.55	0.00743	0.0267	0.0698	-0.1156
	0.50	0.00844	0.0234	0.0798	-0.1191

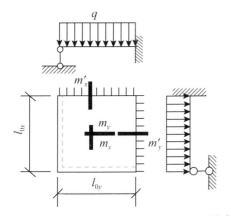

挠度＝表中系数×$\dfrac{ql_0^4}{B_c}$

$\mu=0$，弯矩＝表中系数×ql_0^2，

式中 l_0 取用 l_{0x} 和 l_{0y} 中之较小者。

附表 A.4

l_{0x}/l_{0y}	f	f_{max}	m_x	$m_{x,max}$	m_y	$m_{y,max}$	m_x'	m_y'
0.50	0.00468	0.00471	0.0559	0.0562	0.0079	0.0135	-0.1179	-0.0786
0.55	0.00445	0.00454	0.0529	0.0530	0.0104	0.0153	-0.1140	-0.0785
0.60	0.00419	0.00429	0.0496	0.0498	0.0129	0.0169	-0.1095	-0.0782
0.65	0.00391	0.00399	0.0461	0.0465	0.0151	0.0183	-0.1045	-0.0777
0.70	0.00363	0.00368	0.0426	0.0432	0.0172	0.0195	-0.0992	-0.0770
0.75	0.00335	0.00340	0.0390	0.0396	0.0189	0.0206	-0.0938	-0.0760
0.80	0.00308	0.00313	0.0356	0.0361	0.0204	0.0218	-0.0883	-0.0748
0.85	0.00281	0.00286	0.0322	0.0328	0.0215	0.0229	-0.0829	-0.0733
0.90	0.00256	0.00261	0.0291	0.0297	0.0224	0.0238	-0.0776	-0.0716
0.95	0.00232	0.00237	0.0261	0.0267	0.0230	0.0244	-0.0726	-0.0698
1.00	0.00210	0.00215	0.0234	0.0240	0.0234	0.0249	-0.0667	-0.0677

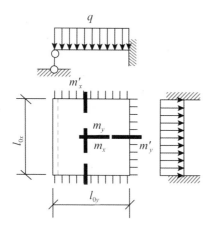

挠度＝表中系数$\times\dfrac{ql_0^4}{B_c}$

$\mu=0$，弯矩＝表中系数$\times ql_0^2$，

式中 l_0 取用 l_{0x} 和 l_{0y} 中之较小者。

附表 A.5

l_{0x}/l_{0y}	l_{0y}/l_{0x}	f	f_{max}	m_x	$m_{x,max}$	m_y	$m_{y,max}$	m_x'	m_y'
0.50		0.00257	0.00258	0.0408	0.0409	0.0028	0.0089	−0.0836	−0.0569
0.55		0.00252	0.00255	0.0398	0.0399	0.0042	0.0093	−0.0827	−0.0570
0.60		0.00245	0.00249	0.0384	0.0386	0.0059	0.0105	−0.0814	−0.0571
0.65		0.00237	0.00240	0.0368	0.0371	0.0076	0.0116	−0.0796	−0.0572
0.70		0.00227	0.00229	0.0350	0.0354	0.0093	0.0127	−0.0774	−0.0572
0.75		0.00216	0.00219	0.0331	0.0335	0.0109	0.0137	−0.0750	−0.0572
0.80		0.00205	0.00208	0.0310	0.0314	0.0124	0.0147	−0.0722	−0.0570
0.85		0.00193	0.00196	0.0289	0.0293	0.0138	0.0155	−0.0693	−0.0567
0.90		0.00181	0.00184	0.0268	0.0273	0.0159	0.0163	−0.0663	−0.0563
0.95		0.00169	0.00172	0.0247	0.0252	0.0160	0.0172	−0.0631	−0.0558
1.00	1.00	0.00157	0.00160	0.0227	0.0231	0.0168	0.0180	−0.0600	−0.0550
	0.95	0.00178	0.00182	0.0229	0.0234	0.0194	0.0207	−0.0629	−0.0599
	0.90	0.00201	0.00206	0.0228	0.0234	0.0223	0.0238	−0.0656	−0.0653
	0.85	0.00227	0.00233	0.0225	0.0231	0.0255	0.0273	−0.0683	−0.0711
	0.80	0.00256	0.00262	0.0219	0.0224	0.0290	0.0311	−0.0707	−0.0772
	0.75	0.00286	0.00294	0.0208	0.0214	0.0329	0.0354	−0.0729	−0.0837
	0.70	0.00319	0.00327	0.0194	0.0200	0.0370	0.0400	−0.0748	−0.0903
	0.65	0.00352	0.00365	0.0175	0.0182	0.0412	0.0446	−0.0762	−0.0970
	0.60	0.00386	0.00403	0.0153	0.0160	0.0454	0.0493	−0.0773	−0.1033
	0.55	0.00419	0.00437	0.0127	0.0133	0.0496	0.0541	−0.0780	−0.1093
	0.50	0.00449	0.00463	0.0099	0.0103	0.0534	0.0588	−0.0784	−0.1146

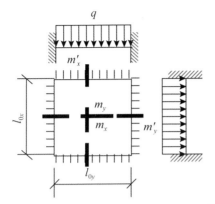

挠度＝表中系数$\times \dfrac{ql_0^4}{B_c}$

$\mu = 0$，弯矩＝表中系数$\times ql_0^2$，

式中 l_0 取用 l_{0x} 和 l_{0y} 中之较小者。

附表 A.6

l_{0x}/l_{0y}	f	m_x	m_y	m_x'	m_y'
0.50	0.00253	0.0400	0.0038	−0.0829	−0.0570
0.55	0.00246	0.0385	0.0056	−0.0814	−0.0571
0.60	0.00236	0.0367	0.0076	−0.0793	−0.0571
0.65	0.00224	0.0345	0.0095	−0.0766	−0.0571
0.70	0.00211	0.0321	0.0113	−0.0735	−0.0569
0.75	0.00197	0.0296	0.0130	−0.0701	−0.0565
0.80	0.00182	0.0271	0.0144	−0.0664	−0.0559
0.85	0.00168	0.0246	0.0156	−0.0626	−0.0551
0.90	0.00153	0.0221	0.0165	−0.0588	−0.0541
0.95	0.00140	0.0198	0.0172	−0.0550	−0.0528
1.00	0.00127	0.0176	0.0176	−0.0513	−0.0513

附录 B 等截面等跨连续梁在常用荷载作用下的内力系数表

B.1. 在均布及三角形荷载作用下

$$M=表中系数 \times ql_0^2, V=表中系数 \times ql_0$$

B.2. 在集中荷载作用下

$$M=表中系数 \times Fl_0, V=表中系数 \times F$$

B.3. 内力正负号规定

M——使截面上部受压、下部受拉为正;

V——对邻近截面所产生的力矩沿顺时针方向者为正。

附表 B.1 两跨梁

荷载图	跨内最大弯矩		支座弯矩	剪力		
	M_1	M_2	M_B	V_A	$V_{B左}$ $V_{B右}$	V_c
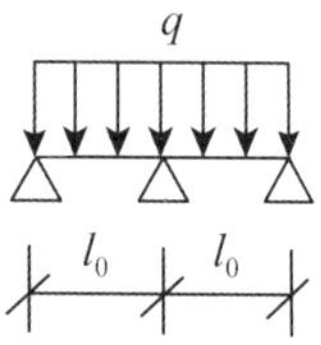	0.070	0.070	-0.125	0.375	-0.625 0.625	-0.375
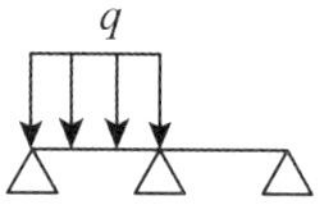	0.096	—	-0.063	0.437	-0.563 0.063	0.063
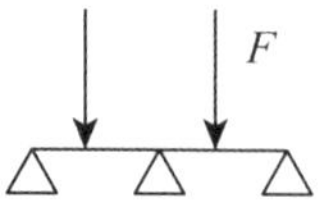	0.156	0.156	-0.188	0.312	-0.688 0.688	-0.312
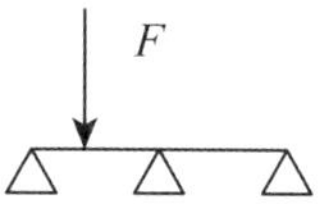	0.203	—	-0.094	0.406	-0.594 0.094	0.094
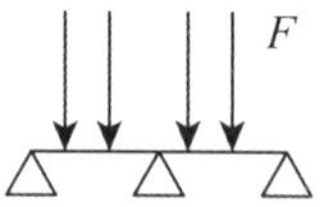	0.222	0.222	-0.333	0.667	-1.333 1.333	-0.667
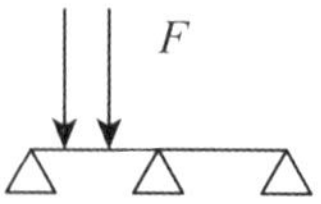	0.278	—	-0.167	0.833	-1.167 0.167	0.167

附表 B.2　三跨梁

荷载图	跨内最大弯矩		支座弯矩		剪力			
	M_1	M_2	M_B	M_C	V_A	$V_{B左}$ $V_{B右}$	$V_{C左}$ $V_{C右}$	V_D
	0.080	0.025	−0.100	−0.100	0.400	−0.600 0.500	−0.500 0.600	−0.400
	0.101	—	−0.050	−0.050	0.450	−0.550 0	0 0.550	−0.450
	—	0.075	−0.050	−0.050	0.050	−0.050 0.500	−0.500 0.050	0.050
	0.073	0.054	−0.117	−0.033	0.383	−0.617 0.583	−0.417 0.033	0.033
	0.094	—	−0.067	0.017	0.433	−0.567 0.083	−0.083 −0.017	−0.017
	0.175	0.100	−0.150	−0.150	0.350	−0.650 0.500	−0.500 0.650	−0.350
	0.213	—	−0.075	−0.075	0.425	−0.575 0	0 0.575	−0.425
	—	0.175	−0.075	−0.075	−0.075	−0.075 0.500	−0.500 0.075	0.075
	0.162	0.137	−0.175	−0.050	0.325	−0.675 0.625	−0.375 0.050	0.050

荷载图	跨内最大弯矩		支座弯矩		剪力			
	M_1	M_2	M_B	M_C	V_A	$V_{B左}$ $V_{B右}$	$V_{C左}$ $V_{C右}$	V_D
	0.200	—	−0.100	0.025	0.400	−0.600 0.125	0.125 −0.125	−0.025
	0.244	0.067	−0.267	−0.267	0.733	−0.267 1.000	−1.000 1.267	−0.733
	0.289	—	−0.133	−0.134	0.866	−1.134 0	0 1.134	−0.866
	—	0.200	−0.133	−0.133	−0.133	−0.133 1.000	−1.000 0.133	0.133
	0.229	0.170	−0.311	−0.089	0.689	−1.311 1.222	−0.778 0.089	0.089
	0.274	—	−0.178	0.044	0.822	−1.178 0.222	0.222 −0.044	−0.044

附表 B.3　四跨梁

荷载图	跨内最大弯矩				支座弯矩			剪力				
	M_1	M_2	M_3	M_4	M_B	M_C	M_D	V_A	$V_{B左}$ $V_{B右}$	$V_{C左}$ $V_{C右}$	$V_{D左}$ $V_{D右}$	V_E
	0.077	0.036	0.036	0.077	−0.107	−0.071	−0.107	−0.393	−0.607 0.536	−0.464 0.464	−0.536 0607	−0.393
	0.100	—	0.081	—	−0.054	−0.036	−0.054	0.446	−0.554 0.018	0.018 0.482	−0.518 0.054	0.054
	0.072	0.061	—	0.098	−0.121	−0.018	−0.058	0.380	−0.620 0.603	−0.397 0.040	−0.040 0.558	−0.442
	—	0.056	0.056	—	−0.036	0.107	−0.036	−0.036	−0.036 0.429	−0.571 0.571	−0.429 0.036	0.036
	0.094	—	—	—	−0.067	0.018	−0.004	0.433	−0.567 0.085	0.085 −0.022	−0.022 0.004	0.004
	—	0.074	—	—	−0.049	−0.054	0.013	−0.049	−0.049 0.496	−0.504 0.067	0.067 −0.013	−0.013

续表

荷载图	跨内最大弯矩				支座弯矩			剪力				
	M_1	M_2	M_3	M_4	M_B	M_C	M_D	V_A	$V_{B左}$ $V_{B右}$	$V_{C左}$ $V_{C右}$	$V_{D左}$ $V_{D右}$	V_E
	0.169	0.116	0.116	0.169	-0.161	-0.107	-0.161	0.339	-0.661 0.554	-0.446 0.446	-0.554 0.661	-0.339
	0.210	—	0.180	—	-0.089	-0.054	-0.080	0.420	-0.580 0.027	0.027 0.473	-0.527 0.080	0.080
	0.159	0.146	0.142	0.206	-0.181	-0.027	-0.087	0.319	-0.681 0.654	-0.346 -0.060	-0.060 0.587	-0.413
	—	0.142	—	—	-0.054	-0.161	-0.054	0.054	-0.054 0.393	-0.607 -0.607	-0.393 0.054	0.054
	0.200	—	—	—	-0.100	0.027	-0.007	0.400	-0.600 0.127	0.127 -0.033	-0.033 0.007	0.007
	—	0.173	—	—	-0.074	-0.080	0.020	-0.074	-0.074 0.493	-0.507 0.100	0.100 -0.020	-0.020

续表

荷载图	跨内最大弯矩				支座弯矩			剪力				
	M_1	M_2	M_3	M_4	M_B	M_C	M_D	V_A	$V_{B左}$ / $V_{B右}$	$V_{C左}$ / $V_{C右}$	$V_{D左}$ / $V_{D右}$	V_E
	0.238	0.111	0.111	0.238	−0.286	−0.191	−0.286	0.714	−1.286 / 1.095	−0.905 / 0.905	−1.095 / 1.286	−0.714
	0.286	—	0.222	—	−0.143	−0.095	−0.143	0.857	−1.143 / 0.048	0.048 / 0.952	−1.048 / 0.143	0.143
	0.226	0.194	0.175	0.282	−0.321	−0.048	−0.155	0.679	−1.321 / 1.274	−0.726 / −0.107	−0.107 / 1.155	−0.845
	—	0.175	—	—	−0.095	−0.286	−0.095	−0.095	−0.095 / 0.810	−1.190 / 1.190	−0.810 / 0.095	0.095
	0.274	—	—	—	−0.178	0.048	−0.012	0.822	−1.178 / 0.226	0.226 / −0.060	−0.060 / 0.012	0.012
	—	0.198	—	—	−0.131	−0.143	0.036	−0.131	−0.131 / 0.988	−1.012 / 0.178	0.178 / −0.036	−0.036

附表 B.4　五跨梁

荷载图	跨内最大弯矩			支座弯矩				剪力					
	M_1	M_2	M_3	M_B	M_C	M_D	M_E	V_A	$V_{B左}$ / $V_{B右}$	$V_{C左}$ / $V_{C右}$	$V_{D左}$ / $V_{D右}$	$V_{E左}$ / $V_{E右}$	V_F
(荷载图)	0.078	0.033	0.046	−0.105	−0.079	−0.079	−0.105	0.394	−0.606 / 0.526	−0.474 / 0.500	−0.500 / 0.474	−0.526 / −0.606	−0.394
(荷载图)	0.100	—	0.085	−0.053	−0.040	−0.040	−0.053	0.447	−0.553 / 0.013	0.013 / 0.500	−0.500 / −0.013	−0.013 / 0.553	−0.447
(荷载图)	—	0.079	—	−0.053	−0.040	−0.040	−0.053	−0.053	−0.053 / 0.513	−0.487 / 0	0 / 0.487	−0.513 / 0.053	0.053
(荷载图)	0.073	②0.059 / 0.078	0.064	−0.119	−0.022	−0.044	−0.051	0.380	−0.620 / 0.598	−0.402 / −0.023	−0.023 / 0.493	−0.507 / 0.052	0.052
(荷载图)	①— / −0.098	0.055	—	−0.035	−0.111	−0.020	−0.057	−0.035	−0.035 / 0.424	−0.576 / 0.591	−0.409 / −0.037	−0.037 / 0.557	−0.443
(荷载图)	0.094	—	—	−0.067	0.018	−0.005	0.001	0.443	−0.567 / 0.085	0.085 / −0.023	−0.023 / 0.006	0.006 / −0.001	−0.001

荷载图	跨内最大弯矩			支座弯矩				剪力					
	M_1	M_2	M_3	M_B	M_C	M_D	M_E	V_A	$V_{B左}$ / $V_{B右}$	$V_{C左}$ / $V_{C右}$	$V_{D左}$ / $V_{D右}$	$V_{E左}$ / $V_{E右}$	V_F
	—	0.074	—	−0.049	−0.054	0.014	−0.004	−0.049	−0.049 / 0.495	−0.505 / 0.068	0.068 / −0.018	−0.018 / 0.004	0.004
	—	—	0.072	0.013	−0.053	−0.053	0.013	0.013	0.013 / −0.066	−0.066 / 0.500	−0.500 / 0.066	0.066 / −0.013	−0.013
	0.171	0.112	0.132	−0.158	−0.118	−0.118	−0.158	0.342	−0.658 / 0.540	−0.460 / 0.500	−0.500 / 0.460	−0.540 / 0.658	−0.342
	0.211	0.181	0.191	−0.079	−0.059	−0.059	−0.079	0.421	−0.579 / 0.020	0.020 / 0.500	−0.500 / −0.020	−0.020 / 0.579	−0.421
	—	—	—	−0.079	−0.059	−0.059	−0.079	−0.079	−0.079 / 0.520	−0.480 / 0	0 / 0.480	−0.520 / 0.079	0.079
	0.160	②$\dfrac{0.144}{0.178}$	—	−0.179	−0.032	−0.066	−0.077	0.321	−0.679 / 0.647	−0.353 / −0.034	−0.034 / 0.489	−0.511 / 0.077	0.077

荷载图	跨内最大弯矩			支座弯矩				剪力					
	M_1	M_2	M_3	M_B	M_C	M_D	M_E	V_A	$V_{B左}$ / $V_{B右}$	$V_{C左}$ / $V_{C右}$	$V_{D左}$ / $V_{D右}$	$V_{E左}$ / $V_{E右}$	V_F
	①— 0.207	0.140	0.151	−0.052	−0.167	−0.031	−0.086	−0.052	−0.052 / 0.385	−0.615 / 0.637	−0.363 / −0.056	−0.056 / 0.586	−0.414
	0.200	—	—	−0.100	0.027	−0.007	0.002	0.400	−0.600 / 0.127	0.127 / −0.031	−0.031 / 0.009	0.009 / −0.002	−0.002
	—	0.173	—	−0.073	−0.081	0.022	−0.005	−0.073	−0.073 / 0.493	−0.507 / 0.102	0.102 / 0.027	−0.027 / 0.005	0.005
	—	—	0.171	0.020	−0.079	−0.079	0.020	0.020	0.020 / −0.099	−0.099 / 0.500	−0.500 / 0.099	0.099 / −0.020	−0.020
	0.240	0.100	0.122	−0.281	−0.211	−0.211	−0.281	0.719	−1.281 / 1.070	−0.930 / 1.000	−1.000 / 0.930	−1.070 / 1.281	−0.719
	0.287	—	0.228	−0.140	−0.105	−0.105	−0.140	0.860	−1.140 / 0.035	0.035 / 1.000	−1.000 / −0.035	−0.035 / 1.140	−0.860

荷载图	跨内最大弯矩			支座弯矩				剪力					
	M_1	M_2	M_3	M_B	M_C	M_D	M_E	V_A	$V_{B左}$ / $V_{B右}$	$V_{C左}$ / $V_{C右}$	$V_{D左}$ / $V_{D右}$	$V_{E左}$ / $V_{E右}$	V_F
(图)	—	0.216	—	−0.140	−0.105	−0.105	−0.140	−0.140	−0.140 / 1.035	−0.965 / 0	0.000 / 0.965	−1.035 / 0.140	0.140
(图)	0.227	②0.189 / 0.209	—	−0.319	−0.057	−0.118	−0.137	0.681	−1.319 / 1.262	−0.738 / −0.061	−0.061 / 0.981	−1.019 / 0.137	0.137
(图)	①— / 0.282	0.172	0.198	−0.093	−0.297	−0.054	−0.153	−0.093	−0.093 / 0.796	−1.204 / 1.243	−0.757 / −0.099	−0.099 / 1.153	−0.847
(图)	0.274	—	—	−0.179	0.048	−0.013	0.003	0.821	−1.179 / 0.227	0.227 / −0.061	−0.061 / 0.016	0.016 / −0.003	−0.003
(图)	—	0.198	—	−0.131	−0.144	0.038	−0.010	−0.131	−0.131 / 0.987	−1.013 / 0.182	0.182 / −0.048	−0.048 / 0.010	0.010
(图)	—	—	0.193	0.035	−0.140	−0.140	0.035	0.035	0.035 / −0.175	−0.175 / 1.000	−1.000 / 0.175	0.175 / −0.035	−0.035

注：①分子及分母分别为 M_1 及 M_5 的弯矩系数；②分子及分母分别为 M_3 及 M_4 的弯矩系数。

附录 C 北京起重运输机械研究所 5～50/10t 吊钩桥式起重机技术资料

项目	单位	起重量 5								起重量 10								起重量 16/3.2							
吊车跨度	m	10.5	13.5	16.5	19.5	22.5	25.5	28.5	31.5	10.5	13.5	16.5	19.5	22.5	25.5	28.5	31.5	10.5	13.5	16.5	19.5	22.5	25.5	28.5	31.5
起升高度	m	16								16								16							
大车速度 A5	m/min	89.1					91.3			89.1			91.3			93.0		92.0			83.0		83.9		
大车速度 A6	m/min	116.9					118.1			118.1			116.9					116.9			105.4				
主要尺寸 H	mm	2067								2239								2336							
H_1	mm	518								518				593				593				653			
b	mm	238								238				273				273				283			
B	mm	5622				5822				5922				6322				5922				6322		6922	
W	mm	3850				4100				4000				4100				4000				4400		5000	
小车重量 A5	kg	2617								4084								6765							
小车重量 A6	kg	2762								4234								6987							
起重机总重量 A5	t	13.6	15.1	17.4	19.4	21.4	25.2	28.1	30.9	15.7	17.5	19.4	21.7	23.9	28.7	31.6	34.6	20.4	22.7	24.0	27.0	29.4	33.6	36.7	39.8
起重机总重量 A6	t	13.9	15.3	17.6	19.6	21.7	25.6	28.4	31.2	16.1	17.9	19.9	22.1	24.3	29.3	32.2	35.2	21.2	23.5	25.1	27.6	30.6	34.7	37.8	40.9
轮压 A5 最大	kN	63.7	68.6	74.5	80.4	87.2	96.0	107.0	115.6	100.9	106.8	109.8	117.6	127.4	137.2	147.0	158.8	142.1	152.9	156.8	172.5	183.3	195.0	205.8	215.6
轮压 A5 最小	kN	27.5	30.0	35.4	39.3	42.3	52.1	55.4	60.5	25.1	28.1	34.5	37.9	38.9	52.6	57.1	60.0	36.4	39.4	48.3	52.7	57.1	58.1	52.7	58.1
轮压 A6 最大	kN	63.7	68.6	74.5	80.4	87.2	96.0	107.0	115.6	100.9	106.8	109.8	117.6	127.4	137.2	147.0	158.8	142.1	152.9	156.8	172.5	183.3	195.0	205.8	215.6
轮压 A6 最小	kN	29.0	31.0	36.4	40.3	43.7	54.1	56.8	61.9	27.1	30.0	36.9	39.9	40.8	55.6	60.0	63.0	40.4	41.4	44.8	45.3	53.7	58.1	53.7	63.5
轨道型号		38kg/m								43kg/m								43kg/m							

注：表中最大轮压及最小轮压为荷载标准值。

续表

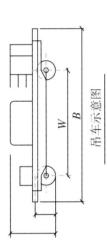

吊车示意图

起重量 t	20/5								32/8								50/10							
吊车跨度 m	10.5	13.5	16.5	19.5	22.5	25.5	28.5	31.5	10.5	13.5	16.5	19.5	22.5	25.5	28.5	31.5	10.5	13.5	16.5	19.5	22.5	25.5	28.5	31.5
起升高度 m				12								16								12				
大车速度 m/min A5		93.0				83.9				83.9		75.0			75.4				75.4				76.8	
大车速度 m/min A6		116.9				105.4				105.4		95.0			96.7				96.7				96.9	
主要尺寸 H mm				2340					2542		2546			2671			2891	2893	2895			2899		
主要尺寸 H₁ mm			593			653				653				753						753				
主要尺寸 b mm			273			283				283				318						318				
主要尺寸 B mm		5972		6322			6922			6562		6622			6642					6662				
主要尺寸 W mm		4000		4400			5000			4600		4800			5000			4700		4800			5000	
小车重量 kg A5				7427								12012								15763				
小车重量 kg A6				7786								12466								16554				
吊车总重量 t A5	21.5	23.8	25.9	29.6	32.0	37.0	39.8	43.2	27.8	31.1	33.5	39.9	42.4	47.0	50.5	54.1	36.2	39.3	42.6	47.0	51.2	57.3	61.9	65.4
吊车总重量 t A6	22.5	24.8	27.1	30.3	32.7	37.7	40.5	43.9	28.7	32.0	34.2	40.8	43.3	48.0	51.5	55.1	37.3	40.4	43.7	48.1	52.4	60.8	65.4	68.9
轮压 A5 最大 kN	166.6	176.4	191.1	202.9	211.7	224.4	236.2	247.0	225.4	246.0	255.8	271.5	281.3	296.0	305.8	319.5	336.1	355.7	375.3	396.9	406.7	426.3	437.5	454.2
轮压 A5 最小 kN	37.0	38.4	40.4	43.4	55.2	57.1	63.0		67.9	63.5	65.5	81.2	83.7	91.5	98.9	102.8	86.7	82.3	78.9	89.7	100.0	111.3	111.8	
轮压 A6 最大 kN	166.6	176.4	191.1	202.9	211.7	224.4	236.2	247.0	225.4	246.0	255.8	271.5	281.3	296.0	305.8	319.5	336.1	355.7	375.3	396.9	406.7	426.3	437.5	454.2
轮压 A6 最小 kN	41.9	43.3	46.8	58.6	60.6	66.5			72.3	67.9	68.9	85.6	88.1	96.4	103.8	107.7	92.1	87.7	84.3	95.6	117.1	128.5	129.0	
轨道型号				43kg/m								QU70								QU70				

附录 D 单阶柱柱顶反力系数表

序号	荷载情况	R_a	$C_1 \sim C_9$
1		$-\dfrac{M}{H}C_1$	$C_1 = \dfrac{3}{2} \times \dfrac{1-\lambda^2\left(1-\dfrac{1}{n}\right)}{S}$
2		$-\dfrac{M}{H}C_2$	$C_2 = \dfrac{3}{2} \times \dfrac{1-\lambda^2}{S}$
3		$-\dfrac{M}{H}C_3$	$C_3 = \dfrac{3}{2} \times \dfrac{1+\lambda^2\left(\dfrac{1-a^2}{n}-1\right)}{S}$
4		$-\dfrac{M}{H}C_4$	$C_4 = \dfrac{3}{2} \times \dfrac{2b(1-\lambda)-b^2(1-\lambda)^2}{S}$
5		$-ZC_5$	$C_5 = \dfrac{2-3a\lambda+\lambda^3\left[\dfrac{(2+a)(1-a)^2}{n}-(2-3a)\right]}{2S}$
6		qHC_6	$C_3 = \dfrac{3}{8} \times \dfrac{1+\lambda^4\left(\dfrac{1}{n}-1\right)}{S}$
7		qHC_7	$C_7 = \dfrac{8\lambda-6\lambda^2+\lambda^4\left(\dfrac{3}{n}-2\right)}{8S}$
8		qHC_8	$C_8 = \dfrac{(1-\lambda)^2(3+\lambda)}{8S}$
9		qHC_9	$C_9 = \dfrac{3}{8} \times \dfrac{1+\lambda^4\left(\dfrac{1}{n}-1\right)}{S} - \dfrac{1}{10} \times \dfrac{1+\lambda^5\left(\dfrac{1}{n}-1\right)}{S}$

注：$n=\dfrac{I_s}{I_x}$，$\lambda=\dfrac{H_s}{H}$，$1-\lambda=\dfrac{H_x}{H}$，$S=1+\lambda^3\left(\dfrac{1}{n}-1\right)$。

附录 E　阶梯形承台及锥形承台斜截面
受剪的截面宽度

E.1 对于阶梯形承台分别在变阶处(A_1-A_1，B_1-B_1)及柱边处(A_2-A_2，B_2-B_2)进行斜截面受剪计算，如图 E.1 所示，并应符合下列规定：

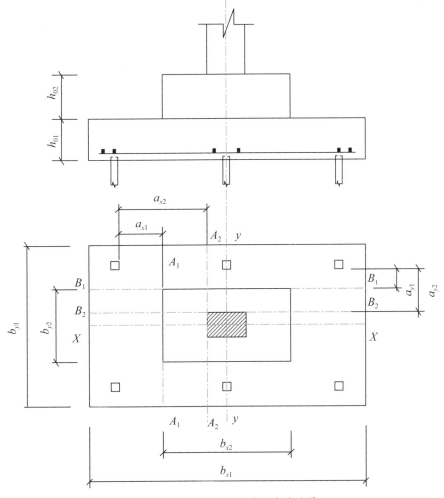

图 E.1　阶梯形承台斜截面受剪计算

(1)计算变阶处截面 A_1-A_1，B_1-B_1 的斜截面受剪承载力时，其截面有效高度均为 h_{01}，截面计算宽度分别为 b_{y1} 和 b_{x1}。

(2)计算柱边截面 A_2-A_2、B_2-B_2 处的斜截面受剪承载力时，其截面有效高度均为 h_{01}

$+h_{02}$,其截面计算宽度按下式进行计算:

对 A_2-A_2

$$b_{y0}=\frac{b_{y1} \cdot h_{01}+b_{y2} \cdot h_{02}}{h_{01}+h_{01}} \tag{E-1}$$

对 B_2-B_2

$$b_{x0}=\frac{b_{x1} \cdot h_{01}+b_{x2} \cdot h_{02}}{h_{01}+h_{01}} \tag{E-2}$$

E.2 对于锥形承台应对 $A-A$ 及 $B-B$ 两个截面进行受剪承载力计算,如图 E.2 所示,截面有效高度均为 h_0,截面计算宽度按下式计算:

对 $A-A$

$$b_{y0}=\left[1-0.5 \frac{h_1}{h_0}\left(1-\frac{b_{y2}}{b_{y1}}\right)\right]b_{y1} \tag{E-3}$$

对 $B-B$

$$b_{x0}=\left[1-0.5 \frac{h_1}{h_0}\left(1-\frac{b_{x2}}{b_{x1}}\right)\right]b_{x1} \tag{E-4}$$

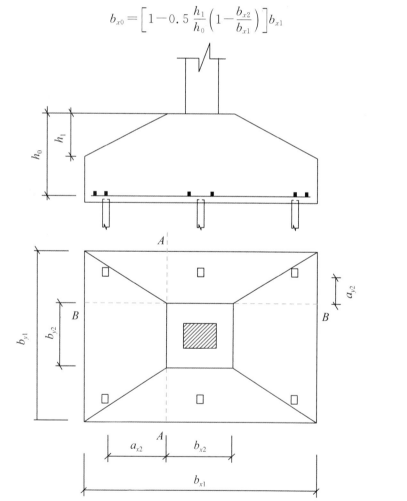

图 E.2 锥形承台受剪计算

参考文献

[1] 中华人民共和国国家标准.工程结构通用规范 GB 55001—2021[S].北京:中国建筑工业出版社,2021.

[2] 中华人民共和国国家标准.混凝土结构通用规范 GB 55008—2021 [S].北京:中国建筑工业出版社,2021.

[3] 中华人民共和国国家标准.建筑结构可靠性设计统一标准 GB 50068—2018[S].北京:中国建筑工业出版社,2018.

[4] 中华人民共和国国家标准.工程结构可靠性设计统一标准 GB 50153—2008[S].北京:中国建筑工业出版社,2008.

[5] 中华人民共和国国家标准.混凝土结构设计规范 GB 50010—2002,2015[S].北京:中国建筑工业出版社,2015.

[6] 中华人民共和国国家标准.建筑结构荷载规范 GB 50009—2012[S].北京:中国建筑工业出版社,2012.

[7] 中华人民共和国国家标准.混凝土结构工程施工质量验收规范 GB 50204—2015 [S].北京:中国建筑工业出版社,2015.

[8] 中华人民共和国国家标准.建筑地基基础设计规范 GB 50007—2011 [S].北京:中国建筑工业出版社,2011.

[10] 中华人民共和国国家标准.混凝土结构耐久性设计标准 GB/T 50476—2019[S].北京:中国建筑工业出版社,2019.

[11] 中华人民共和国行业标准.公路钢筋混凝土及预应力桥涵规范 JTG 3362—2018 [S].北京:人民交通出版社,2018.

[12] 中华人民共和国行业标准.预应力混凝土结构设计规范 JGJ 369—2016 [S].北京:中国建筑工业出版社,2016.

[13] 中华人民共和国国家标准.混凝土结构加固设计规范 GB 50367—2013[S].北京:中国建筑工业出版社,2013.

[14] 中华人民共和国国家标准.建筑设计防火规范 GB 50016—2014 [S].北京:中国计划出版社,2014.

[15] 金伟良.混凝土结构原理[M].北京:中国建材工业出版社,2014.

[16] 金伟良.混凝土结构设计[M].北京:中国建材工业出版社,2015.

［17］金伟良.混凝土结构设计（建筑工程专业方向适用）［M］.北京:中国建筑工业出版社,2015.

［18］金伟良.混凝土结构设计示例［M］.北京:中国建筑工业出版社,2015.

［19］金伟良,赵羽习.混凝土结构耐久性［M］.2版.北京:科学出版社,2014.

［20］赵国藩,金伟良,贡金鑫.结构可靠度理论［M］.北京:中国建筑工业出版社,2000.

［21］金伟良.工程荷载组合理论与应用［M］.北京:机械工业出版社,2006.

［22］金伟良,武海荣,吕清芳,夏晋.混凝土结构耐久性环境区划标准［M］.杭州:浙江大学出版社,2019.

［23］江见鲸,郝亚民.建筑概念设计与选型［M］.北京:机械工业出版社,2004.

［24］张洪学,张峻然,钢筋混凝土结构概念,计算与设计［M］.北京:中国建筑工业出版社,1992.

［25］东南大学,同济大学,天津大学.混凝土结构与砌体结构设计［M］.4版.北京:中国建筑工业出版社,2005.

［26］顾祥林.建筑混凝土结构设计［M］.上海:同济大学出版社,2011.

［27］沈蒲生,梁兴文,等.混凝土结构设计［M］.4版.北京:高等教育出版社,2012.

［28］王清湘.钢筋混凝土结构［M］.北京:机械工业出版社,2004.

［29］卜良桃,周靖,叶蓁.混凝土结构加固设计规范算例［M］.北京:中国建筑工业出版社,2008.

［30］吕志涛,孟少平.现代预应力设计［M］.北京:中国建筑工业出版社,1998.